青海民族大学特色教材建设项目资助出版

WANGLUO HULIAN YU LUYOU JISHU

网络互联与路由技术

昝风彪 叶 涛 刘 昕 / 编著

知识产权出版社

全国百佳图书出版单位

图书在版编目（CIP）数据

网络互联与路由技术 / 昝风彪，叶涛，刘昕编著.—北京：知识产权出版社，2018.9
ISBN 978-7-5130-5695-3

Ⅰ. ①网… Ⅱ. ①昝… ②叶… ③刘… Ⅲ. ①互联网络②计算机网络－路由选择 Ⅳ. ①TP393.4
②TN915.05

中国版本图书馆 CIP 数据核字（2018）第 163469 号

内容提要

本书以 H3C MSR 20 系列，30-20、50-60 路由器和 S3600、S3610 交换机等网络设备为硬件实验平台，以 H3C COMWARE v3/v5 操作系统为软件实验环境，从行业的实际需求出发组织全部内容。本书介绍了常用网络设备基础知识，详细讨论了交换机和路由器的工作原理、登录管理及基本配置，包括端口设置、链路聚合、STP 实现、VLAN 划分、VLAN 间路由等交换机技术，静态路由、RIP、OSPF、BGP、路由重分布等路由技术，HDLC、PPP 和 FR 等广域网技术，还讨论了 NAT、ACL、网络可靠性等网络技术。

本书适合相关专业大学教师、本科高年级学生、从事网络管理和维护的网络工程技术人员阅读。既可以作为网络工程、计算机科学与技术、通信类专业课程教材，也可以作为 H3CNE 相关认证培训资料。

责任编辑：田　姝　彭喜英　　　　　　　　　　　　责任印制：孙婷婷

网络互联与路由技术

昝风彪　叶　涛　刘　昕　编著

出版发行：知识产权出版社有限责任公司		网　　址：http://www.ipph.cn	
		http://www.laichushu.com`	
电　　话：010－82004826			
社　　址：北京市海淀区气象路 50 号院		邮　　编：100081	
责编电话：010-82000860 转 8539		责编邮箱：pengxiying@cnipr.com	
发行电话：010-82000860 转 8101		发行传真：010-82000893	
印　　刷：北京九州迅驰传媒文化有限公司		经　　销：各大网上书店、新华书店及相关专业书店	
开　　本：787mm×1092mm　1/16		印　　张：15.25	
版　　次：2018 年 9 月第 1 版		印　　次：2018 年 9 月第 1 次印刷	
字　　数：376 千字		定　　价：45.00 元	
ISBN 978-7-5130-5695-3			

本书常用 H3C 网络设备图标

路由器

IPv6路由器

便携计算机

计算机

服务器

服务器群

集线器

网桥

交换机

三层交换机

二层交换机

AP

帧中继
交换机

运营商传
输设备

CSU/DSU

Modem

Access server

Firewall

移动人员

用户

用户群

网络云

前　言

　　"网络互联与路由技术"是网络工程专业的一门核心课程。它是在计算机网络基本理论知识的基础上，对网络互联概念、互联技术、网络互联设备工作原理及其配置管理操作进行介绍。本书主要涉及网络互联的基本概念、TCP/IP 体系结构及其主要协议、网络互联设备工作原理及配置技术、网络可靠性技术等内容。本书帮助读者理解网络互联相关概念，熟悉网络互联实现技术，掌握网络设备配置管理操作和调试诊断方法，培养构建和维护中小型企业网络的综合实践能力。

　　作者依据多年来对计算机类本科学生进行的网络教学和相关科研实践经验，在征询网络工程专业相关教师及行业网络工程技术人员意见的基础上，从工程实践和应用角度出发，完成了本书的编写。

　　本书以 H3C MSR 20 系列，30-20、50-60 路由器，S3600、S3610 交换机等 H3C 网络设备为硬件平台，以 H3C COMWARE v3/v5 操作系统为软件环境，根据循序渐进的认知顺序和工程实际应用需求，按网络互联概述、网络互联设备、网络设备管理基本操作、以太网交换技术、IP 路由技术、广域网及其配置、防火墙与访问控制列表 ACL、网络地址转换技术、网络可靠性技术等由简单到复杂的顺序，组织、设计了每章的内容。该书内容丰富、结构清晰、实践性强，注重理论与实践相结合，通过大量的图解和实例加强对网络互联相关理论知识的阐述，每章设计有针对性的习题和相应的实验项目指导。本书适合作为网络工程、计算机科学与技术等专业网络互联技术相关课程的教材。

　　本书由昝风彪负责全书统稿审阅工作。昝风彪负责撰写第 1 章、第 6 章，叶涛负责撰写第 2 章、第 3 章、第 4 章、第 5 章，刘昕负责撰写第 8 章、第 9 章、第 10 章，叶涛指导杨建彪、周杨帅、姚文盛等学生完成全书图表制作、阅读校对和实例验证操作，并提出了许多修改意见。

　　本书编写获得作者单位支持和其他同事的帮助。在此，我们衷心感谢为本书出版做出贡献的组织、企业及个人，他们以不同的方式为本书编写做出诸多贡献，同时对编写本书时所参考书籍的作者一并表示诚挚的感谢。也感谢杭州华三通信技术有限公司提供的公司产品资料，并授权本书使用 H3C 设备相关图标及操作命令。

虽然作者在本书编写过程中力求叙述准确、完善，鉴于计算机网络技术发展迅速，作者水平和时间有限，书中难免存在不妥之处，恳请同行专家和读者批评指正。

编　者

2018 年 4 月 22 日于西宁

目　　录

第 1 章　网络互联概述

本章学习目标

1. 熟悉网络互联的基本概念；
2. 了解网络互联形式及互联层次；
3. 理解 OSI/RM 参考模型、TCP/IP 体系结构。

1.1　网络互联的概念

20 世纪 90 年代，计算机网络进入了高速发展期，以共享资源为目的的局域网络 LAN 得到广泛应用。由于各个厂家生产的网络系统和设备所支持的技术，如以太网、分组交换网等不同，所传送数据报文格式不一，加之受局域网的规模和连接距离的限制，数以万计的局域网成为互不通信的信息孤岛。随着企业与企业、企业与部门之间信息共享需求的提高，需要将这些孤立的局域网互连起来形成更大的网络，以便更好地实现资源共享和信息交换；同时，为了管理方便、流量控制等，需要将大网络划分为若干较小的子网络，由此产生了子网与子网之间相互通信的需求；另外，不同体系结构的异构网络之间也存在互连互通问题。这些实际需求促进了网络互联技术的产生和发展。

网络之间有互连和互联两个层面的连接。一般将两个网络通过一条或多条物理线路连接在一起称为互连（Interconnection）。互连是指网络在物理上的连接，它为两个网络进行数据交换提供了通信基础和可能性，但并不能保证两个网络一定能够进行数据交换，这取决于两个网络的通信协议是否相互兼容。如果两个网络不仅仅在物理上互连，还利用相互兼容的通信协议建立起逻辑链路来实现两个网络用户间数据的通信，称为互联（Internetworking）。因此，网络互联是指将两个或两个以上的计算机网络通过一定的方法，用一种或多种网络通信设备连接起来构成更大的网络系统，并通过相应的通信协议使不同网络上的用户可以进行信息的交换，最终实现网络间更广泛的资源共享。

1.1.1　网络互联形式与层次

网络互联有局域网与局域网、局域网与广域网、局域网与广域网与局域网、广域网与广域网 4 种常见互联形式。各类网络之间并不是直接相连的，而是通过中间系统相连，中间系统具有对物理信号进行放大，或对信息进行过滤、转发等功能。根据 OSI 参考模型按功能进行分层结构，网络互联也按层次结构实现互联。

（1）物理层互联。是指使用中继器、集线器等中间系统将两个或两个以上的网段在物理层上连接起来，它们只对信号进行波型整形和放大后再按位发送，主要是扩大网络的物理覆盖范围，但不能对传输的信息进行控制。物理层互联常用的设备是集线器（HUB），它是一个多端口的中继器。

（2）数据链路层互联。使用网桥、交换机等中间系统将两个或两个以上局域网在数据链路层连接起来，数据链路层设备可实现对数据链路层帧的转发，能够对信息进行过滤、流量控制等管理工作。数据链路层互联常用的设备为交换机，它可以看作一种多端口网桥。

（3）网络层互联。网络层互联设备主要是路由器。网络层互联主要解决异构网络之间数据转发问题。数据包穿越中间网络，通过一条合适的路径发送到目标主机。网络层设备通过使用路由选择、拥塞控制、差错处理和分段等技术对数据包传输实现可靠管理。

（4）传输层以上的互联。又称高层互联，是指传输层及其以上各层协议实现不同网络之间的互联互通，因此传输层以上的互联主要是实现协议转换，主要设备通常叫作网关。

1.1.2　网络互联的目的与功能

网络互联的目的是每个用户能够透明地访问网络上的任何一台计算机而不需要了解网络底层的细节，所以对网络互联的要求是：

（1）在需要连接的网络之间提供至少一条物理链路，并对这条链路具有相应的控制规程，使之能建立数据交换的连接；

（2）在不同网络之间具有合适的路由，以便能相互通信，交换数据；

（3）可以对网络的使用情况进行监视和统计，以便网络维护和管理。

网络互联实现两个层次的功能，即基本功能和扩展功能。基本功能是网络互联所必需的功能，包括不同网络之间传送数据时的寻址与路由选择功能等。扩展功能是当各种互联的网络提供不同的服务类型时所需要的功能，包括协议转换、数据包长度变换、数据包重新排序及差错检测等。

1.1.3　网络互联的优点

通过网络互联，将多个小网络构建成一个更大的网络，不同网络上的用户之间可以进行数据交换、资源共享而不用考虑用户的具体位置，不同网络之间进行信息过滤。网络互联的优点有以下几点：

（1）提高资源的利用率；

（2）改善系统性能，提高系统的可靠性；

（3）增强系统的安全性；

（4）组建和管理网络更方便。

1.1.4　基于 IP 协议的互联网数据交换过程

IP 协议（Internet Protocol）是面向非连接的互联解决异构系统互联方案中最常使用的

协议。支持 IP 协议的路由器称为 IP 路由器，IP 协议处理的数据单元叫作 IP 数据报，最具影响力的因特网就是基于 IP 协议的互联网。

基于 IP 协议的两个网络互联后数据报文封装、处理和投递过程如图 1-1 所示。

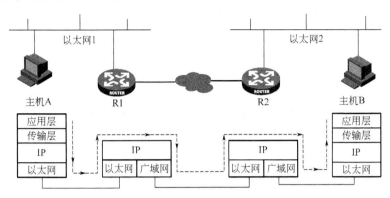

图 1-1 IP 数据报文封装和投递过程

假设以太网 1 中的主机 A 发送数据至另一互联以太网 2 中的主机 B：

（1）主机 A 的应用层形成要发送的数据并将该数据经传输层送到 IP 层处理；

（2）主机 A 的 IP 层将该数据封装成 IP 数据报，并按该数据报中 IP 目的地址进行路由选择，当确定目的地址为远程通信后，将它投递给网络出口的路由器 R1；

（3）主机 A 把 IP 数据报送交它的以太网控制程序，以太网控制程序负责将数据报传递到路由器 R1；

（4）路由器 R1 的以太网控制程序收到主机 A 发送的信息后，将该信息送到它的 IP 层处理；

（5）路由器 R1 的 IP 层对该 IP 数据报进行拆封和处理，经过路由器选择，得知该数据必须穿越广域网才能到达目的地；

（6）路由器 R1 对数据再次封装，并将封装后的数据报送给广域网控制程序；

（7）路由器 R1 的广域网控制程序负责将 IP 数据报从路由器 R1 传递到路由器 R2；

（8）路由器 R2 的广域网控制程序将收到的数据信息提交给它的 IP 层处理；

（9）与路由器 R1 相同，路由器 R2 对收到的 IP 数据报拆封并进行处理。通过路由选择得知，路由器 R2 与目的主机 B 处于同一以太网，可直接投递到达；

（10）路由器 R2 再次将数据封装成 IP 数据报，并将该数据报转交给自己的广域网控制程序发送；

（11）广域网控制程序负责把 IP 数据报从路由器 R2 传送到主机 B；

（12）主机 B 的以太网控制程序将收到的数据送交给它的 IP 层处理；

（13）主机 B 的 IP 层拆封和处理该 IP 数据报，在确定数据目的地为本机后，将数据经传输层提交给应用层，见图 1-1。

1.2 网络体系结构

网络体系结构通过分层的思想解决计算机之间复杂的通信问题。在计算机网络的发展过程中，产生了两个重要的体系结构。一个是国际标准化组织 ISO 的开放式通信系统互联参考模型 OSI/RM（简称"OSI 模型"），到目前为止，并没有完全符合 OSI 模型的实际产品，只是一个理论上的标准；另一个是 TCP/IP 体系结构，是事实上的网络互联国际标准。而 Internet 体系结构是由 TCP/IP 体系结构的上三层与 OSI 模型的物理层、数据链路层结合构成的五层体系结构。

1.2.1 OSI 七层体系结构

20 世纪 70 年代，随着计算机网络的快速发展，各种网络架构体系和标准应运而生，例如，IBM 公司的 SNA，Novell 公司的 IPX/SPX 协议，Apple 公司的 AppleTalk 协议，DEC 公司的 DECnet，以及广泛流行的 TCP/IP 协议。而这些标准之间不能相互兼容，国际标准化组织 ISO 于 1977 年开始制定统一的网络标准，并最终提出了开放系统互联参考模型，如图 1-2 所示。

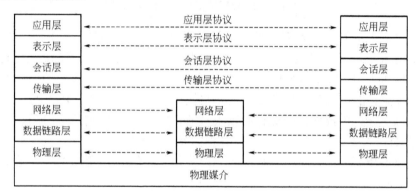

图 1-2 OSI 互联参考模型

在 OSI 模型中，把复杂的网络系统按功能划分为七层结构，从下到上依次为物理层、数据链路层、网络层、传输层、会话层、表示层、应用层，各层实现不同功能，如图 1-3 所示。

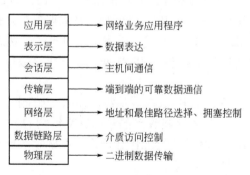

图 1-3 OSI 模型各层功能

物理层是 OSI 模型的最底层，提供机械、电气、功能、规程等特性。并以位为单位实现物理层数据传输。

数据链路层的主要目的是在不可靠的物理连路上实现可靠的数据通信。数据链路层有链路管理、帧传输、流量控制、差错控制等功能为网络层提供无差错的数据链路。数据链路层以帧为单位进行数据传输。

网络层是 OSI 模型中最复杂、最重要的一层。网络层为数据提供地址和最佳路径选择、拥塞控制功能。网络层数据传输按分组为单位进行数据传输。

传输层为源主机与目的主机进程之间提供可靠的、透明的数据传输，并为端到端数据通信提供最佳性能。传输层数据传输按报文为单位进行数据传输。

会话层对高层通信进行控制，允许在不同主机上的应用程序之间建立、使用和结束会话，在进行会话的两台主机间建立对话控制、管理会话，如管理哪边发送、何时发送、占用多长时间等。会话层提供的功能是为会话实体间建立会话连接，并组织同步数据传输。

表示层将数据在计算机内部的表示法与网络的表示法之间进行转换，保证所传输的数据经传送后其意义不改变，通过一些编码规则定义在通信中传送这些信息所需的传送语法。表示层负责决定在主机间交换数据的格式，包括数据加密、数据压缩传输、字符集转换等。

应用层是 OSI 模型的最高层，它为用户的应用进程访问 OSI 环境提供服务。

1.2.2　TCP/IP 四层体系结构

TCP/IP 代表一组计算机通信协议族，包括 TCP、IP、UDP、ICMP、RIP、TELNET、FTP、SMTP、ARP、TFTP 等众多协议，这些协议一起称为 TCP/IP 协议族。它是 20 世纪 70 年代中期由美国国防部为其 ARPANET 广域网开发的网络体系结构和协议标准，以它为基础组建的 Internet 是目前国际上规模最大的计算机网络。Internet 的广泛使用使得 TCP/IP 成了事实上的国际互联网标准，并由 Internet 体系结构委员会（Internet Architecture Board, IAB）将它作为 Internet 标准发布。

基于 TCP/IP 的网络体系结构与 OSI/RM 的体系结构相比，结构更简单，如图 1-4 所示。TCP/IP 体系结构一开始就考虑了异构网络的互联问题。TCP/IP 分为 4 层，即网络接口层、网络层、传输层和应用层。传输控制协议 TCP 和因特网互联协议 IP 是 TCP/IP 体系结构中两个最重要的协议。

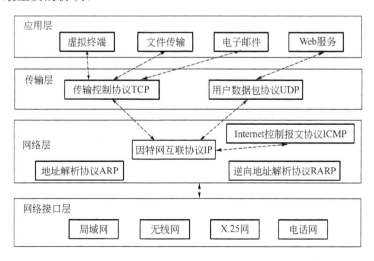

图 1-4　TCP/IP 体系结构

1.2.2.1 IP

IP 是 Internet 协议族中的网络层协议，它与传输控制协议 TCP 一起，代表 Internet 协议的核心，RFC791 中有 IP 的详细说明。IP 包括地址访问信息和路由数据分组的控制信息，它的功能主要有两个：一是提供通过互联网的无连接和最有效的数据报分发；二是提供数据报的分组和重组，以支持不同最大传输单元(MTU)的数据链路。

IP 地址在 TCP/IP 体系结构中是一个重要的概念，它是按照 IP 规定的格式，为每一个正式接入 Internet 的主机分配供全世界唯一标识的通信地址。为了一个单一的、统一的系统形式，所有主机必须使用统一的编址方案。然而每个网络物理层采用的技术可能不一样，造成物理网络的差异而不能实现统一编址。为保证主机统一编址，TCP/IP 体系结构中定义了一个与底层无关的编址方案，每台主机分配一个唯一的地址，用户、应用程序及协议软件的高层都使用抽象地址进行通信。

IP 地址现有两个版本，分别是第四版 IPv4 和第六版 IPv6。第四版的 IP 地址是由 0 和 1 组成的 32 位二进制字符串，为便于人类读写，将其分为 4 段，每段 8 位，用十进制数字表示，每段数字范围为 0~255，段与段之间用句点隔开，称为十进制点分法，如图 1-5 所示。

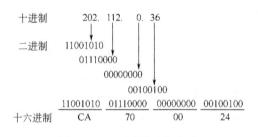

图 1-5　IPv4 地址表示方式

IPv4 最大的问题在于网络地址资源有限，严重制约了互联网的应用和发展。1992 年，互联网工程任务组 IETF 设计了下一代协议 IPv6，号称可以为全世界的每一粒沙子编一个网址。IPv6 的地址长度为 128 位，16 字节，采用十六进制数字表示。

IPv6 有十六进制冒分法、0 位压缩表示法与内嵌 IPv4 地址表示法。

（1）十六进制冒分法。

格式为 X：X：X：X：X：X：X：X，其中每个 X 表示 16 位二进制地址，按十六进制表示，例如：

ABCD：EF01：2345：6789：ABCD：EF01：2345：6789

在这种表示法中，每个 X 的前导 0 是可以省略的，例如：

2001：0DB8：0000：0023：0008：0800：200C：417A

省略写为 2001：DB8：0：23：8：800：200C：417A

（2）0 位压缩表示法。

当一个 IPv6 地址中包含连续的一段 0 时，可以将连续的一段 0 压缩为"：："。但为保证地址解析的唯一性，地址中的"：："只能出现一次，例如：

FF01：0：0：0：0：0：0：1101 压缩写为 FF01：：1101；

0：0：0：0：0：0：0：1 压缩写为 ：：1；

0：0：0：0：0：0：0：0 压缩写为 ::。

（3）内嵌 IPv4 地址表示法。

为了实现 IPv4-IPv6 互通，IPv4 地址可以嵌入 IPv6 地址中，此时地址常表示为 X：X：X：X：X：X：d.d.d.d，前 96 位采用十六进制冒分法表示，而最后 32 位则使用 IPv4 的十进制点分法表示，例如，:: 192.168.10.1 与:: FFFF：192.168.10.1 就是两个典型的例子，注意在前 96 位中，压缩 0 位的方法依旧适用。

1.2.2.2 TCP

传输层有两个传输协议：一个是面向连接的传输控制协议 TCP，TCP 传送的协议数据单位是 TCP 报文段（Segment）；一个是面向无连接的用户数据报协议 UDP，UDP 传送的协议数据单位是 UDP 报文或用户数据报。

TCP 是面向字节的，它将所要传送的报文看作字节组成的数据流，并使每一个字节对应一个序号，在连接建立时，双方要商定初始序号。TCP 每次发送的报文段首部中的序号字段数值表示该报文段中的数据部分的第一个字节的序号。TCP 通过确认机制是对接收到的数据的最高序号表示确认，接收端返回的确认号是已收到数据的最高序号加 1，因此确认号表示接收端期望下次收到的数据中的第一个数据字节的序号。

TCP 采用大小可变的滑动窗口进行流量控制，窗口大小的单位是字节，在 TCP 报文段首部的窗口字段写入的数值就是当前给对方设置的发送窗口数值的上限，发送窗口在连接建立时由双方商定。但在通信的过程中，接收端可根据自己的资源情况，随时动态调整对方的发送窗口上限值，可增大或减小，发送端的主机在确定发送报文段的速率时，既要根据接收端的接收能力，又要从全局考虑，避免网络发生拥塞。TCP 每发送一个报文段，就对这个报文段设置一次计时器，只要计时器设置的重传时间到时还没有收到确认，就要重传这一报文段。

1.3 练习题

1．什么是网络互联？它有哪些网络互联形式和互联层次？
2．试述网络互联的目标与要求。
3．试述 OSI 模型、TCP/IP 体系结构的异同。
4．试述 IP 数据包在互联网中的传输过程。
5．写出下列地址的网络号和广播地址：
　　（1）172.16.10.255/16；　　　　（2）192.168.1.30/28。
6．下列地址是否可以分配给主机？
　　（1）192.168.10.31/28；　　　　（2）172.16.10.255/19。

第 2 章　网络互联设备

本章学习目标

1. 了解网络传输介质特性及其连接器类型；
2. 熟悉中继器、集线器、网桥、交换机、路由器、网关等网络设备的功能和作用；
3. 了解以太网交换机、路由器的发展、分类、性能指标及相关主流产品；
4. 掌握以太网交换机、路由器的体系结构、软硬件组成。

计算机网络由硬件系统和软件系统两大部分组成。网络硬件包括传输介质、网络互联通信设备以及数据处理终端；网络软件包括网络系统软件、通信协议和网络应用软件。根据网络通信设备实现功能可分为以下几类。

（1）物理层互联设备，包括中继器（Repeater）、集线器（HUB）；

（2）数据链路层互联设备，包括网桥（Bridge）、交换机（Switch）；

（3）网络层互联设备，包括路由器（Router）；

（4）网络层以上的互联设备，统称网关（Gateway）或应用网关，包括防火墙。

2.1　传输介质及其连接器

2.1.1　同轴电缆

同轴电缆(Coaxial Cable)是一种以硬铜芯导线为轴心，外面包裹中间绝缘隔离层、空心网状金属屏蔽层及最外绝缘保护层的通信电缆，如图 2-1 所示。这种结构能将电磁场封闭在内、外导体之间，防止外部电磁波干扰，使电缆辐射损耗少，受外界干扰影响小，具有高带宽和极好的噪声抑制特性。

常用的同轴电缆有 75Ω 和 50Ω 两种。75Ω 同轴电缆常用于广电有线电视网络，故称为 CATV 电缆，传输带宽可达 1GHz。50Ω 同轴电缆主要用于数据网络的基带信号传输，传输带宽取决于电缆长度，1km 电缆可以达到 1～2Gb/s 的数据传输速率。

同轴电缆也是局域网中最常见的传输介质之一，总线型以太网使用的是 50Ω 同轴电缆，根据其直径大小又分为细同轴电缆和粗同轴电缆。细同轴电缆的最大传输距离为185m，粗同轴电缆可达 500m，如需传输更远的距离，中间需要增加中继器，最多使用 4个中继器连接 5 个网段。目前，在数据网络中，同轴电缆大量被光纤取代，但仍广泛应用于有线电视和某些局域网。

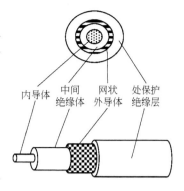

图 2-1 同轴电缆结构示意

同轴电缆一般安装在设备与设备之间。在每一个用户位置上都装备一个连接器，为用户提供接口。接口的安装方法如下。

（1）细同轴电缆安装简单，造价低。首先将电缆切断，两头装上 BNC 连接头，然后接在 T 形连接器两端，电缆两端需要连接 50Ω 的终端适配器，以削弱信号的反射作用。

（2）粗同轴电缆采用一种类似夹板的 Tap 装置进行安装，它利用 Tap 上的引导针穿透电缆的绝缘层，直接与导体相连，电缆两端头设有终端器。

同轴电缆的优点是抗干扰能力强、屏蔽性能好、传输数据稳定，而且它不用连接在集线器或交换机上即可使用。其缺点：一是体积大，细同轴电缆的直径达 3～8 英寸（1 英寸=2.54cm），要占用电缆管道的大量空间；二是不能承受缠结、压力和严重的弯曲，这些都会损坏电缆结构，阻止信号的传输。

2.1.2 双绞线

双绞线（Twisted Pair，TP）是由两根具有绝缘保护层的 22～26 号铜导线按一定密度相互缠绕而构成的双绞线对，将一对或多对双绞线放在一个绝缘套管中形成双绞线电缆，

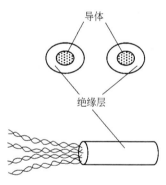

图 2-2 双绞线结构示意

如图 2-2 所示。在双绞线电缆内，不同双绞线对具有不同的扭绞长度，扭绞长度在 38.1～14cm 之间，按逆时针方向扭绞，相邻双绞线对的扭绞长度在 12.7cm 以上。这种相互缠绕的双绞线中，一根导线传输时产生的电磁波会被另一根导线产生的电磁波抵消，从而降低信号干扰的程度。与其他传输介质相比，双绞线在传输距离、信道宽度和数据传输速率等方面均受到一定限制，但价格较为低廉。

双绞线主要是用来传输模拟声音信息的，也适用于数字信号的传输，特别适用于较短距离的信息传输。在数据传输期间，信号的衰减比较大，并且产生波形畸变。采用双绞线的局域网的带宽取决于所用导线的质量、长度及传输技术。当距离很短，并且采用特殊的电子传输技术时，传输速率可达 100～155Mb/s。

双绞线可分为非屏蔽双绞线(UTP)和屏蔽双绞线(STP)。利用双绞线传输信息时会向周围辐射电磁信号，信息很容易被窃听，因此要花费额外的代价加以屏蔽。屏蔽双绞线电缆的外层由铝箔包裹，可以减少辐射，但并不能完全消除辐射。屏蔽双绞线价格相对较高，安装时要比非屏蔽双绞线电缆困难，类似于同轴电缆，它必须配有支持屏蔽功能的特殊连接器和相应的安装技术。但它有较高的传输速率，100m 内可达到 155Mb/s。

非屏蔽双绞线电缆安装是通过 RJ-45 连接头与设备的 RJ-45 接口进行连接的。RJ-45 连接头中双绞线的排列顺序按照 EIA/TIA-568-B（简称 T568B）或 EIA/TIA-568-A（简称 T568A）标准确定。

T568B：白橙，橙，白绿，蓝，白蓝，绿，白棕，棕。

T568A：白绿，绿，白橙，蓝，白蓝，橙，白棕，棕。

如果双绞线的两端均采用同一标准（如 T568B），则称这根双绞线为直连线；如果双绞线的两端分别采用不同的连接标准，如一端用 T568A，另一端用 T568B，则称这根双绞线为跨接线或交叉线。

非屏蔽双绞线电缆具有以下优点：

（1）无屏蔽外套，直径小，节省所占用的空间；

（2）重量轻、易弯曲、易安装；

（3）将串扰减至最小或加以消除；

（4）具有阻燃性；

（5）具有独立性和灵活性，适用于结构化综合布线。

对于双绞线，表征其性能的几个指标主要包括衰减、近端串扰、阻抗特性、分布电容、直流电阻等。

2.1.3 光纤

2.1.3.1 概述

光纤（Fiber）全称为光导纤维，是一种由玻璃或塑料制成、横截面积很小，包括纤芯和包层的双层同心圆柱体纤维，其中，光纤纤芯完成信号的传输，包层与纤芯的折射率不同，将光信号封闭在纤芯中传输并起到保护纤芯的作用，如图 2-3 所示。光纤质地脆，易断裂，需要外覆防止灰尘污染、具有弹性的涂料层，所以光纤实际包括纤芯、包层及最外面的涂覆保护层。光纤一端的发射装置使用发光二极管或一束激光将光脉冲传送至光纤，光纤另一端的接收装置使用光敏元件检测脉冲。光纤在使用前必须由几层保护结构包覆，包覆后的缆线即被称为光缆。由于光在光导纤维中的传导损耗比电在电线传导中的损耗低得多，光纤被用于长距离的信息传递。

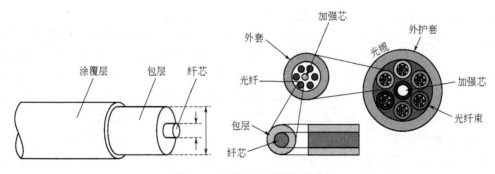

图 2-3　光纤及光缆结构示意

2.1.3.2 分类

光纤主要分两大类：传输点模数类与折射率分布类。

（1）传输点模数类：按传输点模数可分单模光纤和多模光纤。单模光纤的纤芯直径很小，为 8～10μm，在给定的工作波长上只能以单一模式传输，传输频带宽，传输容量大。多模光纤纤芯的直径为 15～50μm，在给定的工作波长上，能以多个模式同时传输。与单模光纤相比，多模光纤的传输性能较差。

（2）折射率分布类：按折射率分布可分为跳变式光纤和渐变式光纤。跳变式光纤纤芯的折射率和保护层的折射率都是一个常数。在纤芯和保护层的交界面，折射率呈阶梯形变化。渐变式光纤纤芯的折射率随着半径的增加按一定规律减小，在纤芯与保护层交界处减小为保护层的折射率。纤芯折射率的变化近似于抛物线。折射率分布类光纤光束传输如图 2-4 所示。

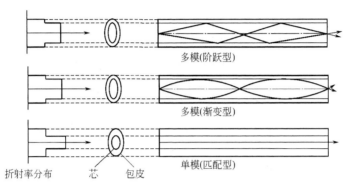

图 2-4　光在折射率分布类光纤中的传输

光纤有三种连接方式：模块式连接、机械结合、熔接。

模块式连接是利用各种连接器件将站点与站点或站点与光缆连接起来的一种方法，光纤连接器按连接类型可分为 FC 型、ST 型、SC 型、LC 型、MU 型。机械结合是用机械和化学的方法，将两根小心切割好的光纤的一端放在一个套管中，然后将两根光纤固定并粘接在一起。熔接是用高压电弧放电的方法将两根光纤的连接点熔化并连接在一起。

光缆是数据传输中最有效的一种传输介质，它有以下几个优点。

（1）频带较宽。

（2）电磁绝缘性能好。光纤电缆中传输的是光束，由于光束不受外界电磁干扰与影响，而且本身也不向外辐射信号，因此，它适用于长距离的信息传输以及要求高度安全的场合。

（3）衰减较小。可以说在较长距离和范围内信号是一个常数。

（4）中继器的间隔较大，因此可以减少整个通道中继器的数目，降低成本。根据贝尔实验室的测试，当数据的传输速率为 420Mb/s 且距离为 119km 无中继器时，其误码率为 10^{-8}，其传输质量很好。

2.1.4　网卡

网络接口卡简称网卡，又称为网络适配器，其作用是为计算机和传输介质提供物理连接。在以太局域网中，每一台连接网络的计算机必须安装一块或多块网卡来为计算机联网提供接口。

2.1.4.1　网卡组成结构

网卡主要由 PCB 线路板、芯片、数据汞、总线插槽接口、BOOTROM 插槽、EEPROM、晶振、RJ-45 接口、LDE 指示灯、固定片，以及一些二极管、电阻电容等部件组成,如图 2-5 所示。

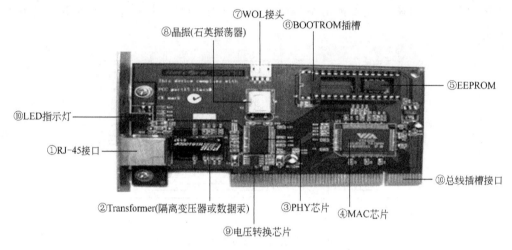

图 2-5　网卡部件

2.1.4.2　网卡功能

网卡完成物理层和数据链路层的大部分功能，包括数据发送/接收、数据缓存、数据串/并转换、数据编码/解码、帧封装/帧解封装、以帧为单位进行数据传输、匹配主机数据处理速率与网络的传输速率、介质访问控制、转换为适合网络介质传输的信号形式。所以通常将网卡看成数据链路层设备。

2.1.4.3　网卡的数据转发过程

每个以太网网卡带有 6 个字节的唯一 MAC 地址标识，如 28-10-3E-24-5F-A2，用来标识主机。网卡生产厂商把 MAC 地址烧到 ROM 中，当网卡初始化时，ROM 中 MAC 物理地址将被读入 RAM 中。以太网网卡数据封装格式按以太网报文格式来封装，发送信息时会携带源地址和目的 MAC 地址信息。

当发送数据时，网卡首先侦听通信介质上是否有载波（载波由电压指示），如果有，则认为其他站点正在传送信息，网卡继续侦听通信介质。如果通信介质在一定时间段内（称为帧间间隔）是空闲的，即没有被其他站点使用，则开始进行帧数据发送，同时继续侦听通信介质，检测冲突。在发送数据期间，如果检测到冲突，则立即停止本次发送，并向通信介质发送一个"阻塞"信号，告知其他站点已经发生冲突，从而丢弃那些可能一直在接收的受到损坏的帧数据，并根据二进制指数退避算法确定一个随机等待时间。在等待一段随机时间后，再进行新的发送。如果重传次数大于 16 次仍发生冲突，就放弃本轮发送。

当接收数据时，网卡监听通信介质上传输的每个数据帧，如果其长度小于 64 字节，则认为是碎片帧,丢弃。如果接收到的帧不是碎片帧且目的地址是本机地址,则对该帧进行完整性校验,如果是大于 1518 字节的超长帧或未能通过 CRC 校验,则认为该帧发生了畸变,应予丢弃。通过校验的帧被认为是有效的数据,网卡将它接收下来进行本地处理。

2.2 中继器与集线器

2.2.1 中继器

中继器工作于 OSI 模型的物理层。如图 2-6 所示,它包含一个输入端口和一个输出端口,是连接同一个网络中两个或多个网段的最简单网络互联设备。中继器的作用是提供网络互联接口,放大信号,补偿信号衰减,支持远距离的通信,增加局域网的覆盖区域。

图 2-6 常见中继器

由于传输线路噪声的影响,承载信息的数字信号或模拟信号只能传输有限的距离,中继器的功能是对接收信号进行放大和发送,从而增大信号传输的距离。以太网常常利用中继器扩展总线电缆长度。如标准细同轴电缆以太网的每段长度最大 185m,增加中继器后,最多可有 5 段,最大网络电缆长度则可提高到 925m;标准粗同轴电缆以太网规定单段信号传输电缆的最大长度为 500m,利用中继器连接 4 段电缆后,以太网中信号传输电缆最长可达 2500m。

中继器的特点主要有:

(1)中继器只适用于总线拓扑结构的网络;

(2)不进行数据存储,信号延迟小;

(3)不检查错误,中继器完全按照它接收到的信息逐比特地复制,所以它同样会复制错误信息,导致错误扩散;

(4)对信息不进行任何过滤;

(5)可进行介质转换,如 UTP 转换为光纤;

(6)用中继器连接的多个网段是一个冲突域。

中继器作为物理层的连接设备,其优点是:

(1)中继器可以连接不同局域网的网段,或者连接不同类型的介质;

(2)中继器速度快,使用简单,而且价格低廉;

(3)中继器可以扩展整个网络,遵从"5/4/3 标准",即最多有 5 个网段被 4 个中继器连接,有 3 个网段含有网络节点。

中继器也有其缺点:

（1）中继器不能连接两种不同存取类型的介质。它不能分辨帧的内容和格式，或者把一种数据链路层的报头转换成另一种报头；

（2）中继器不应用于数据流量繁重的局域网，只适用于小型网络。

2.2.2　集线器

集线器也是物理层网络连接设备，在逻辑上它相当于一个共享总线或者一个多端口中继器，是典型的共享式以太网设备，如图 2-7 所示。集线器的作用是对接收到的信号进行再生整形放大，以扩大网络的传输距离，同时把所有节点集中在以它为中心的节点上。集线器本身不能识别目的地址，数据以广播方式传输，其中任何一台主机发送数据时，连接该集线器的所有其他节点都能接受到这个帧，然后由每一台终端网卡通过验证数据包头的地址信息来确定是否接收。

集线器不属于交换机范畴，但由于集线器在网络发展初期长期占据着目前接入交换机的应用位置，因此它往往被看作一层交换机。典型产品有 3COM 3C 集线器、Cisco 1538 集线器等。

图 2-7　集线器

以集线器为核心的网络的优点：

（1）集线器价格便宜。集线器采用星型拓扑结构便于查找故障或者改变配线方式。

（2）可以设计使所有的数据流通过一个或几个集线器。这就使对数据流进行控制、避免瓶颈和提供数据安全保障都变得容易。

（3）集线器可支持多种局域网协议，便于管理。

（4）集线器可以通过级联的方式扩展局域网容量。

以集线器为核心的网络的缺点：

（1）作为星型拓扑结构的中心，中央集线器的故障会导致整个局域网的瘫痪，或者把网络变成互相隔离的部分。

（2）集线器所有端口所连接的网络是一个冲突域。随着用户的增加，网络性能会逐渐下降，直至无法承受。

2.3　网桥与以太网交换机

在多台计算机共享传输介质的网段上，同一时刻介质上只能有一个信号在发送，如同时有两个信号则相互干扰，即发生冲突。冲突是影响以太网性能的重要因素，冲突的存在使得传统的以太网在负载超过 40%时，效率将明显下降。冲突域是指共享同一传输信道而产生冲突的物理网络范围，同一冲突域中节点的数量越多，产生冲突的可能性就越大，如图 2-8 所示。

在以太网中信息传送方式主要有单播、广播、组播 3 种。

单播是主机之间一对一的通信模式，信息的接收和传递只在两个节点之间进行。单播在网络中应用广泛，大部分数据都是以单播的形式传输的。

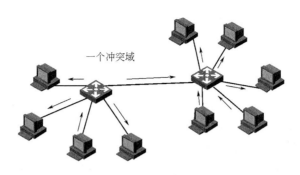

图 2-8 冲突域示意

广播是指一台主机同时向网段中其他多台计算机发送信息。广播域是指广播信号能够到达的网段范围，是一个逻辑上的计算机组，该组内的所有计算机都会收到同样的广播信息。

组播（又称多播）是指一台主机同时向网段中指定的某几台计算机发送信息，是一种比较有效的节约网络带宽的方法。例如，在视频点播等多媒体应用中，当把多媒体信号从一个节点传输到多个节点时，采用广播方式会浪费带宽，重复采用点对点传播也会浪费带宽，组播能够把帧发送给指定组地址，而不是单个主机，也不是整个网络。它的发送范围明显小于广播，因而减少了对网络带宽的占用。

由中继器、集线器连接的网络所有节点都在同一冲突域中，节点的增加会导致冲突严重、广播泛滥、性能显著下降甚至使网络不可用等问题。通常的办法是将网络分段，将一个大的冲突域划分为若干个小冲突域，如图 2-9 所示。网桥和网络交换机就是用微网段化来隔离冲突的设备。

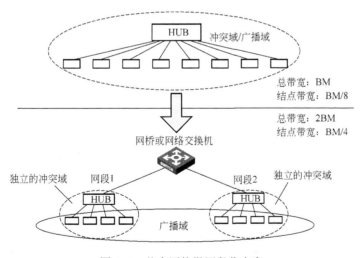

图 2-9 共享网络微网段化方案

2.3.1 网桥

早期局域网有以太网 (Ethernet)、令牌总线网 (Token Bus)、令牌环(Token Ring)三种主流技术标准，网桥最初设计用于将两个或多个不同类型、不同传输速率的局域网连起来，实现局域网之间帧的存储与转发。但随着以太网快速发展，用户数量增加，规模不断扩展，传统共享信道网络的缺陷越来越突出。为克服共享信道网络的这种缺点，使网络系统运行更有效可靠，使用设备将共享式局域网系统划分为若干个独立的物理网段，突破共享网络带宽的限制，促进了网桥的发展。

网桥是工作在数据链路层的网络互联设备。它相当于一个能进行通信数据处理的专用计算机，具有存储器、CPU、端口管理软件及 MAC 地址转发表数据库，网桥组成结构如图 2-10 所示。网桥的接口很像一个网卡，但其接口上没有网卡的 MAC 地址。由于网桥接口没有 MAC 地址，因此网桥数据转发过程中并不改变它所转发帧的源地址和目的地址。网桥没有传用硬件交换电路，它的数据交换通过软件控制来实现，有时称为软交换。

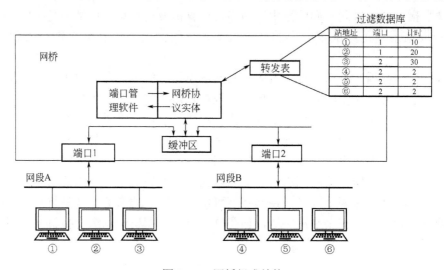

图 2-10　网桥组成结构

根据数据转发过程中的路径选择方法，网桥可分为源选径网桥和透明网桥。

（1）源选径网桥是由源站点负责路由选择，网桥和路由对站点不透明。令牌环网络使用源选径网桥。

（2）透明网桥是由网桥负责路由选择，网桥对站点透明。以太网交换机和令牌总线网络使用透明网桥工作方式。

透明网桥是根据 MAC 地址来转发帧并以此提供智能化连接服务。它通过"逆向学习"方法获取主机 MAC 地址与接口之间的关系，并动态维护转发表，从而实现对所连接网段的了解。如网络 A 和网络 B 通过网桥连接后，网桥接收网络 A 中主机发送的数据帧，检查数据帧中的地址，如果目的地址属于网络 A，它就将其放弃；反之，如果目的地址属是网络 B，它就将数据帧发送给网络 B，即网桥的过滤和转发功能。

网桥的优点有以下 3 点。

（1）网桥可将两个局域网连起来扩展网络的距离或规模，并在数据存储转发过程中可实现数据帧的纠错处理和帧解析，从而提高了网络的性能、可靠性和安全性。

（2）网桥通过存储转发功能使其适用于连接不同 MAC 协议的两个局域网，构建不同类型局域网混合连接的网络环境。

（3）利用网桥隔离信息，可将网络划分成多个网段，隔离出安全网段，防止其他网段内的用户非法访问。

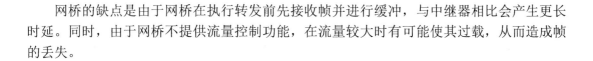

网桥的缺点是由于网桥在执行转发前先接收帧并进行缓冲，与中继器相比会产生更长时延。同时，由于网桥不提供流量控制功能，在流量较大时有可能使其过载，从而造成帧的丢失。

2.3.2 以太网交换机概述

交换机是在网桥和集线器基础上发展起来的，又称为多端口网桥。交换机工作在数据链路层，它是一种基于 MAC 地址识别并能完成数据包封装、转发功能的网络设备。以太网交换机凭借"高性能、低成本"等优势，如今已经成为应用最为广泛的网络互联设备。

2.3.2.1 以太网交换机的发展

以太网交换机发展是随着以太网技术的发展而持续演进的。1989 年，Kalpana 公司发明了第一台以太网交换机 EtherSwitch EPS-700。经过近 30 年的快速发展，以太网交换机在转发性能上有了极大提升，端口速率从 10Mb/s 发展到了 100Gb/s，单台设备的交换容量也由几十 Mb/s 提升到了几十 Tb/s。

最初的交换机工作在 OSI 模型的数据链路层，也被称为二层交换机或传统交换机。二层交换机识别数据帧中的 MAC 地址信息，根据 MAC 地址选择转发端口，实现端口一对一转发，不需要像集线器一样每个数据帧都进行广播转发，减小了冲突域范围，提高了数据转发性能，解决了集线器的冲突域问题。典型产品有 H3C S1200 系列交换机、Cisco 2960 系列交换机、HUAWEI S5700-LI 系列交换机。

二层交换机能隔离冲突域，但不能分割广播，同一交换机所有的端口都在一个广播域内。随着网络规模的扩展，用户数量急速提升，广播信息带来的问题也愈发明显。通过 VLAN 能够在交换机上实现广播域的隔离，但 VLAN 之间的转发还要通过路由器来完成。相对于交换机而言，路由器不仅价格昂贵，而且性能较差，无法满足大量用户对大带宽的需求。由此产生了工作在 ISO 模型第三层的三层交换机，它在满足客户需求的同时继续保持了"高性能、低成本"的传统优势。

早期三层交换机的 ASIC 芯片无法独立完成三层转发的完整功能，而是采用了"一次路由多次交换"技术。在逻辑上可以将三层交换看成在原有二层交换机之上加了三层路由功能的软件，又称为软路由。随着芯片技术的发展，ASIC 可支持硬件路由查找功能，三层交换机真正实现了全硬件三层转发功能。为了避免与前期的"三层交换机"相混淆，支持全硬件三层转发的交换机往往被称为路由交换机。典型产品有 H3C S5500 系列交换机、Cisco 3750-X 系列交换机、HUAWEI S5700-EI 系列交换机。

近年来，随着万兆以太网的出现，语音、视频、游戏等高带宽业务逐步普及，这些业务的开展和部署对网络设备的要求已经不仅仅是完成数据的连通性，还提出了一些新的需求，如安全性、可靠性、QoS 等。同时为了降低组网成本，简化管理维护，网络设备的功能出现了融合的趋势，这就催生了交换机支持多层转发，融合了增值业务的能力。典型产品有 H3C S7000 系列多业务路由交换机、Cisco 6500 系列交换机、Huawei S9700 系列交换机。

几代产品简单对比如表 2-1 所示。

表 2-1　几代交换机产品对比

阶段	产品	典型产品	转发硬件	应用场景
第一代	集线器	3Com 3C16410 集线器、Cisco 1538 集线器	ASIC	共享式局域网
第二代	二层交换机	H3C S1200 系列交换机、Cisco 2960 系列交换机、HUAWEI S5700-LI 系列交换机	ASIC	小型局域网
第三代	三层交换机	H3C S5500 系列交换机、Cisco 3750-X 系列交换机、HUAWEI S5700-EI 系列交换机	ASIC	中小型局域网
第四代	叠加型多业务交换机	H3C S7000 系列多业务交换机、Cisco 6500 系列交换机、HUAWEI S9700 系列交换机	ASIC +多核 CPU 混合模型	各类园区网、城域网

2.3.2.2　交换机的功能

交换机能够实现数据转发、数据过滤、提供网络拓扑结构、错误校验、帧序列以及流量控制，支持设备的配置管理、故障管理、性能管理、安全管理，可以互联不同类型的 LAN，隔离负载，防止出故障的站点损害全网，有助于安全保密。

交换机还具备一些新增功能，如对虚拟局域网技术 VLAN 的支持、IP 路由协议、对链路聚合的支持，甚至有的还具有防火墙的功能。

2.3.2.3　交换机在网络中的作用

（1）提供网络接口：交换机在网络中最重要的应用就是提供网络终端接入接口，网络设备的互联可借助交换机实现。主要包括：

① 连接交换机、路由器、防火墙和无线接入点等网络设备。

② 连接计算机、服务器等计算机终端设备。

③ 连接网络打印机、网络摄像头、IP 电话等其他网络终端。

（2）扩充网络接口：尽管有的交换机拥有较多数量的端口（如 48 口），但是当网络规模较大时，一台交换机所能提供的网络接口数量往往不够。因此，可以将两台或更多台交换机通过堆叠或级联方式连接在一起，从而成倍地扩充网络接口。

（3）扩展网络范围：交换机与计算机或其他网络设备是依靠传输介质连接在一起的，而每种传输介质的传输距离都是有限的，根据网络技术不同，同一种传输介质的传输距离也是不同的。当网络覆盖范围较大时，可以借助交换机进行中继，以成倍地扩展网络传输距离，增大网络覆盖范围。

2.3.2.4　交换机与网桥的区别

以太网交换机的基本功能与网桥一样，具有帧转发、帧过滤和生成树算法功能。但是，交换机与网桥相比还是存在以下不同。

（1）当交换机工作时，实际上允许多组端口间的通道同时工作。所以，交换机体现出的不仅仅是一个网桥的功能，而是多个网桥功能的集合。网桥一般具有两个端口，而交换机具有高密度的端口。

（2）分段能力的区别：由于交换机能够支持多个端口，因此，可以把网络系统划分成更多的物理网段，这样使得整个网络系统具有更高的带宽。而网桥一般只支持两个端口，所以网桥划分的物理网段是相当有限的。

（3）传输速率的区别：交换机数据交换通过硬件实现，而网桥通过软件实现，交换机的数据信息传输速率与网桥的相比，交换机要快于网桥。

（4）数据帧转发方式的区别：网桥在发送数据帧前，通常要在接收到完整的数据帧并执行校验计算后，才开始转发该数据帧。交换机具有存储转发、直通转发和碎片隔离转发三种帧转发方式。存储转发是将输入端口的数据包完整接收并存储下来进行检查，对错误包处理后再按数据包的目的地址转发到输出端口，存储转发方式数据处理延时大，但可靠性高。直通转发是不需要接收整个数据帧，也不需要循环冗余校验计算检查的等待时间，只需从包头中获取数据包的目的地址，就把该数据包直接转发到相应的输出端口，实现快速数据交换功能，延迟非常小，但不能提供错误检测能力。碎片隔离转发是介于前两者之间的一种解决方案，它检查数据包的长度是否够 64 个字节，如果小于 64 字节，说明是碎片包，则丢弃该包；如果大于 64 字节，则发送该包；这种方式也不提供数据校验，碎片隔离方式的数据处理速度比存储转发方式的快，但比直通式的慢。

2.3.3　交换机的组成

2.3.3.1　交换机的硬件组成

（1）交换机由以太网接口、指示灯和电源等组成，图 2-11 所示为 H3C S3600 交换机外形。

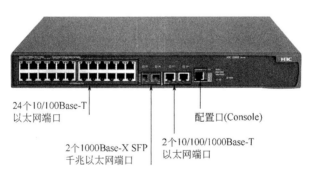

图 2-11　H3C S3600 交换机外形

（2）工作组交换机的内部电路板如图 2-12 所示。

主要组成部件有中央处理器（CPU）、交换矩阵、只读存储器 ROM、主存储器 RAM/SDRAM、快闪存储器 Flash、非易失性存储器 NVRAM/BootRAM、CF 卡、接口等。

中央处理器（CPU）：交换机中央处理器使用专用集成电路芯片 ASIC，通常是运行 RISC 指令系统的 CPU，满足嵌入式系统实时、高效的特点，实现高速的数据传输。

交换矩阵（即交换网板或背板）：也称为 Crossbar 集成电路芯片，是一种带有多个超高速率接口的硬件芯片，用于数据处理芯片之间数据的高速转发或高端交换机跨线卡的数据转发，是交换机的主要性能指标之一。

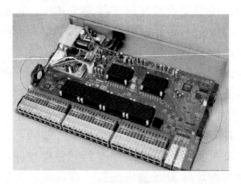

图 2-12　工作组交换机的内部电路板

只读存储器 ROM：相当于 PC 机的 BIOS，用来存储开机诊断程序、引导程序和操作系统软件。

主存储器 RAM/SDRAM：主存储器，用来存储设备当前运行程序和配置数据。

快闪存储器 Flash：是可擦可编程的 ROM，相当于 PC 机的硬盘。用来存储系统软件映像文件，升级系统的主程序等。

非易失性存储器 NVRAM/BootRAM：用来存储备份配置文件等。

CF 卡：可扩展外存储器。

接口：提供交换机管理功能和数据转发业务。

指示灯：面板上有若干指示灯，其亮、灭或闪烁可以反映交换机的工作状态是否正常。

此外还有电源插口、电源开关等。

（3）硬件连接结构如图 2-13 所示。

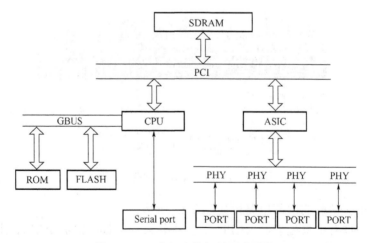

图 2-13　工作组交换机的硬件连接

2.3.3.2　交换机常见网络接口及连接线缆

不同生产厂商、不同型号的交换接口类型不完全一样。总体上可分为电源接口、管理接口和网络接口，通常，网络接口又可分为物理网络接口和逻辑网络接口。

（1）管理接口：管理接口主要为用户提供配置管理支持，相当于计算机的 COM 口，用户通过此类接口可以登录交换机进行配置管理操作，管理接口不承担网络业务数据传输。

交换机后面板或前面板上的串口 RS-232 或 Console/AUX（配置口/辅助口）是管理接口，该类接口通过使用专用配置线缆实现交换机本地配置管理，或使用 MODEM 通过电话线对交换机进行远程配置管理。绝大多数交换机 Console 口都采用 RJ-45 端口类型，但也有少数采用 DB-9 串口端口或 DB-25 串口端口。配置管理端口工作在异步模式下，其默认数据传输速率为 9600b/s。

（2）物理网络接口：物理网络接口是真实存在、有器件支持的网络端口，用来连接计算机或其他网络设备。物理网络接口承担网络数据传输业务。以太网交换机提供支持不同传输速率、不同传输介质的以太网端口，常见的电接口有 RJ-45、AUI、BNC、FDDI 等，光纤接口有 SC、ST、LC、FC、MU、MT 等，端口类型及连接线缆关系如表 2-2 所示。

（3）逻辑网络接口：逻辑网络接口是指物理上不存在，需要通过配置，建立实现数据交换功能的虚拟接口。交换机逻辑接口往往具有三层功能，所以逻辑接口主要在三层交换机上支持。如 Loopback 接口、Null 接口、VLAN 虚接口等。

H3C 交换机 Combo 接口是一个二层逻辑接口，一个 Combo 接口对应设备面板上一个电接口或一个光纤接口。电接口与其对应的光纤接口是光电复用关系，两者不能同时工作，当激活其中的一个接口时，另一个接口就自动处于禁用状态，用户可根据组网需求选择适用电接口或光纤接口。电接口和光纤接口共用一个接口视图。当用户需要激活电接口或光纤接口、配置电接口或光纤接口的属性时，在同一接口视图下配置。

表 2-2 交换机的端口类型及连接线缆对照表

标准类型	传输速率（Mb/s）		接口标准	传输介质	传输距离（m）
10Base-T	10		RJ-45	UTP（非屏蔽双绞线）	100
10Base-F	10		光纤接口	62.5/125MMF（多模光纤）	2000
100Base-TX	100		RJ-45	UTP	100
100Base-T4	100		RJ-45	UTP（4 对芯线）	100
100Base-FX	100		光纤接口	62.5/125MMF	412
				62.5/125MMF	2000
				9/125SMF（单模光纤）	10000
1000Base-CX	1000		RJ-45	STP（屏蔽双绞线）	25
1000Base-T	1000		RJ-45	UTP（4 对芯线）	100
1000Base-FX	SX（780nm 短波）	1000	光纤接口	62.5/125MMF	260
				50/125MMF	525
	LX（1300nm 长波）			62.5/125MMF	550
				50/125MMF	550
				9/125SMF	3000～10000

2.3.3.3　交换机软件组成

交换机软件由交换机操作系统、运行配置文件、备份文件、日志文件等组成。

（1）操作系统：网络设备操作系统是一个与硬件分离的软件体系结构。随着网络技术的不断发展，网络设备操作系统可以动态地升级以适应不断变化的硬件和软件技术。

H3C 的操作系统 Comware 平台是杭州华三通信技术有限公司为其网络设备开发的操作系统软件。

互联网操作系统 IOS（Internetwork Operating System）是思科公司为其网络设备开发的操作维护系统，用于思科大多数路由器和交换机产品。思科的网络设备需要依靠 IOS 进行工作，它指挥和协调思科网络设备的硬件进行网络服务和应用的传递。IOS 配置通常是通过基于文本的命令行接口进行的，通过命令可以为思科网络设备进行各种配置，使之适应于各种网络功能。不同型号的思科设备所使用的 IOS 版本不同。

路由平台 VRP（Versatile Routing Platform）是华为公司数据通信产品的通用操作系统平台。它以 IP 业务为核心，采用组件化的体系结构，在实现丰富功能特性的同时，提供基于应用的可裁剪和可扩展的功能。VRP 系统自 1994 年开发，从最初的 1.x 版本发展到现在的 8.x 版本。VRP 系统可以运行在多种硬件平台上，如华为路由器、交换机、防火墙、WLAN 等系列产品，并拥有一致的网络界面、用户界面和管理界面，提供用于人-机交互的命令行界面。

（2）运行配置文件：系统启动时将使用该文件来配置网络设备运行环境。配置文件是以文本格式保存的命令，默认配置并不出现在配置文件中。如果用户指定了启动配置文件，且配置文件存在，则设备用启动配置文件进行初始化，如果用户指定的启动配置文件不存在，则以空配置进行初始化。

交换机中还有备份文件及日志文件。

2.3.4　交换机的体系结构

交换机一般由控制器、交换结构和接口三大部分构成。

（1）控制器执行交换机的控制面功能。

（2）接口是交换机与各种传输链路的界面，是交换机对外服务的窗口。

（3）交换结构是完成端口之间数据交换的物理执行单元，它是交换机最核心的部件。

当前交换结构主要有三种常见体系结构：总线交换结构、共享存储交换结构和矩阵交换结构。

2.3.4.1　总线交换结构

总线交换结构的交换机拥有一条很高带宽的背板总线。交换机的所有端口都挂接在这条背板总线上，总线按时隙分为多条逻辑通道，各个端口都可以往该总线上发送数据帧，这些数据帧都按时隙在总线上传输，并从各自的目的端口中输出数据帧，如图 2-14 所示。总线交换结构对总线的带宽有较高的要求，假设交换机的端口数为 M，每个端口的带宽为 N，则总线的带宽应不小于 $M \times N \times 2$。总线交换结构扩展性和管理性好，易实现帧的广播和多个输入对一个输出的帧传送。

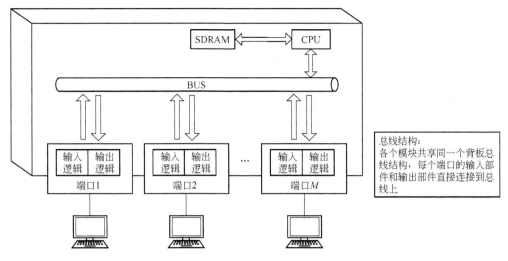

图 2-14　总线结构

2.3.4.2　共享存储交换结构

共享存储交换结构用共享存储 RAM 代替了总线交换结构中的总线，数据帧通过共享存储器实现从源端口直接传送到目的端口，它是总线交换结构的改进。数据帧从一个端口到另一个端口，先缓存到一个公共的存储区，当数据量较大时，通过排队的方式等待从另一个端口发送到介质。在数据输入端口，有 $N \times 1$ 复用器将进入的数据包形成一个数据流，发送到时隙交换器，由它将数据包写入共享存储器，如图 2-15 所示。例如，第 i 输入端口需要将数据交换到第 j 输出端口，则数据写入共享存储器第 i 行的第 j 位，然后由 $1 \times M$ 的解复用器读取数据，交由第 j 输出端口发送。

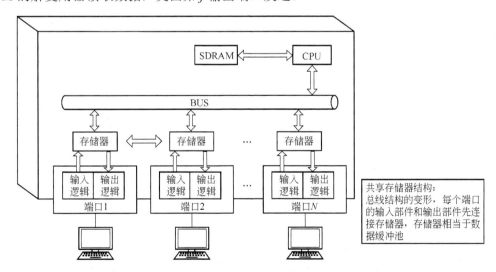

图 2-15　共享存储器结构

共享存储交换结构的优点是结构简单、易于实现；它的缺点是当交换机的端口数量不断增加，存储容量不断扩大时，数据交换的时延也会越来越大，而且共享存储交换结构的成本比较高。

2.3.4.3　矩阵交换结构

在矩阵交换结构中，交换机确定了目的端口后，根据源端口与目的端口打开交换矩阵中相应的开关，在两个端口之间建立连接并通过建立的传输通道来完成数据帧的传输。矩阵交换结构是一种空分结构，对于 $N×M$ 的输入输出端口，建立 $N×M$ 交叉矩阵，每个交叉点有一个控制开关。当某一个控制开关打开时，表示其所对应的输入、输出端口交换数据，不影响任何其他端口之间交换数据。多个输入、输出端口独立传输数据互不影响，如图 2-16 所示。

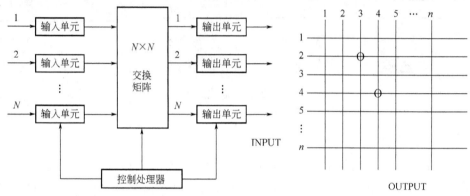

矩阵结构：每条输入线路和输出线路多有一个交叉点，在CPU或交换矩阵控制器的控制下，将交叉点的开关连接，数据就从入单元发到出单元

图 2-16　矩阵结构

矩阵交换结构的优点是交换速率快、时延小、易于实现；缺点是扩展与可管理性较差。

矩阵交换结构和共享存储是当前交换结构最重要的两种技术，在实际应用中，从两种技术交换芯片所占的份额来看，使用共享存储的芯片占绝对的优势。事实上，在交换结构中，矩阵交换和共享存储两种技术并不是决然分开的。矩阵交换结构的主要特点是有较高的吞吐率，因此被应用于很多大型交换结构的交换背板。广泛采用的大型交换系统的体系结构是使用矩阵交换作为板间交换结构，使用共享存储作为板内交换结构，板间交换的通用模型矩阵交换多用于高速、大容量的背板交换，而共享存储用于前端交换和单板交换。

2.3.5　交换机的性能指标

交换机性能指标是使用者用来衡量交换机用途、性能的重要参考依据，任何一个网络在施工之前都必须经过严格的论证，论证的过程包括网络拓扑结构的分析、节点设备功能的确定等环节。其中节点设备功能的确定主要根据该网络的业务要求而确定，也就是设备选型，而选购者必须根据交换机相应的性能参数来选购所需设备。网络用户需要综合考虑满足的最小带宽、用户节点数量、是否支持远程网络管理、该交换机有多少个扩展槽、支持哪些网络协议、是否支持 VLAN、端口数量等交换机的性能指标。如表 2-3 所示，H3C LS-7506E 交换机参数各项指标反映了该交换机主要性能。

表 2-3 H3C LS-7506E 交换机性能参数

项目		性能参数
基本参数	产品型号	LS-7506E
	产品类型	企业级
	应用层级	三层
	背板带宽	2.56Tb/s
	包转发率	1920Mpps
	传输方式	存储转发方式
硬件参数	接口类型	10Base-T，100Base-T，1000BASE-X，1000BaseT
	传输速率	10M/100M/1000Mb/s
	端口结构	模块化
	扩展插槽	6
	堆叠支持	可堆叠
网络与软件	网络标准	IEEE 802.1P，IEEE 802.1Q，IEEE 802.1d，802.1w，802.1s，IEEE 802.1ad，IEEE 802.3x，IEEE 802.3ad，IEEE 802.3，802.3u，IEEE 802.3z，802.3ab，IEEE 802.3ae，IEEE 802.3af 802.3ad，802.3，802.3u，802.3x，802.3z，802.3af
	VLAN 支持	支持 VLAN 功能
	双工传输	支持全双工
	MAC 地址表	128K
	网管功能	持网管功能，支持 FTP，TFTP，Xmodem，SNMP V1/V2/V3，RMON，NTP 时钟，HGMP，多种配置方式
其他参数	电源电压	100V-240V
	最大功率	1400/2800W
	外形尺寸	436mm×575mm×420mm
	重量	≤77kg
	其他性能	槽位数量：8 业务槽位数量：6

（1）背板带宽：背板带宽是交换机接口处理器或接口卡和数据总线间所能吞吐的最大数据量。背板带宽体现了交换机总的数据交换能力，单位为 Gb/s，也叫交换带宽。一台交换机的背板带宽越高，所能处理数据的能力就越强，但同时设计成本也会越高。

（2）包转发速率：包转发速率是交换机的一个非常重要的参数。包转发速率是指交换机每秒可以转发多少百万个数据包，它标志了交换机转发数据包能力的大小，通常以"Mpps"来表示，即每秒能够处理的数据包的数量。包转发速率体现了交换引擎的转发功能，该值越大，交换机的性能越强劲。

（3）线速：线速是描述网络设备数据交换转发能力的一个指标，是交换机接口处理器或接口卡和数据总线间所能吞吐的最大数据量。达到线速标准的设备，没有转发瓶颈，称作"无阻塞处理"。即厂商标称交换能力大于设备上所有类型接口带宽总和的 2 倍。通常，二层线速指的是交换能力，单位 Gb/s；三层线速指的是包转发率，单位 Mpps。

① 线速背板带宽：线速背板带宽是考察交换机上所有端口能提供的总带宽。计算公

式为

$$总带宽=端口数×相应端口速率×2（全双工模式）$$

如果端口总带宽≤标称背板带宽，那么在背板带宽上是线速，否则不是。

② 包转发线速：包转发线速的衡量标准是以单位时间内发送最小 64 字节的数据包个数作为计算基准的。对于千兆以太网来说，计算方法如下：

$$1000000000b/s/8bit/（64＋8＋12）byte=1488095pps$$

当以太网帧为 64 字节时，需要考虑 8 字节的帧头和 12 字节的帧间隙的固定开销。故一个线速的千兆以太网端口在转发 64 字节包时的包转发率为 1.488Mpps。快速以太网的线速端口包转发率正好为千兆以太网的十分之一，为 148.8kpps。

对于 OC-12 的 POS 端口，一个线速端口的包转发率为 1.17Mpps。

对于 OC-48 的 POS 端口，一个线速端口的包转发率为 468Mpps。

由此一台交换机线速包转发率计算公式为：

$$包转发率=千兆端口数量×1.488Mpps+百兆端口数量×0.1488Mpps+$$
$$其余类型端口数×相应端口的线速包转发率$$

如果这个包转发率≤标称包转发速率，那么交换机在做交换的时候可以达到线速。

（4）传输速率：传输速率是指交换机端口的数据传输速率。目前常见的有 10Mb/s、100Mb/s、1000Mb/s 等几类。除此之外，还有 10Gb/s 交换机。

（5）端口吞吐量：端口吞吐量反映交换机端口的有效分组转发能力，通常可以通过两个相同速率的端口进行测试，吞吐量是指在没有丢失帧的情况下，设备能够接受的最大速率。

（6）网络标准：以太网交换机遵循的都是 IEEE 802.3 开头的各类标准。

（7）端口数：交换机设备的端口数量是交换机最直观的衡量因素，常见标准的固定端口交换机有 8 端口、12 端口、16 端口、24 端口、48 端口等几种。一般固定端口交换机可根据其型号判断端口数量。

（8）MAC 地址数量：每台交换机都维护着一张 MAC 地址表，记录 MAC 地址与端口的对应关系，交换机就是根据 MAC 地址将访问请求直接转发到对应端口上的。存储的MAC 地址数量越多，数据转发的速率和效率也就越高。

（9）缓存大小：交换机的缓存用于暂时存储等待转发的数据。如果缓存容量较小，当并发访问量较大时，数据将被丢弃，从而导致网络通信失败。只有缓存容量较大，才可以在组播和广播流量很大的情况下，提供更佳的整体性能，同时保证最大可能的吞吐量。

（10）支持网络管理类型：网络管理是指网络管理员通过网络管理程序对网络设备进行集中化管理的操作，包括配置管理、性能和记账管理、问题管理、操作管理和变化管理等。一台设备所支持的管理程度反映了该设备的可管理性及可操作性，现在交换机的管理通常是通过厂商提供的管理软件或通过满足第三方管理软件的管理来实现的。

（11）VLAN 支持：一台交换机是否支持 VLAN 是衡量其性能好坏的一个重要指标。网络管理员根据实际应用需求通过 VLAN 把同一物理局域网内的不同用户按逻辑划分成不同广播域，实现广播隔离。

（12）冗余支持：冗余强调了设备的可靠性，也就是当一个部件失效时，相应的冗余部件能够接替工作，使设备继续运转。冗余组件一般包括管理卡、交换结构、接口模块、电源、机箱风扇等。

2.3.6 交换机的分类

交换机种类繁多，不同种类交换机其功能特点和应用范围也有所不同，应当根据具体的网络环境和实际需求进行选择。从广义上来看，交换机可分为广域网交换机和局域网交换机。广域网交换机主要应用于电信领域，提供通信基础平台，而局域网交换机则应用于局域网络，用于连接终端设备，如连接 PC 机及网络打印机等。从应用的角度来看，交换机又可分为电话交换机（PBX）和数据交换机（Switch）。从数据交换技术来看，有分别支持端口交换技术、信元交换技术（ATM 技术）、帧交换技术的各类交换机。以太网交换机是一种支持帧交换技术的数据交换机。

根据不同的标准，以太网交换机还可进行其他分类。

2.3.6.1 按交换机的外形结构划分

按交换机的外形结构，交换机可分为固定端口交换机和模块化交换机两种。

固定端口交换机也称为盒式交换机，它只能提供有限数量的端口和固定类型的接口，包括 100Base-T、1000Base-T 或 GBIC、SFP 插槽。一般的端口标准是 8 端口、16 端口、24 端口、48 端口等。固定端口交换机通常作为接入层交换机，为终端用户提供网络接入，或作为汇聚层交换机，实现与接入层交换机之间的连接。如果交换机拥有 GBIC、SFP 插槽，也可以通过采用不同类型的 GBIC、SFP 模块（如 1000Base-SX、1000Base-LX、1000Base-T 等）来适应多种类型的传输介质，从而拥有一定程度的灵活性。

模块化交换机也称为机箱交换机，它拥有更大的灵活性和可扩充性。用户可任意选择不同数量、不同速率和不同接口类型的模块，以适应多种技术的网络需求。模块化交换机大都具有很高的性能（如背板带宽、转发速率和传输速率等）、很强的容错能力，支持交换模块的冗余备份，并且往往拥有可插拔的双电源，以保证交换机的电力供应。模块化交换机通常被用于核心交换机或骨干交换机，以适应复杂的网络环境和网络需求。

2.3.6.2 按交换机的应用规模划分

以交换机的应用规模为标准，交换机可划分为接入层交换机、汇聚层交换机和核心层交换机。

当中小型企业构建网络时，网络通常采用分层设计结构，以便于网络管理、扩展和故障排除。分层网络设计需要将网络分成相互分离的层，每层提供特定的功能，这些功能界定了该层在整个网络中扮演的角色。

接入层交换机（也称为工作组交换机）通常为固定端口交换机，用于实现终端计算机的网络接入。接入层交换机可以选择拥有 1～2 个 1000Base-T 端口或 GBIC、SFP 插槽的交换机，用于实现与汇聚层交换机的连接。

汇聚层交换机（也称为骨干交换机、部门交换机）是面向楼宇或部门接入的交换机。汇聚层交换机首先汇聚接入层交换机发送的数据，再将其传输给核心层，最终发送到目的地。汇聚层交换机可以是固定端口交换机，也可以是模块化交换机，一般配有光纤接口。与接入层交换机相比，汇聚层交换机通常全部采用 1000Mb/s 端口或插槽，拥有网络管理的功能。

核心层交换机（也称为中心交换机）属于高端交换机，一般采用模块化结构的可网管交换机作为网络骨干构建高速局域网。

2.3.6.3　按工作层次划分

根据交换机工作在 OSI 七层网络模型的层次，交换机又可以分为第二层交换机、第三层交换机、第四层交换机等。

第二层交换机依赖于数据链路层的信息来完成不同端口间数据的线速交换，它对网络协议和用户应用程序完全是透明的。第二层交换机通过内建的一张 MAC 地址表来完成数据的转发决策。接入层交换机通常全部采用第二层交换机。

第三层交换机具有第二层交换机的交换功能和第三层路由功能，可将 IP 地址信息用于网络路径选择，并实现不同网段间数据的快速交换。当网络规模较大或通过划分 VLAN 来减小广播所造成的影响时，可借助第三层交换机实现。在大中型网络中，核心层交换机通常都由第三层交换机来充当。某些网络应用较为复杂的汇聚层交换机也可以选用第三层交换机。

第四层交换机工作在传输层，通过包含在每一个 IP 数据包包头中的服务进程/协议来完成报文的交换和传输处理，并具有带宽分配、故障诊断和对 TCP/IP 应用程序数据流进行访问控制等功能。

2.3.6.4　按传输速率划分

以交换机所提供的传输速率为标准，可以将交换机划分为快速以太网交换机、吉比特以太网交换机和 10 吉比特以太网交换机等。

快速以太网交换机是指交换机所提供的端口或插槽全部为 100Mb/s，几乎全部为固定配置交换机，通常用于接入层。为了保证与汇聚层交换机实现高速连接，通常配置少量（1～4 个）的 1000Mb/s 端口。

吉比特以太网交换机也称为千兆位以太网交换机，是指交换机提供的端口或插槽全部为 1000Mb/s，可以是固定端口交换机，也可以是模块化交换机，通常用于汇聚层或核心层。

10 吉比特以太网交换机也称为万兆位以太网交换机，是指交换机拥有 10Gb/s 以太网端口或插槽，可以是固定端口交换机，也可以是模块化交换机，通常用于大型网络的核心层。

2.3.6.5　按交换机端口速率的一致性划分

依据交换机端口速率的一致性为标准，可将交换机分为对称交换机或非对称交换机两类。

对称交换机所有端口的传输速率均相同，如全部为 100Mb/s 或者全部为 1Gb/s。非对称交换机是指拥有不同速率端口的交换机。可提供不同带宽端口之间的交换连接。如拥有 2～4 个 1Gb/s 或 10Gb/s 高速率端口以及 12～48 个 100Mb/s 或 1Gb/s 低速率端口。高速率端口用于实现与汇聚层交换机、核心层交换机、接入层交换机和服务器的连接，搭建高速骨干网络。低速率端口则用于直接连接客户端或其他低速率设备。

2.4 路由器

2.4.1 路由器概述

路由器工作在 TCP/IP 体系结构的网络层。它是 TCP/IP 网络中连接局域网、广域网的主要设备，是计算机网络之间的桥梁。路由器在物理上类似于桥接器，每个路由器是一台用于完成网络互联工作的专用计算机，它有常规的处理器和内存，并对所连接的每个网络都有一个单独的输入/输出接口。一个路由器可以实现局域网与局域网、局域网与广域网、广域网与广域网的连接。

路由器不仅可以连通不同的网络，在不同的网络间存储并转发分组，还能选择数据传送的路径，其转发策略称为路由选择，这也是路由器名称的由来。根据数据包的地址、信道的情况，路由器自动选择和设定路由，以最佳路径发送信号，将信息包发送到目的地，必要时进行网络层上的协议转换。

目前，路由器系统构成了基于 TCP/IP 的 Internet 的骨架。路由器实现各种骨干网内部连接、骨干网间互联和骨干网与互联网互联互通业务。作为不同网络之间互相连接的枢纽，路由器的处理速度是网络通信的主要瓶颈之一，它的可靠性则直接影响着网络互连的质量。因此，在园区网、地区网乃至整个 Internet 领域中，路由器技术始终处于核心地位。

2.4.1.1 路由器的发展

随着计算机网络的不断发展，人们迫切需要一种先进的方式来解决网络互联的难题。1984 年，为将斯坦福大学中相互不兼容的计算机网络连接到一起，思科公司创始人设计了一种叫作"多协议路由器"的全新网络设备，这是路由器的前身。1986 年思科公司正式推出了第一款多协议路由器——AGS。

第一代路由器主要用于科研和教育机构以及企业连接到互联网，路由器所连接的设备以及需要处理的业务都很小，可使用一台计算机接上多块网卡的方式来实现路由器的功能。

第二代路由器转发性能提升较大，并根据具体的网络环境提供丰富的连接方式和接口，在互联网和企业网中得到了广泛的应用。随着网络流量的不断增大，路由器的 CPU 和总线负担越来越大。为解决这些问题，将少数常用的路由信息采用缓存技术保留在业务接口卡上，使大多数报文直接通过业务板缓存的路由表进行转发，只将缓存中找不到的报文传输到 CPU 进行处理，减少了对总线和 CPU 的请求。

第三代路由器采用了全分布式结构——路由与转发分离的技术。第三代路由器通过主控板负责整个设备的管理和路由的收集、计算功能，然后把计算形成的转发表下发到各业务板，各业务板根据保存的路由转发表能够独立进行路由转发。另外，总线技术也得到了较大的发展，通过总线、业务板之间的数据转发完全独立于主控板，实现了并行高速处理，使得路由器的处理性能成倍提高。

第四代路由器即早期的千兆交换式路由器（Gigabit Switch Router，GSR）。20 世纪 90 年代中后期，互联网用户呈爆炸式增长。网络流量特别是核心网络的流量呈指数级增长，传统的基于软件的 IP 路由器已经无法满足网络发展的需要。报文处理中需要包含诸如 QoS 保证、路由查找、二层帧头的剥离/添加等复杂操作，以传统的做法是不可能实现的。于是提出了 ASIC 实现方式，把转发过程的所有细节全部采用硬件方式来实现。并且在交换网上采用了矩阵交换或共享内存的方式解决了内部交换的问题，使得路由器性能达到千兆比特。

第五代路由器在硬件体系结构上继承了第四代路由器的成果，在关键的 IP 业务流程处理上采用了可编程的、专为 IP 网络设计的网络处理器技术。网络管理、用户管理、业务管理、MPLS、VPN、可控组播、IP-QoS 及流量控制等各种新技术通过路由器来实现。处理器（NP）通常由若干微处理器和一些硬件协处理器组成，多个微处理器并行工作，通过软件来控制处理流程，实现业务灵活性与高性能的有机结合。

2.4.1.2　路由器的功能及作用

一般路由器有以下几个功能。

（1）在网络之间转发数据分组。

（2）为数据分组寻找最佳传输路径，引导通信。

（3）分段和组装，路由器在转发报文的过程中，为了便于在网络间传送报文，按照预定的规则把大的数据包分解成适当大小的数据包，到达目的地后再把分解的数据包组装成原有形式。

（4）实现子网隔离，限制广播风暴。路由器对目的地址无法识别的分组，将其丢弃，而不是广播。路由器不仅可以根据局域网的地址和协议类型，还可以根据网络号、主机号的网络地址、地址掩码、数据类型来监控、拦截和过滤数据包。这种隔离能力能避免广播风暴，提高网络性能，提高网络的安全和保密性。

（5）流量控制。路由器可以有很强的流量控制能力，可以采用优化的路由算法来均衡网络负载，从而有效控制拥塞，避免因拥塞而使网络性能下降。

（6）多协议的路由器可以连接使用不同通信协议的网络，作为不同通信协议网络通信连接的平台。

（7）提供网络逻辑地址，以识别互联网上的主机。提供广域网服务，把 LAN 连入广域网或作为广域网的核心连接设备。

（8）路由器还可提供防火墙的服务，只转发特定地址的数据包。

2.4.1.3　路由器与交换机的区别

（1）传统的交换机只能分割冲突域，不能分割广播域，由交换机连接的网段仍属于同一个广播域，广播数据包会在交换机连接的所有网段上传播，在某些情况下会导致通信拥挤和安全漏洞。路由器可以分割广播域，连接到路由器上的网络会被分离成不同的广播域，广播数据不会穿过路由器。

虽然第三层以上交换机具有 VLAN 功能，也可以分割广播域，但各子广播域之间是不能通信交流的，它们之间的交流仍然需要路由器。

（2）工作层次不同。路由器一开始就设计工作在 OSI 模型的网络层，而最初的交换机工作在数据链路层。由于交换机工作在 OSI 模型的第二层，所以它的工作原理比较简单，而路由器工作在 OSI 模型的第三层，可以得到更多的协议信息，路由器可以做出更加智能的数据转发决策。

（4）数据转发所依据的对象不同。交换机是利用物理地址或者说 MAC 地址来确定转发数据的目的地址。而路由器则是利用不同网络的 ID 号来确定数据转发的地址。网络地址是在软件中实现的，描述的是设备所在的网络，有时这些第三层的地址也称为协议地址或者网络地址。MAC 地址通常由网卡生产商分配，而且固化到了网卡中，一般是不可更改的。而网络地址则通常由网络管理员或系统自动分配。

2.4.2 路由器的组成

2.4.2.1 路由器的硬件组成

以 H3C MSR20-21 路由器为例介绍路由器软件组成。

（1）路由器外形与交换机一样有接口、指示灯、电源等，如图 2-17 所示。

图 2-17 H3C MSR 20-21 路由器外形

（2）路由器前面板主要有指示灯，如图 2-18 所示。

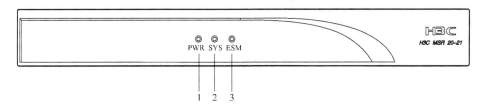

图 2-18 H3C MSR 20-21 前面板

1—电源指示灯（PWR）；2—系统指示灯（SYS）；3—ESM 指示灯（ESM）

（3）路由器后面板有各类接口和电源，如图 2-19 所示。

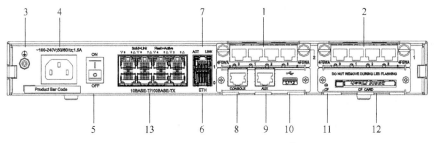

图 2-19 H3C MSR 20-21 后面板

1—SIC 插槽 2；2—SIC 插槽 1；3—接地端子；4—电源插座；5—电源开关；6—固定以太网口 0（LAN0）；
7—固定以太网口 1（LAN1）；8—配置口（CON）；9—备份口（AUX）；10—USB 接口；11—CF 卡指示灯；
12—CF 卡接口；13—固定 L2 交换口（LAN2-LAN9）

HEC20-21 指示灯的含义见表 2-4。

表 2-4　H3C MSR 20-21 指示灯的含义

指示灯	正常运行时含义
PWR	电源指示灯： 灯亮表示电源接通； 灯灭表示电源没有接通
SYS	系统运行状态指示灯： 灯绿色快速闪烁表示系统正在启动； 灯绿色慢速闪烁表示系统正常运行； 灯黄色快速闪烁表示系统出现故障； 灯常灭表示系统工作不正常
LINK	灯灭表示链路没有连通； 灯亮表示链路已经连通
ACT	灯灭表示没有数据收发； 灯闪烁表示有数据收发

（4）固定式路由器内部电路板如图 2-20 所示。

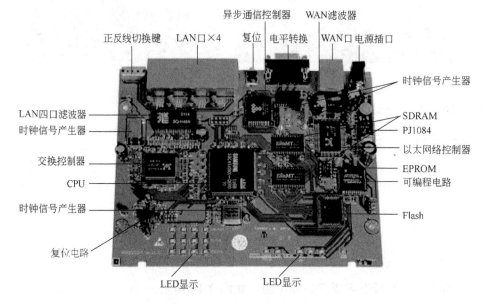

图 2-20　固定式路由器内部电路板

主要组成部件有中 CPU、交换电路、存储器等。

中央处理器（CPU）：路由器的核心构成部分，是衡量路由器性能的一个重要指标。它负责路由进程的维护、路由算法、路由过滤、网络管理等处理控制层面的事务。路由器使用的 CPU 型号会随着路由器型号的不同而有所差异。

数据交换电路：交换电路开关可以使用多种不同的技术来实现，交换技术主要有总线、共享存储和矩阵交换方式。

存储器：路由器中可能有多种存储器，每种存储器以不同方式协助路由器工作，如 Flash、DRAM 等。存储器主要存储配置、路由器操作系统、路由协议软件等内容。

路由器常采用以下几种不同类型的存储器。

① 只读内存（ROM）：只读内存在路由器中的功能与计算机中的 ROM 相似，主要用于系统初始化等功能。ROM 中主要包含：

A．系统加电自检代码（POST），用于检测路由器中各硬件部分是否完好。

B．系统引导区代码（BootStrap），用于启动路由器并载入操作系统。

C．备份的操作系统，以便在原有操作系统被删除或破坏时使用。通常这个操作系统比实际运行操作系统的版本低一些，但却足以使路由器启动和工作。

② 闪存（FLASH）：闪存是可读可写的存储器，在系统重新启动或关机之后仍能保存数据。Flash 中存放着当前使用的操作系统。如果 Flash 容量足够大，可以存放多个操作系统，这在进行操作系统升级时十分有用。当不知道新版操作系统是否稳定时，可在升级后仍保留旧版操作系统；当出现问题时，可迅速退回到旧版操作系统，从而避免长时间的网络故障。

③ 随机存取内存（RAM）：RAM 是可读可写的存储器。RAM 在路由器运行期间暂时存放操作系统以及路由表、ARP 缓存、快速交换缓存、数据报缓冲区和缓冲队列等数据，以便路由器能高速访问这些信息。但它存储的内容在系统重启或关机后将被清除。路由器处于开机状态时，RAM 也为路由器的配置文件提供临时的和运行时的存储，在关机或重启之后数据会丢失。

④ 非易失性 RAM（NVRAM）：非易失性 RAM（Nonvolatile RAM）是可读可写的存储器，在系统重新启动或关机之后仍能保存数据。用于存储路由器的启动/备份配置文件，数据不会因为关机或重起而丢失。由于 NVRAM 仅用于保存启动配置文件，故其容量较小，通常在路由器上只配置 32～128kB 大小的 NVRAM。NVRAM 的存取速度较快，成本也比较高。

（5）硬件连接结构如图 2-21 所示。

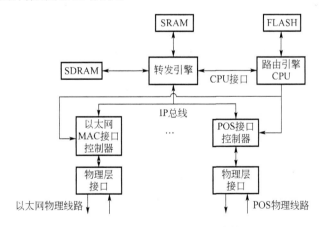

图 2-21　路由器硬件连接结构

2.4.2.2　路由器接口类型及连接线缆

路由器所在的网络位置比较复杂，既可位于内部子网边缘，也可位于内、外部网络边缘。同时为了实现强大的适用性，它需要连接各种类型网络，所以它的接口类型多种多样。

路由器接口提供了路由器与特定类型的网络介质之间的物理连接。根据接口的配置情况，路由器可分为固定式和模块化两大类。每种固定式路由器采用不同的接口组合，这些接口不能升级，也不能进行局部变动。而模块化路由器上有若干插槽，可插入不同的接口卡，可根据实际需要灵活地进行升级或变动。

（1）模块化路由器：该路由器的接口类型及部分扩展功能可以根据用户的实际需求选择配置，在出厂时一般只提供最基本的路由功能，用户可以根据所要连接的网络类型来选择相应的模块，不同的模块可以提供不同的连接和管理功能。绝大多数模块化路由器可以允许用户选择网络接口类型，有些模块化路由器可以提供 VPN 等功能模块，有些模块化路由器还提供防火墙的功能。

多数路由器都是模块化路由器。模块化结构可以灵活地配置路由器，以适应企业不断增加的业务需求，非模块化结构只能提供固定的端口。通常中高端路由器为模块化结构，低端路由器为非模块化结构。

用得最多的路由器模块是网络接口模块和电源模块。网络接口模块有以太网模块、快速以太网模块、串行接口模块。模块插入路由器后，可以供以太网、快速以太网、串行链路的接入。

（2）路由器接口。

① 管理接口。包括 Console 配置口与 AUX 接口等。

A．Console 配置口：终端设备使用专用配置线缆与该接口连接可实现对路由器的本地配置管理，或使用 Modem 连接电话线对路由器进行远程配置。工作在异步模式下，默认数据传输速率为 9600b/s。

B．AUX 接口是设备提供的一个固定端口，通过 Modem 连接广域网，用作专线连接的备份或实现对路由器的远程管理。它可以作为普通的异步串口使用，最高速率为 115200b/s。

② 局域网接口：是指路由器用于连接局域网的接口，包括以太网口、令牌环网口和光纤分布式数据接口。以太网口的数据传输速率通常为 10Mb/s 或（10/100）Mb/s，自适应，千兆位、万兆位光纤接入网络中使用的核心路由器，其以太网接口的速率可达到 1Gb/s、10Gb/s。

二层以太网接口是工作在数据链路层的物理接口，它只能对接收到的报文进行二层交换转发。

三层以太网接口是工作在网络层的物理接口，可以配置 IP 地址。它可以对接收到的报文进行三层路由转发，即可以收发源 IP 和目的 IP 处于不同网段的报文。

二层、三层可切换以太网接口是可以工作在二层模式或三层模式下的物理接口，可分别作为二层以太网接口或三层以太网接口使用。

三层以太网子接口是工作在网络层的逻辑接口，可以配置 IP 地址，处理三层协议。主要用来实现在三层以太网接口上支持收发 VLAN Tagged 报文。用户可以在一个以太网接口上配置多个子接口，接收来自不同 VLAN 的报文，再从不同的子接口进行转发。

③ 广域网接口：路由器广域网接口是用于连接广域网的接口。广域网接口按国际电信联盟 ITU-T 或电子工业标准 EIA 分类，常用接口有 RS-232/V.24、V.35（模拟）、X.21（数字）、G.703 等。其中，RS-232/V.24 接口为低速接口，V.35、X.21、G.703 等接口为高速接口。

广域网按照线路类型来分有 X.25 网、帧中继网、ATM 网、ISDN 网等。路由器为了适应广域网互联，有异步串口、同步串口、ATM 接口、ISDN BRI 接口、CE1/PRI 接口等。目前，H3C 路由器支持的广域网接口包括异步串口、AUX 接口、USB 接口、Cellular 接口、AM 接口、FCM 接口、同/异步串口、ISDN BRI 接口、CE1/PRI 接口、CT1/PRI 接口、CE3 接口、CT3 接口和 ATM 接口。

在路由器中，同/异步串口使用不同的接口标准，在不同的工作方式下，具有不同的数据传输速率。

在同步模式下，接口类型为 Serial，支持的链路层协议包括 PPP、帧中继、LAPB 和 X.25 等，支持 IP 和 IPX 网络层协议。接口可以工作在 DTE 和 DCE 两种方式下，同步串口作为 DTE 端设备时，接受 DCE 端设备提供的时钟。同步串口可以外接多种类型电缆，如 V.24、V.35、X.21、RS449、RS530 等。设备可以自动检测同步串口外接电缆类型，并完成电气特性的选择，无须手工配置。

在异步模式下，接口类型为 Async。异步串口外接 Modem 或 ISDN TA（Terminal Adapter，终端适配器）时可以作为拨号接口使用。异步串口可以工作在协议模式和流模式下。在异步模式下，链路层协议可以是 PPP，网络层协议可以为 IP 和 IPX 等。

ISDN BRI 接口用于连接综合业务数字网。ISDN 提供从终端用户到终端用户的全数字服务，实现语音、数据、图形、视频等综合业务的全数字化传递。

Loopback 接口是一种纯软件性质的虚拟接口。Loopback 接口具有以下特点：Loopback 接口创建后除非手工关闭该接口，否则 Loopback 接口物理层状态和链路层协议永远处于 UP 状态。Loopback 接口可以节约 IP 地址，当配置 IPv4 地址时，子网掩码必须是 32 位的，如果配置的子网掩码不是 32 位的，系统会自动修改为 32。Loopback 接口下也可以使能路由协议，可以收发路由协议报文。

Loopback 接口的应用非常广泛。因为 Loopback 接口地址稳定且是单播地址，所以通常将 Loopback 接口地址视为设备的标志。在认证或安全等服务器上设置允许或禁止携带 Loopback 接口地址的报文通过，就相当于允许或禁止某台设备产生的报文通过，这样可以简化报文过滤规则。将 Loopback 接口地址用于 IP 数据包源地址时，必须通过路由配置确保 Loopback 接口到对端的路由可达。任何送到 Loopback 接口的网络数据报文都会被认为是送往设备本身的，设备将不再转发这些数据包。因为 Loopback 接口永远处于 UP 状态，状态稳定，该接口常用于动态路由协议。

Null 接口也是一种纯软件性质的逻辑接口。它永远处于 UP 状态，但不能转发数据包，也不能配置 IP 地址和链路层协议。如果在静态路由中指定到达某一网段的下一跳为 Null 接口，则任何送到该网段的网络数据报文都会被丢弃，因此设备通过 Null 接口提供了一种过滤报文的简单方法，就是将不需要的网络流量发送到 Null 接口，从而免去配置访问控制列表的复杂工作。

（3）常见路由器连接线缆。

① 同/异步串口常用带 DB-28 连接器的线缆，如图 2-22 所示。

② E1、CE1、E1PRI 接口常用带 DB-15 连接器的线缆，如图 2-23 所示。

③ T1、CT1、T1PRI、ISDN BRI 接口常用带 RJ-45 连接器的线缆，如图 2-24 所示。

④ AM、ADSL 接口常用带 RJ-11 连接器的线缆，如图 2-25 所示。

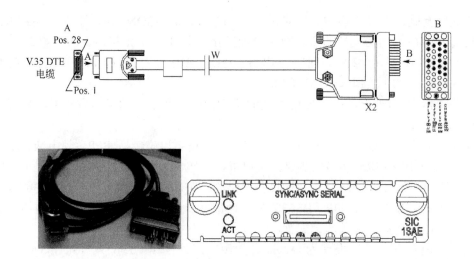

图 2-22　同/异步串口 V.35 DTE 电缆（DB-28 连接器）及接口示意

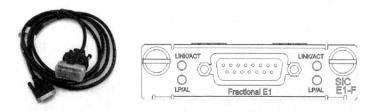

图 2-23　同/异步串口 V.24DTE 电缆（DB-15 连接器）及接口示意

图 2-24　带 RJ-45 连接器的线缆

图 2-25　带 RJ-11 连接器的线缆

2.4.2.3　路由器软件系统

路由器是一种专用的计算机，也有其操作系统。不同公司的路由器，其操作系统软件有不同的命名，可笼统地称为路由器网络操作系统。

2.4.3　路由器的体系结构

路由器的硬件结构总体上分为控制卡、接口卡和交换卡三个部分。

（1）控制卡（又称主控卡，包括 CPU）。它的主要功能是运行路由器的实时操作系统及路由协议，发现维护和邻居路由器连接，接收路由更新信息，计算并更新最终的路由转发表，并且把路由器和周围的路由器的可达信息发送给网络上其他的路由器。

（2）接口卡（又称线卡，LineCard）。它的上面有转发引擎和多个端口。端口在接收报文时把 IP 报文从数据链路层的帧中解析出来，发送报文时把 IP 报文封装到数据帧中。转发引擎功能是接收报文后，根据 IP 报文头查找路由转发表，找到报文在网络上的下一节点和输出端口，再把报文发送给交换结构转发到输出端口，如图 2-26 所示。

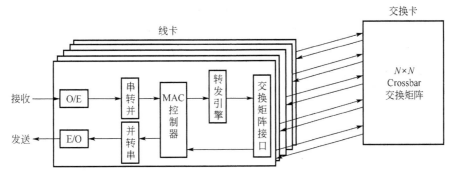

图 2-26 线卡与交换结构的关系

（3）交换卡（背板或交换结构，Backplan/Switch Fabric）。它连接各个线卡，在它们之间高速转发报文。路由器的交换结构有总线、共享存储、交叉开关三种结构。

2.4.4 路由器的性能指标

（1）吞吐量：吞吐量是指核心路由器数据包转发能力，是重要的性能指标。吞吐量与路由器的端口数量、端口速率、数据包长度、数据包类型、路由计算模式及测试方法有关，泛指处理器处理数据包的能力。吞吐量包括整机吞吐量和端口吞吐量，整机吞吐量通常小于核心路由器所有端口吞吐量之和。

（2）路由表能力：路由器根据路由表来转发数据包，可用路由表能力来衡量路由器的转发能力。路由表能力是指路由表内所容纳路由表项数量的极限。通常高速核心路由器支持至少 25 万条路由，平均每个目的地址至少提供 2 条路径，系统必须支持至少 25 个 BGP 对等以及至少 50 个 IGP 邻居。

（3）背板能力：背板指的是输入与输出端口间的物理通路，背板能力通常是指路由器背板容量或者总线带宽能力，这个性能对于保证整个网络之间的连接速度是非常重要的。如果所连接的两个网络速率都较快，而由于路由器的带宽限制，这将直接影响整个网络之间的通信速率。所以一般来说如果是连接两个较大的网络，且网络流量较大时，路由器的背板容量就非常重要，如果是在小型企业网之间，路由器基本都能满足小型企业网之间的通信带宽要求。

背板能力主要体现在路由器的吞吐量上，传统路由器通常采用共享背板，高速核心路由器一般都采用可交换式背板的设计。

（4）丢包率：丢包率是指路由器在稳定的持续负荷下，由于资源缺少而不能转发的数据包在应该转发的数据包中所占的比例。丢包率通常用作衡量路由器在超负荷工作时的性能。丢包率与数据包长度及包发送频率相关，在一些环境下，可以加上路由抖动或大量路由后进行模拟测试。

（5）时延：时延是指数据包第一个比特进入路由器到最后一个比特从路由器输出的时间间隔。该时间间隔是路由器存储转发方式工作的处理时间。时延与数据包的长度以及链路速率都有关系，时延对网络性能影响较大。

（6）时延抖动：时延抖动是指同路径、不同时间段数据包转发的时延差。数据业务对时延抖动不敏感，所以该指标通常不作为衡量高速路由器的重要指标。当网络上需要传输语音、视频等数据量较大的业务时，该指标才有测试的必要性。

（7）背靠背帧数：背靠背帧数是指以最小帧间隔发送最多数据包不引起丢包时的数据包数量。该指标用于测试路由器的缓存能力，具有线速全双工转发能力的路由器，该指标值无限大。

（8）服务质量能力：服务质量能力包括队列管理控制机制和端口硬件队列数两项指标。队列管理控制机制是指路由器拥塞管理机制及其队列调度算法。端口硬件队列数指的是路由器所支持的优先级是由端口硬件队列来保证的，而每个队列中的优先级又是由队列调度算法进行控制的。

（9）网络管理能力：路由器的网络管理与交换机的网络管理功能一样，网络管理员通过网络管理程序对网络上资源进行集中化管理的操作，包括配置管理、计账管理、性能管理、差错管理和安全管理。设备所支持的网管程度体现设备的可管理性与可维护性，通常使用 SNMPv2 协议进行管理。

（10）可靠性和可用性：路由器的可靠性和可用性主要是通过路由器本身的设备冗余程度、组件热插拔、无故障工作时间以及内部时钟精度四项指标来提供保证的。

① 设备冗余程度：设备冗余可以包括接口冗余、插卡冗余、电源冗余、系统板冗余、时钟板冗余等。

② 组件热插拔：组件热插拔是路由器 24 小时不间断工作的保障。

③ 无故障工作时间：即是指路由器不间断可靠工作的时间长短，该指标可以通过主要器件的无故障工作时间计算或者根据大量相同设备的工作情况计算。

④ 内部时钟精度：拥有 ATM 端口作为电路仿真或者 POS 口的路由器互联通常需要同步，在使用内部时钟时，其精度会影响误码率。

（11）跳数：数据包到达目的地址所经过的路由器个数。

（12）路径开销：路径开销用来衡量到达目标位置的代价，其值是两点之间某条路径上所有链路开销的总和。最小的路径开销是到达目标点的最佳路径。

2.4.5 路由器的分类

为了满足各种网络应用需求，相继出现了各式各样的路由器，其种类繁多，可按性能划分，也可按结构、功能、所处网络位置、数据交换方式划分。

2.4.5.1 按性能划分

按性能档次不同可以将路由器分为高端、中端和低端路由器，但不同厂家的划分方法并不完全一致。通常将背板交换能力大于 40Gb/s 的路由器称为高端路由器，背板交换能

力在 25～40Gb/s 之间的路由器称为中端路由器，低于 25Gb/s 的为低档路由器。

从性能上还可分为线速路由器与非线速路由器。线速路由器完全可以按传输介质带宽进行通畅传输，基本上没有间断和延时。通常线速路由器是高端路由器，具有非常高的端口带宽和数据转发能力，能以介质速率转发数据包；中低端路由器是非线速路由器，但一些新的宽带接入路由器也有线速转发能力。

2.4.5.2 按结构划分

从结构上路由器可分为模块化和非模块化两种结构。模块化结构可以灵活地配置路由器，以适应企业不断增加的业务需求，非模块化路由器只能提供固定的端口。通常中高端路由器为模块化结构，低端路由器为非模块化结构。

2.4.5.3 按功能上划分

按功能可将路由器分为核心层（骨干级）路由器，汇聚层（企业级）路由器和访问层（接入级）路由器。

（1）骨干级路由器：数据吞吐量较大，其基本性能要求是高速度和高可靠性，主要用于企业级网络互联，在企业网络系统中起着非常重要的作用。为了获得高可靠性，系统普遍采用诸如热备份、双电源、双数据通路等传统冗余技术，从而保证骨干路由器的可靠性。骨干级路由器的主要瓶颈在于如何快速通过路由表查找某条路由信息，通常是将一些访问频率较高的目的端口放到缓存中，从而达到提高路由查找效率的目的。

（2）企业级路由器：连接许多终端系统，连接对象较多，但系统相对简单，数据流量较小，对这类路由器的要求是以尽量方便的方法实现尽可能多的端点互连，同时还要求能够支持不同的服务质量。使用路由器连接的网络系统能够将机器分成多个广播域，以便控制一个网络的大小。企业路由器还支持一定的服务优先级别。由于路由器的每端口造价相对较贵，在使用之前还要求用户进行大量的配置工作，因此，企业级路由器的成败就在于是否可提供一定数量的低价端口、是否容易配置、是否支持 QoS、是否支持广播和组播等多项功能。

（3）接入级路由器：主要应用于连接家庭或 ISP 内的小型企业客户群体。接入路由器要求能够支持各种异构的高速端口，并能在各个端口上运行各种协议。

2.4.5.4 按所处网络位置划分

按路由器所处的网络位置划分，可以将路由器划分为边界路由器和中间节点路由器。边界路由器处于网络边界的边缘或末端，用于不同网络之间路由器的连接，互联网接入路由器和 VPN 路由器都属于边界路由器。边界路由器所支持的网络协议和路由协议比较广，背板带宽非常高，具有较高的吞吐能力，以满足各种不同类型网络的互联。中间节点路由器处于局域网的内部，通常用于连接不同的局域网，起到一个数据转发的桥梁作用。中间节点路由器更注重 MAC 地址的记忆能力，需要较大的缓存。因为所连接的网络基本上是局域网，所支持的网络协议比较单一，背板带宽也较小。

2.4.5.5 按数据交换方式划分

按路由器数据交换方式划分，可以将路由器划分为共享存储路由器、共享总线路由器、交换矩阵路由器。

2.4.5.6　按路由器所处自治系统和路由域的位置划分

按路由器所处自治系统位置划分，可以将路由器划分为以下 4 种。

（1）内部路由器：连接的网络都在一个区域内。

（2）区域边界路由器 ABR（Area Border Routers）：指连接两个或多个区域的路由器。

（3）自治系统边界路由器 ASBR（AS Boundary Routers）：指连接多个自治系统的路由器。

（4）主干路由器（Backbone Routers）：指在网络之间传输数据的主要通路上使用的路由器。

一台路由器既可以是 ABR，又可以是 ASBR。

2.5　网关及防火墙

2.5.1　网关

网关（Gateway）又称为网间连接器、协议转换器。网关主要用于网络层以上两个高层协议不同的网络互联，既可用于广域网互联，也可以用于局域网互联，是最复杂的网络互联设备。网关也不同于其他层的网络的通信设备，不能完全归为一种网络硬件。它是能够连接不同网络的软件和硬件的结合产品，是充当转换重任的计算机系统或设备。

大多数网关运行在 OSI 模型的应用层。网关作为翻译器作用在不同的通信协议、数据格式或语言，甚至体系结构完全不同的两种系统之间。网关也是一个网络连接到另一个网络的出口，数据从本地网络跨过网关，称为远程通信。网关对收到的信息重新打包，以适应目的不同系统的需求。同时，网关也可以提供过滤和安全功能。

网关能将局域网分割成若干网段，互联私有广域网中相关的局域网以及将各广域网互联而形成了因特网。在早期的因特网中，网关只是指那些用来完成专门功能的路由器，但是随着计算机技术的发展，一般的主机和交换机都可以完成路由功能。

按照不同的分类标准，网关也有很多种。TCP/IP 协议里的网关是最常用的，在本书中的"网关"均指 TCP/IP 协议下的网关。

网关实质上是一个网络通向其他网络的 IP 地址。比如有网络 A 和网络 B，网络 A 的 IP 地址范围为"192.168.1.1～192.168.1.254"，子网掩码为 255.255.255.0；网络 B 的 IP 地址范围为"192.168.2.1～192.168.2.254"，子网掩码为 255.255.255.0。在没有路由器的情况下，两个网络之间是不能进行 TCP/IP 通信的，即使是两个网络连接在同一台交换机(或集线器)上，TCP/IP 协议也会根据子网掩码判定两个网络中的主机处在不同的网络里。而要实现这两个网络之间的通信，就必须通过网关。如果网络 A 中的主机发现数据包的目的主机不在本地网络中，就把数据包转发给它自己的网关，再由网关转发给网络 B 的网关，网络 B 的网关再转发给网络 B 的某个主机。网络 B 向网络 A 转发数据包的过程相同。只有设置好网关的 IP 地址，TCP/IP 协议才能实现不同网络之间的相互通信。

网关按功能大致分为三类：协议网关、应用网关与安全网关。

（1）协议网关：此类网关的主要功能是在不同协议的网络之间的协议转换。网络发展至今，有很多网络标准，如：802.3、IrDa（Infrared Data Association，红外线数据联盟）、WAN 和 802.5、X2.5、802.11a、802.11b、802.11g、WPA 等，不同的网络具有不同的数据封装格式，不同的数据分组大小，不同的传输速率。然而，这些网络之间相互进行数据共享、交流却是必不可免的。为消除不同网络之间的差异，使得数据顺利进行交流，我们需要一个专门的翻译者，也就是协议网关，使不同的网络连接起来成为一个巨大的因特网。

（2）应用网关：主要针对一些专门的应用而设置的网关，其主要作用是将某个服务的一种数据格式转化为该服务的另外一种数据格式，从而实现数据交流。这种网关常作为某个特定服务的服务器，但是又兼具网关的功能。最常见的此类服务器是邮件服务器。电子邮件有好几种格式，如 POP3、SMTP、FAX、X.400、MHS 等，如果 SMTP 邮件服务器提供了 POP3、SMTP、FAX、X.400 等邮件的网关接口，那么就可以方便地通过 SMTP 邮件服务器向其他服务器发送邮件。

（3）安全网关：最常用的安全网关是包过滤器，实际上就是对数据包的原地址、目的地址和端口号、网络协议进行授权。通过对这些信息的过滤处理，让有许可权的数据包传输通过网关，而对那些没有许可权的数据包进行拦截甚至丢弃。这跟软件防火墙有一定意义上的相同之处，但是与软件防火墙相比较，安全网关数据处理量大、处理速度快，可以很好地对整个本地网络进行保护而不对整个网络造成瓶颈。

2.5.2　防火墙

2.5.2.1　防火墙概述

防火墙是一种用于监控入站和出站网络流量的网络安全设备，位于内部网络与外部网之间，是按照一定的安全策略建立起来的硬件和软件的有机组成体，可基于一组定义的安全规则来决定是允许还是阻止特定流量，以防止黑客的攻击，保护内部网络的安全运行，是实现网络安全策略的有效工具之一。防火墙可以作为不同网络或网络安全域之间信息的唯一出入口，通过监测、限制、更改跨越防火墙的数据流，尽可能地对外部屏蔽网络内部的信息、结构和运行状况有选择地接受外部访问，对内部强化设备监管、控制对服务器与外部网络的访问，在被保护网络和外部网络之间架起一道屏障，以防止发生不可预测的、潜在的破坏性侵入。防火墙有两种：硬件防火墙和软件防火墙，它们都能起到保护作用并筛选出网络上的攻击者。

防火墙提供了两个网络通信时执行的一种访问控制手段，它能允许"授权"的用户和数据进入网络，同时将"未经授权"的用户和数据拒之门外，最大限度地阻止网络中的非法用户来访问没授权的网络，防止他人更改、复制和毁坏重要信息。

防火墙也可建立在内部网和外部网的一个路由器或计算机上，该计算机也叫堡垒主机。它就如同一堵带有安全门的墙，可以阻止外界对内部网资源的非法访问和通行合法访问，也可以防止内部对外部网的不安全访问和通行安全访问。

总之，防火墙是位于两个或多个网络间，实施网络间访问控制的一组组件的集合。

防火墙多应用于一个局域网的出口处 [图 2-27 (a)] 或置于两个网络中间 [图 2-27 (b) 所示]。

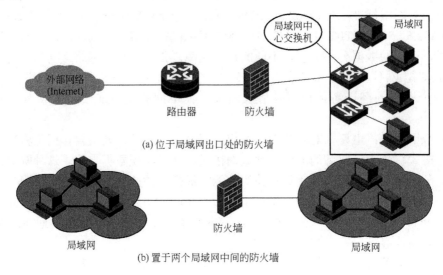

(a) 位于局域网出口处的防火墙

(b) 置于两个局域网中间的防火墙

图 2-27　防火墙在网络中的位置

2.5.2.2　使用防火墙组网结构

在网络中，一般使用防火墙的方式，如图 2-28 所示。

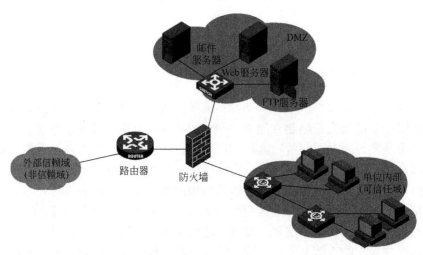

图 2-28　使用防火墙后的网络组成

（1）信赖域和非信赖域：当局域网通过防火墙接入公共网络时，以防火墙为节点将网络分为内、外两部分，其中内部的局域网称为信赖域，而外部的公共网络称为非信赖域。

（2）信赖主机和非信赖主机：位于信赖域中的主机因为具有较高的安全性，所以被称为信赖主机；而位于非信赖域中的主机因为安全性较低，所以被称为非信赖主机。

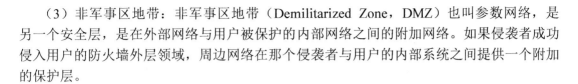

（3）非军事区地带：非军事区地带（Demilitarized Zone，DMZ）也叫参数网络，是另一个安全层，是在外部网络与用户被保护的内部网络之间的附加网络。如果侵袭者成功侵入用户的防火墙外层领域，周边网络在那个侵袭者与用户的内部系统之间提供一个附加的保护层。

2.5.2.3　防火墙的功能

（1）防火墙是网络安全的屏障：防火墙作为阻塞点、控制点，能极大地提高一个内部网络的安全性，并通过过滤不安全的服务而降低风险。由于只有经过精心选择的应用协议才能通过防火墙，所以网络环境变得更安全。如防火墙可以禁止诸如众所周知的不安全的NFS 协议进出受保护网络，这样外部的攻击者就不可能利用这些脆弱的协议来攻击内部网络。防火墙同时可以保护网络免受基于路由的攻击，如 IP 选项中的源路由攻击和ICMP 重定向中的重定向路径。防火墙可以拒绝所有以上类型攻击的报文并通知防火墙管理员。

（2）防火墙可以强化网络安全策略：通过以防火墙为中心的安全方案配置，能将所有安全软件，如口令、加密、身份认证、审计等配置在防火墙上。与将网络安全问题分散到各个主机上相比，防火墙的集中安全管理更经济。例如，在网络访问时，一次一密口令系统和其他的身份认证系统完全可以不必分散在各个主机上，而全部集中在防火墙上。

（3）对网络存取和访问进行监控审计：防火墙能记录下所有经过防火墙的访问并记录日志，同时也能提供网络使用情况的统计数据。当发生可疑动作时，防火墙能进行适当的报警，并提供网络是否受到监测和攻击的详细信息。

（4）防止内部信息的外泄：通过利用防火墙对内部网络的划分，可实现内部网重点网段的隔离，从而限制了局部重点或敏感网络安全问题对全局网络造成的影响。

（5）访问控制：限制未经授权的用户访问本企业的网络和信息资源的措施，访问者必须能适用现行所有的服务和应用。

（6）防御功能：提供防 TCP/UDP 等端口扫描，抗 DOS/DDOS 攻击，可防御源路由攻击、IP 碎片包攻击、DNS/RIP/ICMP 攻击、SYN 等多种攻击，阻止 activex、java、javascript 等侵入，提供实时监控、审计和警告功能。

2.5.2.4　防火墙的作用

（1）实现一个公司的安全策略：防火墙的主要意图是强制执行用户的安全策略。其关键的问题是如何通过防火墙实施策略来确保用户数据不被非法入侵。

（2）创建一个阻塞点：防火墙在一个公司私有网络和子网间建立一个检查点，要求所有的流量都要通过这个检查点，并通过这个检查点监视、过滤和检查所有进来和出去的流量。通过强制所有进出流量都通过这些检查点，网络管理员可以集中在一个地方来实现安全目的，这个检查点也叫作网络安全边界。

（3）记录 Internet 活动：防火墙还能够强制日志记录，并且提供警报功能。通过在防火墙上实现日志服务，安全管理员可以监视所有从外部网或互联网的访问，并用好的日志策略实现有效的网络安全。防火墙对于管理员进行日志存档提供更多的信息。

（4）限制网络暴露：防火墙在网络周围创建了一个保护的边界，并且对于公网隐藏了内部系统的一些信息以增加保密性。当远程结点试图侦测网络时，仅能看到防火墙，不会知道内部网络的布局以及存放的信息。防火墙还能通过提高认证功能和对网络加密来限制网络信息的暴露，通过对所有流量的检查限制从外部发动的攻击。

2.5.2.5 防火墙的优点

采用防火墙保护内部网有以下优点。

（1）防火墙允许网络管理员定义一个中心"扼制点"来防止非法用户进入内部网。禁止存在安全脆弱性的服务进出网络，并抗击来自各种路线的攻击。Internet 防火墙能够简化安全管理，网络安全性是在防火墙系统上得到加固，而不是分布在内部网络的所有主机上。

（2）在防火墙上可以很方便地监视网络的安全性，并产生报警。所有进出网络的信息都必须通过防火墙，所以防火墙非常适用于收集关于系统和网络使用和误用的信息。作为访问的唯一点，防火墙能在被保护的网络和外部网络之间进行记录。

（3）防火墙可以用来缓解地址空间短缺的问题。Internet 经历了地址空间的危机，使得 IP 地址越来越少，想进入 Internet 的机构可能申请不到足够的 IP 地址来满足其内部网络用户的需要。Internet 防火墙可以通过部署 NAT 的逻辑地址来缓解 IP 地址空间短缺的问题，并消除机构在变换 ISP 时带来的重新编址的麻烦。

（4）防火墙可以审计和记录 Internet 使用量。网络管理员可以在此向管理部门提供 Internet 连接的费用情况，查出潜在的带宽瓶颈的位置，并能够根据机构的核算模式提供部门级的计费。

（5）防火墙也可以成为向客户发布信息的地点。Internet 防火墙作为理想的部署 WWW 服务器和 FTP 服务器的地点，通过对防火墙的配置，允许 Internet 访问指定的服务，禁止外部对受保护的内部网络上其他系统的访问。

2.5.2.6 防火墙的弱点

（1）防火墙不能防范未通过自身的网络连接：对于有线网络来说，防火墙是进出网络的唯一节点。但是如果使用无线网络，内部用户与外部网络之间以及外部用户与内部网络之间的通信就会绕过防火墙，这时防火墙就没有任何用处。

（2）防火墙不能防范全部的威胁：防火墙安全策略的制定建立在已知的安全威胁上，所以防火墙能够防范已知的安全威胁。

（3）防火墙不能防止感染了病毒的软件或文件的传输：即使是最先进的数据包过滤技术，在病毒防范上也是不适用的，因为病毒的种类太多，操作系统多种多样，而且目前的病毒编写技术很容易将病毒隐藏在数据中。

（4）防火墙不能防范内部用户的恶意破坏：据相关资料统计，目前局域网中有 80%以上的网络破坏行为是内部用户所为，如在局域网中窃取其他主机上的数据、对其他主机进行网络攻击、散布计算机病毒等。这些行为都不通过位于局域网出口处的防火墙，防火墙对其无能为力。

2.6 练习题

1．名词解释。

（1）光纤；（2）中继器；（3）网卡；（4）管理接口；（5）线卡；（6）线速；

（7）背板带宽；（8）V.24；（9）RS-232；（10）网关；（11）DMZ。

2．选择题。

（1）在以太网中，双绞线使用（　　）与其他设备连接。

    A．BNC 接头　　　　　　　　　　B．AUI 接头

    C．RJ-45 接头　　　　　　　　　　D．RJ-11 接头

（2）关于集线器 HUB 以下说法正确的是（　　）。

    A．HUB 可以用来构建广域网

    B．一般 HUB 都具有路由功能

    C．HUB 通常也叫集线器，一般可以作为地址翻译设备

    D．一台共享式以太网 HUB 下的所有 PC 属于同一个冲突域

（3）路由器功能是发生在 OSI 模型的（　　）。

    A．物理层　　　　　　　　　　　　B．数据链路层

    C．网络层　　　　　　　　　　　　D．以上都是

（4）防火墙功能是发生在 OSI 模型的（　　）。

    A．物理层　　　　　　　　　　　　B．数据链路层

    C．网络层　　　　　　　　　　　　D．应用层

（5）在计算机局域网的构件中，本质上与中继器相同的是（　　）。

    A．网络适配器　　　　　　　　　　B．集线器

    C．网卡　　　　　　　　　　　　　D．传输介质

3．填空题。

（1）全由集线器构建的网络在同一个_____域内，全由传统二层交换机构建的网络在一个_____域内。

（2）_____是华为公司具有完全自主知识产权的网络设备操作系统，_____是思科公司的网络设备操作系统，_____是 H3C 公司的网络设备操作系统。

（3）根据路径选择方法，网桥可分为_____、_____两种。

（4）按功能上划分，路由器可分为_____、_____、_____。

4．试述以太网交换机、路由器功能及作用。

5．交换机背板有哪几种结构？

6．试述当前交换机、路由器的主流产品，设备选购时须注意什么事项。

第3章 网络设备管理基本操作

本章学习目标

1. 熟悉 H3C 网络设备的 Comware 软件平台;
2. 了解 H3C 网络设备配置管理的相关术语;
3. 掌握网络设备管理登录及认证方法;
4. 掌握 H3C 设备管理的基本操作命令。

网络设备配置管理的功能主要是监控设备的运行状态和配置设备的各项参数等功能,包括参数设置、文件管理、信息显示。

本书所介绍的网络互联设备交换机、路由器、防火墙等主要基于 H3C 系列产品的 Comware 系统软件平台。不同版本的 Comware 软件操作、命令等可能会有一定差别。本书主要基于 S3600、S3610、MSR20-20 系列、MSR30-20 系列等设备的 CMW3.0、CMW5.2 版系统进行介绍。

3.1 基于 H3C 设备的 Comware 软件平台

Comware 是 H3C 网络设备系统软件平台,该系统经历了 Comware V3、V5、V7 三个主要版本后,逐渐从多产品发展成统一平台,其系统架构如图 3-1 所示。Comware 采用了 Linux 的内核,只保留了 Linux 内核最基本的调度功能、内存管理、消息管理、全部的网络协议,以及网络产品的支撑架构。

Comware 分为基础设施平面、控制平面、管理平面和数据转发平面。其中基础设施平面在操作系统基础上提供业务运行的软件基础;控制平面运行路由、MPLS、链路层、安全等各种路由、信令和控制协议;管理平面对外提供设备的管理接口,如命令行、SNMP 管理,WEB 管理等;数据转发平面提供数据报文转发功能。

在平面之下,Comware 被进一步划分成了 25 个子系统,分别完成部分相对独立的系统功能。这些子系统各自相对独立,又有一定的依赖关系。每个子系统又可以分解成大小规模不同的模块,模块是 Comware 系统运行的基本单元。目前,Comware 系统包含 270 多个不同的模块,覆盖路由、交换、无线、安全等不同领域,为产品提供了极为丰富的特性。

Comware 把管理的实体分为端口(Port)、子槽(Subslot)、槽(Slot)、框架(Chassis)四级。端口和子槽属于集中式的范畴,槽、框架属于分布式范畴。Comware 重新定义了主控板和接口板的功能划分，支持主控板业务口，实际上从功能角度模糊了主控板和接口板界限，同时实现了 $1:N$ 备份，进一步打破传统双主控系统 $1:1$ 备份的限制，使不同的产品结构得到了统一。

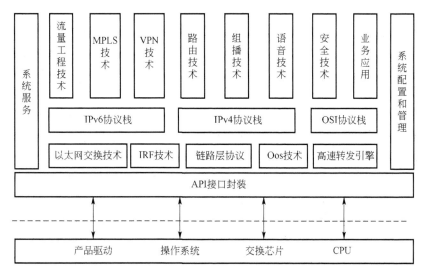

图 3-1　Comware 软件平台结构

3.2　H3C 网络设备管理相关术语

3.2.1　用户界面

网络互联设备类似于专用计算机，需通过监视器来监视、管理设备运行情况。当交换机、路由器等设备开机运行后，用户需要通过某一接口或界面登录设备来监视、管理设备运行状态及用户与网络设备之间的会话过程。H3C 系统里将管理、监控用户与设备之间会话系统称为用户界面。

3.2.1.1　H3C 系统支持的用户界面

H3C 系列路由器与高端以太网交换机支持四种类型的用户界面，分别是 CON 用户界面（控制端口）、TTY 用户界面（实体类型终端接口）、AUX 用户界面（辅助端口）、VTY 用户界面（虚拟类型终端接口）。H3C 系列中低以太网交换机只支持两种用户界面：AUX 用户界面、VTY 用户界面。

CON 用户界面：用来管理和监控用户终端与网络设备之间通过 Console 口连接登录的会话系统。Console 端口是一种由网络设备主控板提供的串行物理接口，用户终端的串行接口可与网络设备的 Console 口直接连接，实现对网络设备的本地登录管理。

TTY 用户界面：用来管理和监控用户终端与路由器之间通过异步串口或同/异步串口进行连接登录的会话系统。

AUX 用户界面：用来管理和监控用户终端与网络设备之间通过 AUX 口连接登录的会话系统。AUX 口是一种线路设备端口，通常用于通过 Modem 进行拨号访问,端口类型为 EIA/TIA-232 DTE。AUX 口除了可以像 CON 口一样进行本地配置管理外，还可以进行远程配置。

VTY 用户界面：用来管理和监控用户终端与网络设备以太网接口之间通过 Telnet 或 SSH 服务建立一条 VTY 连接登录的会话系统。VTY 口属于逻辑终端线，是一种虚拟线路端口。

3.2.1.2 H3C 系统用户界面编号

交换机、路由器等设备都可同时登录多个用户，一个用户登录时占用一个用户界面。为引用、区分不同用户界面，H3C 系统给用户界面分配了用户界面编号，编号有绝对编号方式和相对编号方式两种。

（1）绝对编号方式：绝对编号方式是按设备支持的所有用户界面进行统一编号，它可以唯一指定一个用户界面或一组用户界面。绝对编号从 0 开始自动编号，每次增长 1，先给所有 Console 用户界面编号，其次是所有 TTY 用户界面，然后是所有 AUX 用户界面，最后是所有 VTY 用户界面。使用 display user-interface 命令可查看设备当前支持的用户界面以及它们的绝对编号。

（2）相对编号方式：相对编号是按各种类型用户界面的单独编号。该方式只能指定某种类型的用户界面中的一个或一组，而不能跨类型操作。

相对编号的形式是：

用户界面类型 编号

相对编号遵守规则如下：

控制台的编号：**con 0**;

辅助线的编号：**aux 0**;

TTY 的编号：第一条为 TTY 0，第二条为 TTY 1，以此类推。

VTY 的编号：第一条为 VTY 0，第二条为 VTY 1，以此类推。

3.2.2 视图

视图可以看作一组功能相关命令集合的命令管理模块，是用户与系统会话的交互平台。为便于用户安全使用 H3C 系统提供的丰富配置管理和查询命令，系统将命令按功能模块进行分类组织管理。视图按不同功能分类，有多种视图采用分层结构进行管理，如图 3-2 示，通常用户登录设备最先进入用户视图，用户视图下有系统视图，系统视图下又有用户界面视图、接口视图、本地用户视图、路由协议视图、VLAN 视图等，它们之间既有联系又有区别。当要使用某条命令配置某项功能时，需要先进入该命令所属视图。用户想要了解某视图下支持哪些命令时，可在命令视图提示符下键入"?"，系统将自动罗列出该命令行视图下可以执行的所有命令。

（1）用户视图：设备启动后，用户直接登录进入的默认视图是用户视图，此时屏幕显示的提示符是：<设备名>。在用户视图下可查看设备启动后基本运行状态和统计信息，可执行的操作主要包括查看、调试、文件管理、设置系统时间、重启设备、FTP 和 Telnet 操作等。

（2）系统视图：在用户视图下输入 system-view 命令进入系统视图。系统视图是全局操作界面，可以对设备运行参数进行配置管理，如修改系统时间、配置提示信息、快捷键等。

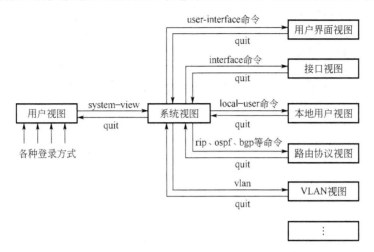

图 3-2 各种视图之间转换关系

在系统视图下输入不同的命令，可以进入相应的功能视图，完成各种功能的配置，如进入接口视图配置接口参数、创建 VLAN 并进入 VLAN 视图、进入用户界面视图配置登录用户的属性、创建本地用户并进入本地用户视图配置本地用户的密码和级别等操作。

（3）用户界面视图：在系统视图下使用 user-interface 命令可进入用户界面视图。用户界面视图是配置、管理登录设备各个用户属性的操作界面。在用户界面视图下网络管理员可以配置一系列参数，比如用户登录时是否需要认证、用户登录后的级别等。当用户使用该用户界面登录设备时，将受到这些参数的约束，从而达到统一管理各种用户会话连接的目的。

（4）接口视图：在系统视图下使用 interface 命令可进入各种接口视图。接口视图是用来配置管理设备各种物理接口和逻辑接口的视图。在接口视图下可以配置以太网接口、同/异步接口、逻辑接口相关参数，如接口速率、协议类型、IP 地址等。

（5）本地用户视图：在系统视图下可使用 local-user 命令进入本地用户视图。它是用来配置管理本地用户的视图，包括创建本地用户账号，设置服务类型、用户密码等。

（6）路由协议视图：在系统视图下使用 rip、ospf、bgp 等命令可进入各种路由协议视图。路由协议视图是配置管理路由协议设置的视图。

3.2.3 命令行接口

H3C 系统网络设备的管理维护主要通过基于 BootROM 的菜单操作、基于命令行接口的命令操作、基于 WEB 的图形界面操作三种方式实现。

命令行接口 CLI（Comand line interface），又称命令行界面，如图 3-3 所示,它是用户与设备之间的文本类指令交互界面，用户键入文本类命令，通过输入回车键提交设备系统后执行相关命令，从而实现对设备的配置和管理。基于命令行接口的命令操作是主要的管理维护方式，对比图形界面使用鼠标点击相关选项进行设置，命令行接口形式可以一次输入含义更为丰富的指令。

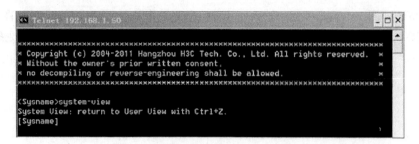

图 3-3 命令行接口界面

H3C 系列以太网交换机向用户提供命令行接口以及一系列配置命令，支持多种方式进入命令行接口，比如通过 Console 口登录设备后进入命令行接口界面、通过 Telnet 方式登录设备后进入命令行接口界面、通过 SSH 方式登录设备后进入命令行接口界面等。

3.2.3.1　命令行格式

用户可通过在命令行接口输入的文本类配置或管理命令，按下回车键即可把相应的命令提交给设备系统执行，从而实现对网络设备的配置管理，并可执行相关命令查看输出信息、确认配置结果。Comware 命令行提示符"<H3C>"是系统默认的主机名。

表 3-1　H3C 命令行格式约定表

格式	意　义
粗体	命令行关键字（命令中保持不变的部分）采用加粗字体表示
斜体	命令行参数（命令中必须由实际值进行替代的部分）采用斜体表示
[ ]	用"[ ]"括起来的部分在命令配置时是可选的
{ x | y | ... }	从两个或多个选项中仅选取一个
[x | y | ...]	从两个或多个选项中选取一个或者不选
{ x | y | ... } *	从两个或多个选项中至少选取一个
[x | y | ...] *	从两个或多个选项中选取一个、多个或者不选
&<1-n>	符号"&"前面的参数可以重复输入 1～n 次
#	由"#"开始的行为注释行

命令应用示例：

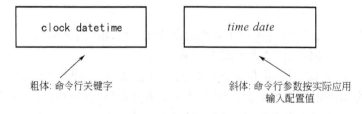

图 3-4　H3C 命令行格式

使用如下命令行，则可以将设备的系统时间设置为 2016 年 2 月 23 日 10 时 30 分 20 秒。

`<sysname>`**clock datetime**`10:30:20 2/23/2016`

3.2.3.2 命令行接口操作特性

Comware 配置命令分级保护，确保未授权用户无法使用相关的命令对交换机进行配置。

在命令行接口用户可以随时键入<?>以获得在线帮助。提供网络测试命令，如 Tracert、Ping 等，帮助用户迅速诊断网络是否正常。提供种类丰富、内容详尽的调试信息，帮助用户诊断、定位网络故障。

交换机对命令行关键字采取不完全匹配的搜索方法，用户只需输入无冲突关键字即可正确执行。即在当前视图下，当输入的字符足够匹配唯一的关键字时，可以不必输入完整的关键字。该功能提供了一种快捷的输入方式，有助提高操作效率。比如在用户视图下以 s 开头的命令有 startup saved-configuration、system-view 等。如果要输入 system-view，可以直接输入 sy，不能只输入 s，因为输入不能确定唯一匹配关键字。如果要输入 startup saved-configuration，可以直接输入 st，然后可以按<Tab>键由系统自动补全关键字的全部字符，以确认系统的选择是否为所需输入的关键字。

命令的 undo 形式一般用来恢复默认情况、禁用某个功能或者删除某项设置。在命令前加 undo 关键字，即为命令的 undo 形式，几乎每条配置命令都有对应的 undo 形式。

用户对常用命令可进行快捷操作。

<Ctrl+G>对应命令为 display current-configuration，显示当前配置。

<Ctrl+L>对应命令为 display ip routing-table，显示 IPv4 路由表信息。

<Ctrl+O>对应命令为 undo debugging all，关闭所有模块的调试信息开关。

命令行接口会将最近使用的历史命令自动保存到历史命令缓存区，用户可以随时了解最近执行的命令，以及调用保存的历史命令来进行重复输入。

`history-command  max-size  size-value`

在默认情况下，历史命令缓冲区可存放 10 条历史命令。

3.2.4 命令级别和用户级别

为了增加网络设备的安全性，H3C 系列网络设备的命令和用户采用分级保护方式，防止未授权用户的非法侵入。Comware 系统将命令和用户都分别设为 0～3 共 4 个级别，分别是访问级、监控级、系统级、管理级。不同级别的命令对应不同权限的用户，不同级别的用户登录后，只能使用等于或低于用户级别的命令，如表 3-2 所示。

表 3-2 命令级别与用户级别描述

命令级别	用户级别	级别名称	描　述
0	0、1 2、3	访问级	用于网络诊断等功能的命令、从本设备出发访问外部设备的命令。该级别命令配置后不允许保存，设备重启后，该级别命令会恢复到默认状态。 在默认情况下，访问级的命令包括 **Ping**、**tracert**、**telnet**、**ssh2** 等
1	1 2、3	监控级	用于系统维护、业务故障诊断等功能的命令。该级别命令配置后不允许保存，设备重启后，该级别命令会恢复到默认状态。 在默认情况下，监控级的命令包括 **debugging**、**terminal**、**refresh**、**send** 等

命令级别	用户级别	级别名称	描　述
2	2、3	系统级	业务配置命令，包括路由、各个网络层次的命令，这些命令用于向用户提供直接网络服务。 在默认情况下，系统级的命令包括：所有配置命令（管理级的命令除外）
3	3	管理级	关系到系统的基本运行、系统支撑模块功能的命令，这些命令对业务提供支撑作用。 在默认情况下，管理级的命令包括文件系统命令、FTP 命令、TFTP 命令、XModem 下载命令、用户管理命令、级别设置命令、系统内部参数设置命令（非协议规定、非 RFC 规定）等

如用户需要对系统命令实现权限精细管理，可使用 command-privilege level rearrange 和 command-privilege level *level* veiw view-name command-key 命令来调整命令级别。但建议不要修改默认命令级别，以免造成操作和维护上的不便和安全隐患。

为了防止未授权用户非法侵入，登录设备的用户的级别可以通过命令行进行切换，并且可以根据需要设置用户级别切换密码。切换用户级别是指在不退出当前登录、不断开当前连接的前提下暂时修改用户级别。级别修改后不需要重新登录，可以继续配置设备，只是可以执行的命令不一样。比如用户的级别为 3，可以对系统参数进行设置，如果将用户的级别切换到 0，则只能执行简单的 Ping、tracert 和很少一部分 display 命令等。切换后的级别是临时的，只对当前登录生效，用户重新登录后，又会恢复到默认级别。

当从高级别切换到低级别或相同级别时，可以直接切换，不需要进行身份验证；当从低级别切换到高级别时，为了保证操作的安全性，需要进行身份认证。

设置切换低级别用户到高级别用户的密码命令格式。

```
super password [ level level ] { simple | cipher } password
```

用户级别切换命令格式。

```
super [ level ]
```

3.2.5　保存当前配置

save 命令用于保存配置命令，将已经提交执行的所有命令行保存在配置文件中。设备重启后，所有保存的配置不会丢失。配置保存不涉及一次性执行命令，比如 display 类显示命令，reset 命令清除相关信息等，这类命令执行一次性操作要求，不会进行配置保存。

3.3　网络设备登录与认证

H3C 系统提供多种终端服务，使用户可以登录设备进行管理操作。

（1）Console 口终端服务，通过专用线从 Console 口或 AUX 口进行本地登录配置。

（2）AUX 远程服务，通过 PSTN 挂接 Modem,从 AUX 口进行远程登录配置。

（3）Telnet 服务，通过网络连接从设备网络接口进行远程登录配置。

（4）SSH 服务，通过网络连接从设备网络接口进行远程登录配置。

（5）哑终端服务，通过计算机串口连接路由器异步口进行本地配置。

（6）WEB 服务，利用浏览器或网管软件 NMS 登录网络设备进行远程登录配置管理。

通过 Console 口或 AUX 口进行本地登录配置又称为带外管理；通过以太网接口、同/异步串口等网络接口，使用 Telnet、SSH 等终端服务远程登录又称为带内管理。AUX 口除了可以如 CON 口一样进行本地配置外，还可以进行远程配置。

SSH 是安全外壳的简称，用户在一个不能保证安全的网络环境远程登录网络设备时，SSH 特性可以提供安全保障和强大的认证功能，以保护网络设备不受诸如 IP 地址欺诈、明文密码截取等攻击。网络设备可作为 SSH 服务器端接受多个 SSH 客户的连接，网络设备也可作为 SSH 客户端与支持 SSH Server 的网络设备、UNIX 主机等建立 SSH 连接。

哑终端工作方式是指当路由器的异步口工作在流方式时，将主机或用户终端的串口与路由器异步口直连，可以进入路由器的命令行接口对路由器进行配置。在哑终端基础上，可以建立其他应用，如执行 Telnet 命令登录其他设备。用户在 PC 上运行超级终端可以与路由器任意一个异步口相连登录到路由器，对路由器进行配置管理。

3.3.1 通过 Console 接口登录设备

通过网络设备 Console 口进行本地登录是登录设备最基本的方式，也是设置通过其他方式登录设备的基础。在默认情况下，H3C 系列设备只能通过 Console 口进行本地登录对设备进行配置管理。通过 Console 口登录 H3C S3600 交换机进行配置管理步骤如下。

第一步：使用专用配置电缆连接 PC 机和设备。将配置电缆的 DB-9 插头插入 PC 机的 9 芯串口插座，再将 RJ-45 插头端插入网络设备的 Console 口中，如图 3-5 所示。

图 3-5 通过 Console 口搭建本地配置环境

第二步：配置用户终端的通信参数与交换机 Console 口的配置参数保持一致，参数一致才能通过 Console 口登录以太网交换机。交换机 Console 口的默认配置如表 3-3 所示。

表 3-3 用 Console 口登录时用户终端通信参数默认配置

属　　性	默认值
波特率	9600bit/s
流控方式	不进行流控
校验方式	无校验位
停止位	1
数据位	8

在 PC 机上运行超级终端仿真程序，选择与交换机相连的串口，如图 3-6、图 3-7 所

示。配置终端通信参数，包括波特率为 9600bit/s、8 位数据位、1 位停止位、无校验和无数据流控制，如图 3-8 所示。如果 PC 使用的是 Windows 2008 Server、Win 7 或其他操作系统，需准备第三方的终端控制软件并按相关参数设置。

 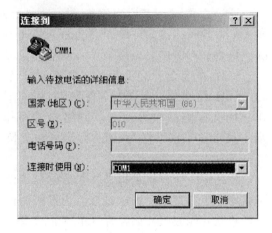

图 3-6　新建连接　　　　　　　　　　　　图 3-7　连接端口配置

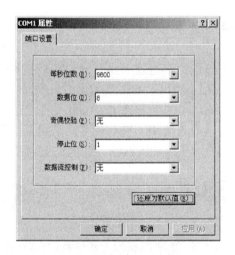

图 3-8　端口通信参数配置

第三步：设备加电，终端上显示设备自检信息，自检结束后提示用户输入回车键，之后将出现命令行提示符。

S3600-28TP-SI 设备自检示例

```
Starting......
*********************************************************
*                                                       *
*         H3C S3600-28TP-SI BOOTROM, Version 314        *
*                                                       *
*********************************************************
Copyright(c) 2004-2006 Hangzhou Huawei-3Com Technology Co., Ltd.
Creation date       : Apr 28 2006, 11:27:16
CPU type            : BCM4704
```

```
CPU Clock Speed    : 200MHz
BUS Clock Speed    : 33MHz
Memory Size        : 64MB
Mac Address        : 000fcb004500
Press Ctrl-B to enter Boot Menu... 1
```

若用户想修改启动，在 1 秒时间内输入 Ctrl＋B，进入 BOOT 菜单，显示如下：

```
BOOT  MENU
1. Download application file to flash     →下载应用程序到 Flash 中
2. Select application file to boot        →选择启动文件
3. Display all files in flash             →显示 Flash 中所有文件
4. Delete file from flash                 →删除 Flash 中的文件
5. Modify bootrom password                →修改 BootROM 密码
6. Enter bootrom upgrade menu             →进入 BootROM 升级菜单
7. Skip current configuration file        →设置重启不运行当前配置文件
8. Set bootrom password recovery          →恢复 BootROM 密码
9. Set switch startup mode                →设置交换机启动模式
0. Reboot                                 →重新启动交换机
Enter your choice(0-9):
```

若在 1 秒的等待时间内，不进行任何操作或输入 Ctrl+B 之外的键，当等待时间提示为 0 时，系统进入自动启动状态（图 3-9）。系统自动启动界面如下：

```
Auto-booting...
Decompress
Image..........................................................
   ...........................................................
   ...........................................................
   ..........................................OK!
Starting at 0x80100000...
User interface aux0 is available.
Press ENTER to get started.
```

图 3-9　用户视图

第四步：输入命令，配置交换机或查看交换机运行状态。

3.3.2 Console 口登录的用户接口认证方式

Console 口是使用 AUX 用户接口登录设备，如登录计算机系统一样支持不同的登录认证，Console 口支持 none、password 和 scheme 三种认证方式。

none 认证方式表示下次使用 Console 口本地登录设备时，不需要进行用户名和密码认证、任何人都可以通过 Console 口登录设备，这种情况可能会带来安全隐患。

password 认证方式表示下次使用 Console 口本地登录设备时，需要进行密码认证，只有密码认证成功，用户才能登录设备。

scheme 认证方式表示下次使用 Console 口登录设备时，需要进行用户名和密码认证，用户名或密码错误，均会导致登录失败。用户认证又分为本地认证和远程认证，如果采用本地认证，则需要配置本地用户及相应参数；如果采用远程认证，则需要在远程认证服务器上配置存储用户名和密码。

H3C 网络设备在默认情况下，用户可以直接通过 Console 口本地登录设备，登录时认证方式为 none，不需要用户名和密码，登录用户级别为 3。用户成功登录设备后，可以通过命令修改登录设备时的认证方式。改变 Console 口登录方式的认证方式后，该认证方式的设置不会立即生效，用户需要用 save 命令保存配置并重新登录，该设置才会生效。在不同的认证方式下，Console 口登录方式需要进行的配置也不同，配置命令如表 3-4 所示。

表 3-4　H3C 登录认证操作命令

操作	命 令
进入系统视图	system-view
进入 AUX 用户界面视图	user-interface aux*first-number* [*last-number*]
设置登录用户的认证方式为不认证	authentication-mode *none*
设置登录用户的认证方式为本地口令认证	authentication-mode password set authentication password { cipher | simple } *password*
设置登录用户的认证方式为通过认证方案认证	authentication-mode scheme
使能命令行授权功能	command-authorization
创建本地用户（进入本地用户视图）	local-user *user-name*
设置本地用户认证口令	password { cipher | simple } *password*
设置本地用户的命令级别	authorization-attribute level *level*
设置本地用户的服务类型	service-type terminal
	Service-type FTP

设置登录用户的 password 认证方式。

```
<h3c>system-view
[h3c]user-interface aux 0
[h3c-ui-aux0]authentication-mode password
[h3c-ui-aux0]set authentication password simple  xxxx
```

设置登录用户级别和切换。

```
[h3c]user-interface aux 0
[h3c-ui-aux0]user privilege level 0
[h3c-ui-aux0]quit
[h3c]super password level 1 simple x001
[h3c]super password level 2 simple x002
[h3c]super password level 3 simple x003
<h3c>super 1
```

设置登录用户的 scheme 认证方式。

```
[h3c]user-interface aux 0 4
[h3c-ui-aux 0]undo set authentication password
[h3c-ui-aux 0]undo user privilege level
[h3c-ui-aux 0]authentication-mode scheme
[h3c]local-user xxx1
[h3c-luser-xxx1]service-type telnet
[h3c-luser-xxx1]password simple x001
[h3c-luser-xxx1]super password level 3 simple level3
```

3.3.3　通过 Telnet 登录网络设备

用户可以通过 Telnet 方式对网络设备进行远程管理和维护。网络设备和 Telnet 用户端都要进行相应的配置，才能保证通过 Telnet 方式正常登录设备。

以 H3C S3600 交换机为例，通过终端 Telnet 登录网络设备的操作步骤如下。

第一步：在通过 Telnet 登录交换机之前，需通过 Console 口登录所管理设备设置远程登录环境，首先正确设置交换机管理地址，即 VLAN 1 虚接口的 IP 地址，VLAN 1 为交换机的默认 VLAN。再针对用户需要的不同认证方式进行相应配置，在默认情况下，Telnet 用户登录需要进行 password 认证。

第二步：将 PC 以太网接口通过网络与交换机 VLAN 1 下的以太网端口连接，如图 3-10 所示。如果 PC 和以太网交换机不在同一局域网内，则 PC 和交换机 VLAN 1 接口之间必须存在互相到达的路由。

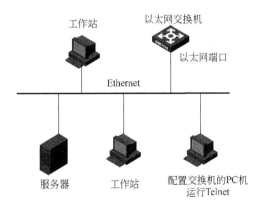

图 3-10　通过局域网搭建本地配置环境

第三步：在 PC 上运行 Telnet 程序，输入交换机 VLAN 1 接口的 IP 地址，如图 3-11 所示。

图 3-11　运行 Telnet 程序界面

第四步：如果配置验证方式为 password，则终端上显示"Login authentication"，并提示用户输入已配置的登录口令，口令输入正确后，出现命令行提示符。如果出现"All user interfaces are used, please try later!"的提示，表示当前 Telnet 到以太网交换机的用户过多，等待一段时间后再连接。H3C S3600 系列交换机最多允许 5 个 Telnet 用户同时登录。

设备配置验证方式如下：

```
[h3c]user-interface vty 0 4
[h3c-ui-vty0-4]undo set authentication password
[h3c-ui-vty0-4]undo user privilege level
[h3c-ui-vty0-4]authentication-mode scheme
[h3c]local-user xxx1
[h3c-luser-xxx1]service-type telnet
[h3c-luser-xxx1]password simple x001
[h3c-luser-xxx1]super password level 3 simple level3
[h3c]vlan 1
[h3c]interface vlan-interface 1
[h3c-vlan-interface 1]ip address 202.38.160.92  255.255.255.0
```

计算机上操作：

```
C:\>telnet 202.38.160.92
Username:xxx1
Password:x001
```

3.3.4　通过浏览器或网管软件登录

H3C 系列网络设备提供一个内置的 WEB Server，用户可以通过 WEB 网管终端登录交换机，利用内置的 WEB Server 以 WEB 方式直观地管理和维护设备。

网络设备和 WEB 网管终端都要进行相应的配置，才能保证通过 WEB 网管正常登录，如表 3-5 所示。

表 3-5　网络设备和 WEB 网管终端相连的配置要求

对象	需要具备的条件
交换机	启动 WEB 服务
	配置交换机 VLAN 接口的 IP 地址，交换机与 WEB 网管终端间路由可达，具体配置请参见"IP 地址-IP 性能""IPv4 路由"模块中的相关内容
	配置欲登录的 WEB 网管用户名和认证口令
WEB 网管终端（PC）	具有 IE 浏览器
	获取交换机 VLAN 接口的 IP 地址

例如，通过浏览器或网管软件登录 H3C S3600 交换机进行配置管理操作如下。

第一步：通过 Console 口正确配置以太网交换机默认管理接口的 IP 地址，一般交换机的默认 VLAN 为 VLAN 1。

通过 Console 口搭建配置环境。

通过 Console 口在超级终端中执行以下命令，配置以太网交换机 VLAN 1 接口的 IP 地址。

配置以太网交换机 VLAN 1 接口的 IP 地址为 202.38.160.92，子网掩码为 255.255.255.0。

```
<H3C> system-view
[H3C] interface vlan-interface 1
[H3C-VLAN-interface1] ip address 202.38.160.92 255.255.255.0
```

第二步：用户通过 Console 口在以太网交换机上配置欲登录的 WEB 网管用户名和认证口令。

配置 WEB 网管用户名为 admin，认证口令为 admin，用户级别为 3 级。

```
[H3C] local-user admin
[H3C-luser-admin] service-type telnet level 3
[H3C-luser-admin] password simple admin
```

第三步：搭建 WEB 网管远程配置环境，如图 3-12 所示。

图 3-12　搭建 WEB 网管远程运行环境

第四步：用户通过 PC 与交换机相连，并通过浏览器登录交换机：在 WEB 网管终端的浏览器地址栏内输入 http:// 202.38.160.92，浏览器显示 WEB 网管的登录页面，如图 3-13 所示。

第五步：输入在交换机上添加的用户名和密码，点击"登录"按钮后即可登录，显示 WEB 网管初始页面。关闭/启动 WEB Server 的操作命令如表 3-6 所示。

图 3-13   WEB 网管登录页面

表 3-6   关闭/启动 WEB Server 的操作命令

操作	命令	说明
进入系统视图	system-view	—
关闭 WEB Server	undo ip http enable	必选，在默认情况下，WEB Server 为启动状态
启动 WEB Server	ip http enable	必选

在完成上述配置后，在任意视图下执行 display 命令，可以显示 WEB 用户的信息，通过查看显示信息验证配置的效果，操作命令如表 3-7 所示。

表 3-7   WEB 用户显示的操作命令

操　作	命　令
显示 WEB 用户的相关信息	display web users

用户可通过 NMS（Network Management Station，网管工作站）登录交换机，对交换机进行管理、配置。

3.3.5   通过 Console 口用 Modem 拨号进行远程登录

通过远端交换机的 Console 口用一对 Modem 和公共电话交换网对远端的交换机进行远程维护。这种方式一般适用于在网络中断的情况下，利用 PSTN 网络对交换机进行远程配置、日志/告警信息查询、故障定位。

PC 终端与 Modem 正确连接，Modem 与可正常使用的电话线正确相连，获取远程交换机端 Console 口所连 Modem 上对应的电话号码，交换机和网络管理端都要进行相应的配置，才能保证通过 Console 口用 Modem 拨号进行远程登录交换机。

3.3.5.1   在 Modem 上配置

在与交换机直接相连的 Modem 上进行以下配置（与终端相连的 Modem 不需要进行配置）。

```
AT&F    ----------------------- Modem 恢复出厂配置
ATS0=1  ----------------------- 配置自动应答(振铃一声)
AT&D    ----------------------- 忽略 DTR 信号
AT&K0   ----------------------- 禁止流量控制
```

```
AT&R1  ----------------------- 忽略 RTS 信号
AT&S0  ----------------------- 强制 DSR 为高电平
ATEQ1&W ----------------------- 禁止 modem 回送命令响应和执行结果并存储配置
```

配置后可以输入 AT&V 命令显示配置的结果，查看 Modem 的配置是否正确。

3.3.5.2　交换机端的配置

通过 Console 口用 Modem 拨号进行远程登录时，使用的是 AUX 用户界面，交换机上的配置需要注意以下几点。

（1）Console 口波特率要低于 Modem 的传输速率，否则可能出现丢包现象。

（2）Console 口的其他属性，如 Console 口校验方式、Console 口的停止位、Console 的数据位均采用默认值。

3.3.5.3　通过 Modem 拨号搭建配置环境

第一步：在用 Modem 拨号登录交换机之前，交换机上需要配置相应的用户认证方式。

第二步：配置 Modem，使用 AT&V 命令显示配置结果。

第三步：建立如图 3-14 所示的远程配置环境，在 PC（或终端）的串口和以太网交换机的 Console 口分别挂接 Modem。

第四步：在远端使用终端仿真程序通过 Modem 向交换机拨号，与交换机建立连接，如图 3-15～图 3-17 所示。

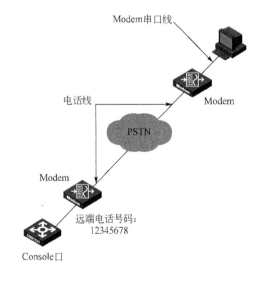

图 3-14　搭建远程配置环境　　　　　　　　图 3-15　新建连接

第五步：如果配置验证方式为 password，在远端的终端仿真程序上输入已配置的登录口令，出现命令行提示符后可对交换机进行配置或管理。

Modem 用户登录时，如果交换机上 AUX 用户界面未作任何配置，则默认情况下可以访问命令级别为 3 级的命令。

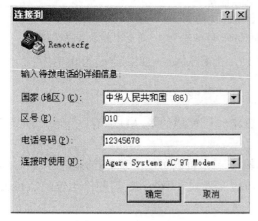
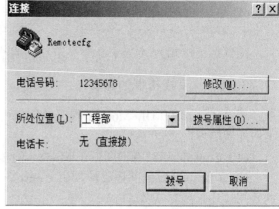

图 3-16 拨号号码配置   图 3-17 在远端 PC 上拨号

3.4 网络设备文件管理

在网络设备运行过程中所需要的文件，如系统软件、配置文件等保存在设备的存储设备中，为了方便用户对存储设备进行有效的管理，提供了以文件系统的方式来管理这些文件。交换机的文件主要有应用程序文件、配置文件、日志文件。

3.4.1 文件名参数输入规则

file-name：纯文件名，只有文件名而没有路径，表示当前工作路径下的文件。例如，a.cfg 表示当前目录下的 a.cfg 文件。

path/file-name：路径/纯文件名，表示当前路径指定文件夹下的指定文件。path 表示文件夹的名称，path 参数可以输入多次，表示多级文件夹下的文件。例如，test/a.cfg 表示当前路径下 test 子文件夹下的 a.cfg 文件。

drive:/[path]/file-name：存储介质/路径/纯文件名，表示设备上某块存储介质上的文件。drive 表示存储介质为 flash。例如，flash:/test/a.cfg 表示 flash 根目录下 test 文件夹下的 a.cfg 文件。

3.4.2 文件类型

Comware 系统主要有三种文件类型。

（1）系统应用程序文件。H3C 网络设备的操作系统文件，文件后缀为.bin。

（2）配置文件。配置文件是命令行的集合，文件后缀为.cfg。用户将当前配置保存到配置文件中，以便设备重启后，这些配置能够继续生效。通过配置文件也可以非常方便地查阅配置信息或将配置文件上传/下载到别的设备，实现设备的批量配置。设备在出厂时，通常带有一些基本的配置，称为出厂配置，用来保证设备在没有配置文件或者配置文件丢失、损坏的情况下正常启动、运行。使用 display default-configuration 命令可以查看设备的出厂配置。

当设备启动时，根据读取的配置文件进行初始化工作，该配置称为起始配置或者启动配置。如果设备中没有配置文件，则系统使用出厂配置作为起始配置。使用 display startup 查看当前使用的启动配置文件。

系统当前正在使用的配置称为当前配置。它可能包括起始配置，还包括运行过程中用户追加的配置。当前配置存放在设备的 RAM 存储器中，如果不保存，设备重启之后可能会丢失。可以使用 display current-configuration 命令查看设备的当前配置。

（3）Web 文件。后缀为.web，还有日志文件.log 及其他文件。

3.4.3 网络设备启动引导调用文件过程

网络设备启动引导调用文件过程如图 3-18 所示。文件存储位置关系如图 3-19 所示。

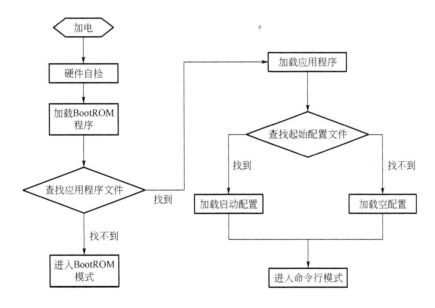

图 3-18 网络设备启动引导调用文件过程

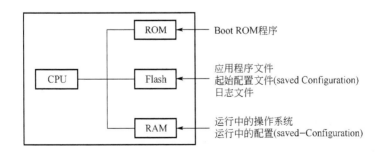

图 3-19 文件存储位置关系

3.4.4　文件与目录操作

在用户视图下创建/删除目录、显示当前工作目录以及显示指定目录下的文件或目录的信息等。

进入 test 目录，并创建新文件夹 mytest。

```
<sysname> cd test
<sysname>mkdir mytest
%Created dir flash:/test/mytest.
```

显示当前的工作路径。

```
<sysname>pwd
flash:/test
```

查看 test 目录下的文件及子目录。

```
<sysname> dir
Directory of flash:/test/
   0   drw-       -  Feb 16 2006 15:28:14   mytest
31496 KB total (12133 KB free)
```

返回上一级目录。

```
<sysname> cd ..
```

显示当前的工作路径。

```
<sysname>pwd
flash:/
```

删除 test 目录下的 mytest 目录。

```
<sysname> rmdir flash:/test/mytest
rmdir flash:/test/mytest?[Y/N]:y
...
%removed directory flash:/test/mytest.
```

文件操作包括删除文件、恢复删除的文件、彻底删除文件、显示文件的内容、重命名文件、复制文件、移动文件、显示指定的文件的信息等。

```
<sysname>dir
Directory of flash:/
   0   drw-       -         Feb 16 2006 11:45:36   logfile
   1   -rw-     1218         Feb 16 2006 11:46:19   config.cfg
   2   drw-       -         Feb 16 2006 15:20:27   test
   3   -rw-   184108         Feb 16 2006 15:30:20   aaa.bin
31496 KB total (12133 KB free)
```

重命名文件：

```
rename fileurl-source fileurl-dest
```

删除文件：

```
delete [/unreserved] file-url
```

恢复删除文件：

```
undelete file-url
```

使用 delete file-url 命令删除文件，被删除的文件被保存在回收站中，仍会占用存储空间。如果用户经常使用该命令删除文件，则可能导致设备的存储空间不足。如果要彻底删除回收站中的某个废弃文件，必须在该文件的原目录下执行 reset recycle-bin 命令，才可以回收存储空间。

存储设备操作：恢复存储设备的空间、格式化存储设备等。

3.5 网络设备系统程序升级

H3C 网络设备系统升级包括 BootROM 程序和 Comware 应用程序升级。H3C MSR 使用的 Comware 软件集成了 BootROM，因此升级 Comware 软件时会自动升级配套的 BootROM 程序，不需要单独升级 BootROM。

进行软件升级前首先要确认当前的 BootROM 版本及应用程序版本，正确选择升级程序文件。H3C 设备系统软件升级可通过菜单操作方式实现，也可通过命令行操作实现。

通过 BootROM 菜单操作升级系统软件，根据选择协议的不同有基于 XModem 协议、FTP 协议、TFTP 协议三种方法。通过命令行操作升级系统软件，也有网络设备作为 FTP Server、网络设备作为 FTP Client 和网络设备作为 TFTP Client 三种方法。

通过 XModem 接收时，可以应用在 AUX 接口上，系统支持 128 字节大小的数据包和 CRC 校验。而发送程序的功能自动包含在超级终端中。

如果网络设备作为 FTP 客户端并用 FTP 升级 Comware 主体软件，用户通过终端仿真程序或 Telnet 程序建立与网络设备的连接后，使用 FTP 命令建立网络设备与远程 FTP Server 的连接，访问管理远程主机上的文件。

3.5.1 基于 XModem 协议的 BootROM 菜单操作升级过程

网络设备加电自检时，在出现"Press Ctrl-B to enter Boot Menu..."的 3 秒钟之内，键入<Ctrl+B>，根据提示用户输入 BootROM 口令，系统方可进入 BootROM 菜单。路由器出厂时默认没有 BootROM 口令，直接回车即可。

系统出现如下提示信息：

```
====================<EXTEND-BOOTROM MENU>====================

| <1> Boot From CF Card
| <2> Enter  Serial SubMenu
| <3> Enter Ethernet SubMenu
| <4> File Control
| <5> Modify Bootrom Password
| <6> Ignore System Configuration
```

```
| <7> Boot Rom Operation Menu
| <8> Clear Super Password
| <9> Device Operation
| <a> Reboot
==============================================================
Enter your choice(1-a):2
```

选择 2 进入串口子菜单:

```
Enter Serial SubMenu
=====================<SERIAL SUB-MENU>=====================
|Note:the operating device is CF Card
| <1> Download Application Program To SDRAM And Run
| <2> Update Main Application File
| <3> Update Backup Application File
| <4> Update Secure Application File
| <5> Modify Serial Interface Parameter
| <6> Exit To Main Menu
==============================================================
Enter your choice(1-6):
```

根据菜单提示设置相关参数,下载路由器 BootROM 软件。用户启用超级终端程序,选择 XModem 协议传送加载配置,如图 3-20 所示。

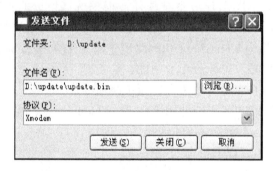

图 3-20　基于 XModem 协议传送加载配置

3.5.2　基于 FTP 协议的命令行操作升级过程

在使用 FTP 协议时,需要启动 FTP 服务器,FTP 客户端登录服务器访问服务器文件。用户验证和授权后使用 FTP 服务器的服务,FTP 服务器的授权配置信息包含提供给 FTP 用户的工作目录的路径配置等,必须事先在网络设备上配置好用户类型和 FTP 工作目录。

FTP 服务器配置包括:

(1)启动 FTP 服务器;

(2)配置 FTP 服务器的验证和授权;

(3)配置 FTP 服务器的运行参数;

(4)FTP 服务器的显示和调试;

（5）启动 FTP 服务器：ftp server enable；

（6）关闭 FTP 服务器：undo ftp server。

3.6 练习题

1．名词解释。

（1）用户界面；（2）用户视图；（3）用户界面视图；（4）命令行接口。

2．选择题。

（1）在 H3C 设备上，配置文件是以（ ）格式保存的文件。

    A．批处理文件   B．文本文件

    C．可执行文件   D．数据库文件

（2）如果用户指定的配置文件不存在，则 H3C 交换机用（ ）进行初始化。

    A．默认配置   B．最后保存的配置

    C．使用最多的配置   D．使用最少的配置

（3）在 H3C 设备上，如果以访问级登录设备后想要修改一些配置，可以使用（ ）命令切换到 level 3。

    A．Super   B．level 3   C．password   D．login

（4）在 H3C 交换机上，在默认情况下，系统文件是以（ ）为后缀的。

    A．.bin   B．.sys   C．.txt   D．.cfg

（5）在命令行里，用户想从当前视图返回上一层视图，应该使用（ ）。

    A．return 命令   B．quit 命令

    C．<Ctrl+z>键   D．<Ctrl+c>键

（6）用户可以使用（ ）命令查看历史命令。

    A．display history-cli   B．display history-area

    C．display history-command   D．display history-cache

（7）在 H3C 交换机上，如果已经设置某一个文件为启动文件，可使用（ ）命令检查设置是否正确。

    A．display boot   B．display begin

    C．display startup   D．display start-configuration

（8）如果需要在 MSR 上配置以太网端口的 IP 地址，应该在（ ）下配置。

    A．系统视图   B．用户视图

    C．接口视图   D．路由协议视图

（9）下列选项中对路由器系统的启动过程描述正确的是（ ）。

    A．内存检测——启动 BootROM——应用程序解压——应用程序加载

    B．启动 BootROM——内存检测——应用程序加载

    C．应用程序解压——应用程序加载——启动 BootROM——内存检测

    D．内存检测——应用程序解压——应用程序加载

3．填空题。

（1）Comware 系统把管理的实体分为_____、_____、_____、_____

四级。

（2）H3C 系统中命令划分为_____、_____、_____、_____4 个
级别。

（3）H3C 网络设备支持_____、_____、_____三种登录认证方式。

4. 简述配置管理 H3C 网络设备的登录及认证方法。

5. 试述 H3C 网络设备引导文件调用过程。

6. 简述交换机应用程序升级方法。

第4章 以太网交换技术

本章学习目标

1. 了解以太网交换机数据转发机制；
2. 掌握交换机堆叠与级联、链路聚合、端口与地址绑定、端口镜像等应用技术；
3. 掌握虚拟局域网（VLAN）划分方式、工作原理及配置方法；
4. 理解生成树协议（STP）算法思想及配置方法。

以太网交换机工作在 OSI 模型中的数据链路层，是一种基于 MAC 地址识别的能够完成数据帧封装、转发功能的网络互联设备。它类似于一台数据交换的专用计算机，由中央处理器、随机存储器、接口等硬件系统和网络操作系统、配置文件等软件系统构成。以太网交换机可用于连接计算机、交换机、路由器。

4.1 以太网技术

1976 年，施乐（Xerox）公司帕洛阿尔托研究中心的罗伯特·梅特卡夫和他的助手 David Boggs 发表了一篇名为《以太网：局域计算机网络的分布式包交换技术》的文章，并在 1977 年底获得了"具有冲突检测的多点数据通信系统"的专利。1980 年，DEC 公司与 Xerox 公司合作共同规范形成多点传输系统，又称为带冲突检测的载波侦听多路访问技术（Carrier Sense Multiple Access/Collision Detect，CSMA/CD），从此标志着以太网的诞生。后来它被电气与电子工程师协会 IEEE 所采纳作为 IEEE 802.3 标准。标准对以太网物理层和数据链路层进行了定义，同时规定了多台电脑共享通信介质的数据网络通信机制。

4.1.1 以太网技术标准

4.1.1.1 传统以太网

传统以太网标准 IEEE802.3 采用同轴电缆来连接各个设备，所有的通信信号都在共用线路上传输，某台计算机发送的消息将被所有其他计算机接收到。当以太网中的一台主机要传输数据时，它按如下步骤进行。

（1）监听共享信道上是否有信号在传输。如果有的话，表明信道处于忙状态，就继续监听，直到信道空闲为止。

（2）若没有监听到任何信号，表明信道处于闲状态，就传输数据。

（3）传输的时候继续监听，如发现冲突则执行退避算法，随机等待一段时间后，重新执行步骤（1）。当冲突发生时，涉及冲突的计算机会返回到监听信道状态。

（4）若未发现冲突则发送成功，计算机在试图再一次发送数据之前，必须在最近一次发送后等待一段时间。

早期的以太网只有 10Mb/s 的传输速率，这种以太网称为标准以太网，遵循 IEEE 802.3 标准。以太网可以使用粗同轴电缆、细同轴电缆、非屏蔽双绞线、屏蔽双绞线和光纤等多种传输介质进行连接。

在 IEEE 802.3 标准中，为不同的传输介质制定了不同的物理层标准，分别是 10Base-5、10Base-2 和 10Base-T,在标准中前面的数字表示传输速率，单位是"Mb/s"，最后面的数字表示单段网段的最大长度，Base 表示支持基带传输。

10Base-5 使用直径为 0.4 英寸、阻抗为 50Ω 的粗同轴电缆，也称为粗缆以太网，采用基带传输方式，以拓扑结构为总线型，最大网段长度为 500m。组网主要硬件设备有粗同轴电缆、带有 AUI 插口的以太网卡、中继器、收发器、收发器电缆、终结器等。

10Base-2 使用直径为 0.2 英寸、阻抗为 50Ω 的细同轴电缆，也称为细缆以太网，采用基带传输方式，以拓扑结构为总线型，最大网段长度为 185m。组网主要硬件设备有细同轴电缆、带有 BNC 插口的以太网卡、中继器、T 形连接器、终结器等。

10Base-T 使用双绞线电缆，拓扑结构为星形，最大网段长度为 100m。10Base-T 组网主要硬件设备有 3 类或 5 类非屏蔽双绞线、带有 RJ-45 插口的以太网卡、集线器、交换机、RJ-45 插头等。

4.1.1.2　快速以太网

随着网络的发展，传统标准的以太网技术已难以满足日益增长的网络数据流量、速率需求。1995 年 3 月，IEEE 发布了 IEEE 802.3u 100Base-T 快速以太网标准。快速以太网支持 3 类、4 类、5 类双绞线以及光纤的连接，能有效利用原有的设施。快速以太网仍基于 CSMA/CD 技术，当网络负载较重时，会造成效率的降低。100Mb/s 快速以太网标准又分为 100Base-TX、100Base-FX、100Base-T4 三个子类。

100Base-TX 是一种使用 5 类数据级无屏蔽双绞线或屏蔽双绞线的快速以太网技术。它使用两对双绞线，一对用于发送，一对用于接收数据。在传输中使用 4B/5B 编码方式，信号频率为 125MHz，符合 EIA 586 的 5 类布线标准，使用同 10Base-T 相同的 RJ-45 连接器。它的最大网段长度为 100m，支持全双工的数据传输。

100Base-FX 是一种使用光缆连接的快速以太网技术，可使用单模和多模光纤。多模光纤连接的最大距离为 550m，单模光纤连接的最大距离为 3000m。在传输中使用 4B/5B 编码方式，信号频率为 125MHz。它使用 MIC/FDDI 连接器、ST 连接器或 SC 连接器。它的最大网段长度为 150m、412m、2000m 或更长至 10km，这与所使用的光纤类型和工作模式有关，支持全双工的数据传输。100Base-FX 特别适合于有电气干扰的环境、较大距离连接或高保密环境等情况下的适用。

100Base-T4 是一种可使用 3 类、4 类、5 类无屏蔽双绞线或屏蔽双绞线的快速以太网技术。100Base-T4 使用 4 对双绞线，其中的 3 对用于在 33MHz 的频率上传输数据，每一对均工作于半双工模式下。第 4 对用于 CSMA/CD 冲突检测。传输中不使用曼彻斯特编

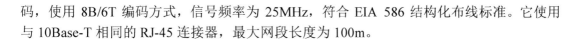

码，使用 8B/6T 编码方式，信号频率为 25MHz，符合 EIA 586 结构化布线标准。它使用与 10Base-T 相同的 RJ-45 连接器，最大网段长度为 100m。

4.1.1.3 千兆以太网

千兆以太网技术有两个标准，分别是基于光纤和铜缆的全双工链路标准 IEEE 802.3z 的 1000Base-X 和基于非屏蔽双绞线的半双工链路标准 IEEE 802.3ab 的 1000Base-T。千兆以太网技术仍然采用了与 10M 以太网相同的帧格式、帧结构、网络协议、全/半双工工作方式、流控模式以及布线系统。

（1）IEEE 802.3z：IEEE 802.3z 工作组负责制定光纤和同轴电缆的全双工链路标准。IEEE 802.3z 定义了基于光纤和短距离铜缆的 1000Base-X，采用 8B/10B 编码技术，信道传输速度为 1.25Gb/s，去耦后实现 1000Mb/s 传输速率。IEEE 802.3z 具有下列千兆以太网标准。

1000Base-SX：只支持多模光纤，可以支持直径为 62.5μm 或 50μm 的多模光纤，工作波长为 770～860nm，传输距离为 220～550m。

1000Base-LX：支持单模光纤，可以支持直径为 9μm 或 10μm 的单模光纤，工作波长范围为 1270～1355nm，传输距离为 5km 左右。

1000Base-CX：采用 150Ω 屏蔽双绞线 STP，传输距离为 25m。

（2）IEEE 802.3ab：IEEE 802.3ab 工作组负责制定基于 UTP 的半双工链路的千兆以太网标准。IEEE 802.3ab 定义基于 5 类 UTP 的 1000Base-T 标准，在 5 类 UTP 上以 1000Mb/s 的速率传输能达到 100m。

1000Base-T 是 100Base-T 自然扩展，与 10Base-T、100Base-T 完全兼容。

4.1.1.4 万兆以太网

万兆以太网规范包含在 IEEE 802.3 标准的补充标准 IEEE 802.3ae 中，它扩展了 IEEE 802.3 协议和 MAC 规范，支持 10Gb/的传输速率。

10GBase-SR 和 10GBase-SW：主要支持 850nm 短波多模光纤，光纤距离为 2～300m。

10GBase-SR：主要支持暗光纤，暗光纤是指没有光传播并且不与任何设备连接的光纤。

10GBase-SW：主要用于连接 SONET 设备，它应用于远程数据通信。

10GBase-LR 和 10GBase-LW：主要支持 1310nm 长波单模光纤，光纤距离为 2m 到 10km。

10GBase-LW：主要用来连接 SONET 设备。

10GBase-LR：用来支持暗光纤。

10GBase-ER 和 10GBase-EW：主要支持 1550nm 超长波单模光纤，光纤距离为 2m 到 40km。

10GBase-EW：主要用来连接 SONET 设备。

10GBase-ER：用来支持暗光纤。

10GBase-LX4：采用波分复用技术，在单对光缆上以四倍光波长发送信号。支持 1310nm 的多模或单模暗光纤方式，多模光纤模式可以达到 2m 到 300km，单模光纤模式可以达到 2m 到 10km。

4.1.2 以太网数据链路层的数据封装

以太网数据链路层的数据封装格式有两个标准：一个是在 RFC 894 中定义的以太网 IP 数据报文的封装格式，俗称 Ethernet II 或者 Ethernet DIX；另一个是在 RFC 1042 中定义的 IEEE 802.3 数据报文封装格式。由于 TCP/IP 体系经常使用的局域网是 DIX Ethernet II 而不是 IEEE 802.3 标准，很多厂商生产的适配器上仅封装 MAC 协议而没有封装 IEEE 802.3 的 LLC 协议。DIX Ethernet II 的报文格式如图 4-1 所示。

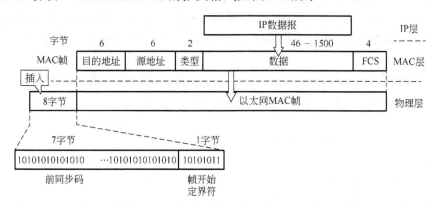

图 4-1 DIX Ethernet II 标准报文格式

（1）前同步码：前同步码由 7 个字节的交替出现的 1 和 0 组成，它指示帧的开始，便于网络中的所有接收器均能与到达帧同步。

（2）帧开始定界符：该字段前 6 个比特位置由交替出现的 1 和 0 构成，最后两个比特位置是 11，即 10101011。这两位中断了同步模式并提醒接收后面跟随的数据是帧数据。当控制器将接收帧送入其缓冲器时，前同步码字段和帧开始定界符字段均被去除。

（3）目的地址字段：目的地址字段封装通信双方中目地主机的物理地址。物理地址长度是 6 个字节，常采用 16 进制表示，如 44-0B-2F-5C-AD-3C。分前 24 位和后 24 位，前 24 位叫作组织唯一标志符，是由 IEEE 的注册管理机构给不同厂家分配的代码，区分了不同的厂家。后 24 位是由厂家自己分配的，称为扩展标识符。同一个厂家生产的网卡中 MAC 地址后 24 位是不同的。

物理地址也可以分为单播地址、广播地址、组播地址。当物理地址的最高位为 0 时，表示相应地址为某网卡 MAC 地址，它是一个单播地址；当物理地址的最高位为 1 时，表示相应地址是以太网中的二层广播地址或组播地址，二层广播指数据链路层封装 FF-FF-FF-FF-FF-FF 做目的地址，它代表传输数据给当前局域网中所有设备，不会穿过局域网边界。

（4）源地址字段：源地址字段封装通信双方中源主机物理地址。本字段不会封装广播地址和组播地址。

（5）类型字段：该字段用于标识数据字段中包含的高层协议。类型字段取值为十六进制 0X0800 的帧时，上层封装的是 IP 协议数据包。

（6）数据字段：数据字段是网络层传递给数据链路层的分组。最小长度为 46 字节，因而保证帧长度至少为 64 字节。如果该字段的信息少于 46 字节，则其余部分必须用 0 进行填充。数据字段的最大长度为 1500 字节。

（7）帧校验序列字段：帧校验序列（FCS）字段用于存储循环冗余校验结果，占 4 个字节。每一个发送器均需计算一个包括地址字段、类型字段和数据字段的循环冗余校验码填入 FCS 字段，为接收方提供一种错误检测机制。

4.2 以太网交换机数据转发机制

以太网交换机是一个多端口的网桥，如图 4-2 所示。每个端口都有桥接功能，能够在任意一对端口间同时转发帧。交换机允许多组端口同时交换数据帧，相当于多个网桥同时工作，可以实现帧转发的并行操作，每一端口都为一个独立的网段，连接在其上的网络设备独自享有全部的带宽，不需要同其他设备竞争使用，不会因端口的使用数增加而降低端口的传输带宽，但连接到同一个端口的所有节点在一个冲突域内。不过，交换机的所有端口仍属于同一个广播域，当网络中的广播信息增多时，也会导致网络传输效率的降低。

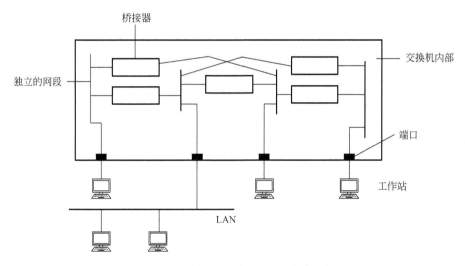

图 4-2 网桥与交换机之间的关系示意

以太网交换机与网桥的数据转发原理完全一样，所以在介绍交换机数据转发原理时，往往使用网桥代替交换机概念。

4.2.1 交换机端口传输模式

交换机端口传输模式可分为全双工、半双工、全双工/半双工自适应。

在交换网络中，交换机接口模式为自适应全双工模式。当物理连接后，如果两端都默认设置为自适应，则接口自动为全双工模式。

4.2.2　交换机数据转发方式

交换机内部端口间的数据交换可分为直通方式、存储转发、无碎片存储转发三种转发方式。

4.3.2.1　直通方式

直通方式是在输入端口检测到一个数据包时，检查该数据包的包头，获取数据包的目的地址后，启动内部的动态查找表转换成相应的输出端口，把数据包直接交换到相应的端口，实现输入端口与输出端口间的数据交换。因不需要存储，延迟非常小，交换非常快。但交换机不保存接收的数据，所以无法检查所传送的数据包是否有误，不能提供错误检测能力，也不能将不同速率的输入/输出端口直接接通，这种转发方式容易丢包。

4.3.2.2　存储转发

存储转发方式是把接收端口的数据包先存储起来进行循环冗余码校验检查，然后取出数据包的目的地址，通过查找交换机转发表查到输出端口发送数据包。存储转发方式数据处理延时大，但是它可以对进入交换机的数据包进行错误检测，有效地改善网络性能，是计算机网络领域应用最为广泛的方式。它可以支持不同速率的端口间的转换，保持高速端口与低速端口间的协同工作。

4.3.2.3　无碎片存储转发

无碎片存储转发方式是介于前两者之间的一种解决方案。它检查数据包的长度是否够 64个字节，如果小于 64 字节，被认为是碎片帧，则丢弃该包；如果大于 64 字节，则发送该包。无碎片存储转发方式数据处理速度比存储转发方式快，但比直通式转发慢，不提供数据校验。

4.2.3　交换机数据转发与转发表的维护

交换机数据转发与转发表维护流程如图 4-3 所示。

4.2.3.1　数据转发

交换机端口间数据转发基于 MAC 地址转发表，寻址和路由选择采用的是查表法。

交换机启动时，其 MAC 地址转发表中记录为空，交换机接收到数据后，采用泛洪法进行数据转发。交换机从一个端口收到一帧后，如果不知道该数据帧具体发给某个端口，就向除接收端口以外的所有端口进行广播。

交换机启动后端口工作在混杂方式，接收所有的数据帧。交换机从某端口接收到一个数据帧后，将该帧的目的 MAC 地址与转发表中的记录进行对照，并执行以下操作，如图 4-4 所示为交换机数据帧的过滤及转发。

（1）交换机在转发表中查找数据帧的目的 MAC 地址，如果找到就将该帧发送到相应的端口；

（2）如果交换机收到的报文中源 MAC 地址与目的 MAC 地址相同，则丢弃该数据帧；

（3）如果交换机在转发表中找不到数据帧的 MAC 地址，就向入端口以外的所有其他端口广播该数据帧。

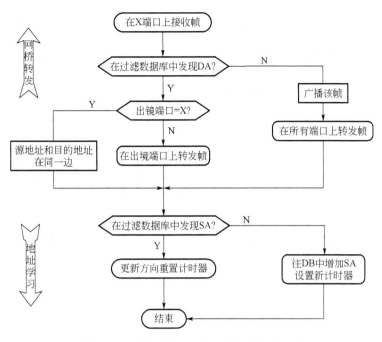

图 4-3　交换机数据转发和转发表维护流程

交换机M地址转换表

设备	端口	MAC
E	1	01–00–3E–D5–12–00
F	1	01–11–EA–78–EF–D4
G	1	01–3C–23–CA–E3–13
U	2	01–ED–4A–5F–B3–EA
V	2	ED–5C–23–5E–F2–07
W	2	00–4B–44–5E–BA–11
A	2	7E–13–A7–11–5C–31
B	2	78–00–11–ED–AF–7D
C	2	00–E3–5A–78–06–E1

交换机N地址转换表

设备	端口	MAC
A	4	7E–13–A7–11–5C–31
B	4	78–00–11–ED–AF–7D
C	4	00–F3–5A–78–06–E1
U	3	01–ED–4A–5F–B3–EA
V	3	ED–5C–23–5E–F2–07
W	3	00–4B–44–5E–BA–11
E	3	01–00–3E–D5–12–00
F	3	01–11–EA–78–EF–D4
G	3	01–3C–23–CA–E3–13

图 4-4　交换机数据帧的过滤及转发

4.2.3.2 转发表的建立与维护

以太网交换机维护着一张基于端口的二层 MAC 地址转发表。MAC 地址转发表包含了主机 MAC 地址与转发端口对应关系,是设备实现二层报文快速转发的基础。转发表的记录中主要包含目的 MAC 地址、设备数据输出端口号、生存时间。

交换机 MAC 地址转发表的记录是动态维护的,刚通电时转发表为空,转发过程中采用逆向学习算法收集各端口对应的 MAC 地址,形成相应地址/端口记录。如图 4-5 所示,当以太网交换机从某端口收到一个数据帧,会将该数据帧的源 MAC 地址与转发表对照,并执行以下操作。

(1)若收到数据帧的源 MAC 地址在转发表中没有记录,则在表中插入新记录,端口为收到该帧的端口号,地址为该帧的源地址,计时器为系统默认生存时间。

(2)若收到帧的源 MAC 地址在转发表有对应记录,则修改计时器为系统默认生存时间。

每个记录的生存期都是有限的,在一段时间内如未收到以同一 MAC 地址为源地址的数据帧,则该记录被删除,以适应网络拓扑的变化。

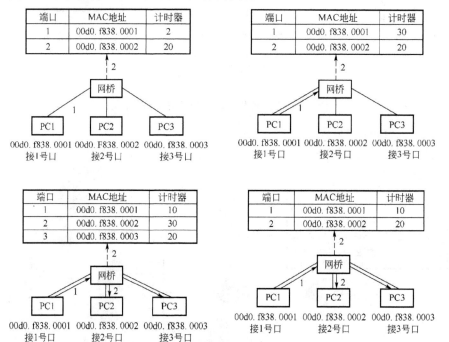

图 4-5　交换机转发表的维护过程

4.3　交换机的应用技术

4.3.1　级联与堆叠

在多交换机的局域网环境中,交换机有级联、堆叠两种重要的网络扩展方法。级联技术可以实现多台交换机之间的互连；堆叠技术可以将多台交换机组成一个逻辑单元，从而实现更大的端口密度和更高的性能。

4.3.1.1 级联

级联是两台或两台以上交换机通过一定的方式相互连接，形成上行和下行关系的连接方式。根据需要可将多台交换机连接成多种级联方式，如图 4-6 所示。

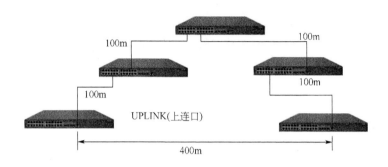

图 4-6 级联交换机以扩展网络距离

传统交换机提供了专门的级联端口（Uplink Port，或称上行口）。级联端口符合 MDI 标准，而普通端口符合 MDIX 标准。当两台交换机通过普通端口进行级联时，端口间电缆采用交叉电缆。当一台交换机的级联端口与另一台交换机的普通端口连接时，端口间电缆采用直连线连接。

为了方便进行级联，有些交换机上提供一个两用端口，可以通过开关或管理软件将其设置为 MDI 或 MDIX 方式。目前交换机上全部或部分端口具有 MDI/MDIX 自校准功能，可以自动区分网线类型。

用交换机进行级联时需注意几个问题。任何厂家、任何型号的交换机均可相互进行级联，但也不排除一些特殊情况下两台交换机无法进行级联。交换机间级联的层数有一定限度。任意两节点之间的距离不能超过媒体段的最大跨度。多台交换机级联时，都需要支持生成树协议，防止网内出现环路。

4.3.1.2 堆叠

堆叠是将一台以上的交换机组合起来共同工作，以便在有限的空间内提供尽可能多的平行端口。堆叠是将整个堆叠单元作为一台交换机来使用，增加端口密度，加宽系统带宽，如图 4-7 所示。堆叠是一种集中管理的端口扩展技术，不能提供拓扑管理，没有国际标准，兼容性较差。因此，堆叠一般在可堆叠的同类型交换机之间进行，采用专用的堆叠模块和堆叠电缆，距离不超过几米。可堆叠的交换机性能指标中有一个最大可堆叠数的参数，它是指一个堆叠单元中所能堆叠的最大交换机数。

交换机堆叠方式有菊花链式堆叠和星形堆叠。菊花链式堆叠又可以分为使用一个高速端口和使用两个高速端口的模式，分别称为单链菊花链式堆叠和双链菊花链式堆叠，如图 4-8 所示。

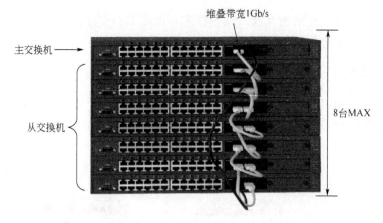

图 4-7　交换机堆叠示意

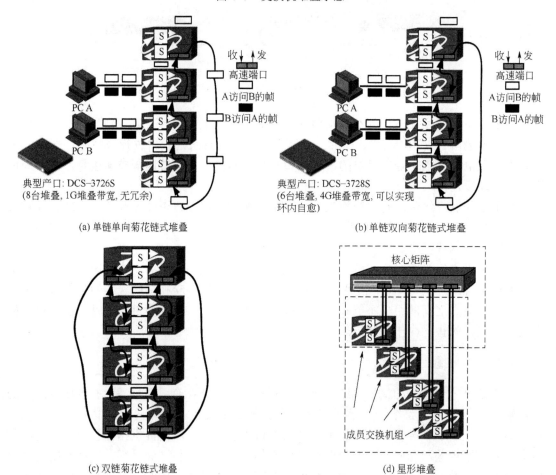

图 4-8　交换机堆叠示意

4.3.2　端口与地址绑定

端口与地址绑定是利用交换机的安全控制列表，将交换机上的端口与所对应的主机的

MAC 地址进行捆绑，如图 4-9 所示。特定主机只有在某个特定端口下发出数据帧，才能被交换机接受并传输到网络上，如果这台主机移动到其他位置，则无法实现正常的联网。

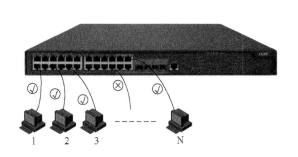

> 端口绑定：
> 就是交换机的端口和终端的MAC地址或IP地址绑定，可以解决IP冲突的问题

端口号	MAC地址
1	01-9E-D1-4D-3F-EC
2	01-9E-D1-4D-3C-E1
3	01-9E-D1-4D-3C-11
N	01-9E-D1-4D-31-BF

图 4-9　端口与地址绑定示意

4.3.3　端口镜像

端口镜像是通过在交换机上将一个或多个源端口的数据流量转发到某一个指定端口的技术，它主要用于网络中数据流量的监测。指定端口称为"镜像端口"或"目的端口"，如图 4-10 所示。

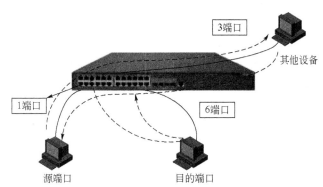

图 4-10　端口镜像技术示意

在网络管理中，以将端口镜像给网管设备的方式实现网管设备对该端口的监视。端口镜像中的源端口和目的端口的速率必须匹配，否则可能丢弃数据。在使用端口镜像时，源端口和目的端口必须位于同一 VLAN 内。

4.4　交换机的端口及地址表管理配置

4.4.1　H3C 交换机命名规则

H3C 网络设备产品采用了一套字母或数字组合的命名规则。按规则命名的设备标识能清楚地反映该产品类型、性能、基本配置、端口数量，以便用户和专业人员识别，如图 4-11 所示。

图 4-11　H3C 交换机命名规则

① A 位表示产品品牌。
② B 位表示产品系列：
　　S—交换机；　　　　　　　　　　　SR—业务路由器。
③ C 位表示子产品系列：
　　9—核心机箱式交换机；　　　　　　7—高端机箱式交换机；
　　5—全千兆盒式交换机；　　　　　　3—千兆上行/百兆下行盒式交换机。
④ D 位表示是否是路由交换机：
　　大于等于 5—路由交换机；　　　　　小于 5—二层交换机。
⑤ E 位表示低端用于区别同一类的多个系列，高端是指业务槽位数。
⑥ F 位表示可用端口数。
⑦ G 位表示设备的端口类型或者上行链路类型：
　　F—全光交换机；　C—扩展插槽上行；　　P—千兆 SFP 光口上行；
　　T—千兆电口上行；TP—千兆电口和千兆 SFP 光口上行；
　　S—万兆位 SFP+端口上行。
⑧ H 位表示业务特性：
　　EI—增强型；　　　　　　　　　　　SI—标准型；
　　PWR-EI—支持 PoE 的增强型；　　　　PWR-SI—支持 PoE 的标准型。
图示中的交换机是 H3C 千兆上行/百兆下行增强型系列盒式交换机，可用端口数有 28 个，上行链路可以扩展插槽灵活配置。

4.4.2　H3C 交换机接口编号规则

H3C 系列交换机的接口名称由接口类型和接口编号两部分构成，接口编号采用单元号/槽位编号/接口编号三部分表示。

接口类型　　　　接口编号
Interface-type　单元号/槽位编号/接口编号
Interface-type：指接口类型，取值可以为 Aux、Ethernet、GigabitEthernet、LoopBack、NULL 或 Vlan-interface。
单元号（Unit ID）：是指堆叠或 IRF 技术中成员设备的编号。若未使用堆叠或 IRF 技术，单台交换机运行该位取值为 1；若使用堆叠或 IRF 技术，Unit ID 取值范围为 1～8。
槽位编号：设备上的槽位号。一般设备上固有端口所在的槽位取值为 0；扩展接口模块卡 1 上端口所在的槽位取值为 1；扩展接口模块卡 2 上端口所在的槽位取值为 2，以此类推。

端口编号：某一槽位上的端口编号。

例如：GigabitEthernet 1/1/2 表示千兆端口类型，第 1 单元第 1 槽位上的第 2 个端口。

当用户配置相应以太网接口的相关参数时，必须使用 Interface 命令进入以太网接口视图。其命令格式为：

```
interface interface-type interface-number
```

可用 display brief interface 命令来显示接口的简要配置信息，显示的信息包括接口类型、连接状态、连接速率、双工属性、链路类型、默认 VLAN ID、描述字符串等。该命令的功能与 display interface 命令类似，只是显示的接口信息更加简要。

4.4.3 以太网端口的全双式/半双工设置

以太网端口可以工作在全双工、半双工、自适应三种状态，可以通过配置改变工作方式，在默认情况下，所有端口都是自适应工作方式，通过相互交换自协商报文进行匹配。

设置以太网端口的速率时，如设置端口速率为自适应协商状态，端口的速率由本端口和对端端口双方自动协商而定。对于千兆二层以太网端口，可以根据端口的速率自协商能力指定自协商速率，让速率在指定范围内协商。

命令格式：duplex { auto | full | half }
　　　　　　undo duplex

auto：端口处于自适应状态。

full：端口处于全双工状态，端口在发送数据包的同时可以接收数据包。

half：端口处于半双工状态。端口同一时刻只能发送数据包或接收数据包。

duplex 命令用来设置以太网端口的双工属性。

undo duplex 命令用来将端口的双工属性恢复为默认的自适应协商状态。

4.4.4 以太网端口的速率设置

命令格式：speed { 10 | 100 | 1000 | auto }
　　　　　　undo speed

10：指定端口速率为10Mb/s。

100：指定端口速率为100Mb/s。

1000：指定端口速率为1000Mb/s,该参数仅适用于千兆端口。

auto：指定端口的速率处于自适应协商状态。

speed 命令用来设置端口的速率。

undo speed 命令用来恢复端口的速率为默认值。

在默认情况下，端口速率处于自适应协商状态。

4.4.5　以太网端口的网线类型设置

通常用于连接以太网设备的双绞线有两种：直通线缆和交叉线缆。为了使以太网端口支持使用这两种线缆，交换机端口可工作在三种模式：across、normal 和 auto。

物理 RJ45 端口由 8 个引脚组成，在默认情况下，每个引脚都有专门的作用，使用引脚 1 和引脚 2 发送信号，引脚 3 和引脚 6 接收信号。通过设置 MDI 模式，可以改变引脚在通信中的角色。使用 normal 模式时，不改变引脚的角色，即使用引脚 1 和引脚 2 发送信号，使用引脚 3 和引脚 6 接收信号；如果使用 across 模式，会改变引脚的角色，将使用引脚 1 和引脚 2 接收信号，而使用引脚 3 和引脚 6 发送信号。只有将设备的发送引脚连接到对端的接收引脚后才能正常通信，所以 MDI 模式需要和两种线缆配合使用。

通常情况下使用 auto 模式，只有当设备不能获取网线类型参数时，才需要将模式手工指定为 across 或 normal。

当使用直通线缆时，两端设备的 MDI 模式配置不能相同。当使用交叉线缆时，两端设备的 MDI 模式配置必须相同或者至少有一端设置为 auto 模式。

命令格式：mdi { across | auto | normal }
　　　　　　undo mdi

across：设置端口的 MDI 属性为只识别交叉网线。

auto：设置端口的 MDI 属性为自动识别网线类型。

normal：设置端口的 MDI 属性为只识别平行网线。

mdi 命令用来设置端口的 MDI 属性。

undo mdi 命令用来恢复端口 MDI 属性的默认值。

4.4.6　以太网端口广播风暴制比设置

通过全局或端口的配置限制端口上允许通过的广播、组播或未知单播流量的大小。

如果对系统视图下进行配置，设置的是整个系统允许通过的最大广播、组播或未知单播数据帧流量。当各端口上的流量之和达到用户设置的值后，系统将丢弃超出流量限制的数据帧，从而使总体流量所占的比例降低到限定的范围，保证网络业务的正常运行。

如果在端口下进行配置，设置的是端口允许通过的最大广播、组播或未知单播数据帧流量。当端口上的流量超过用户设置的值后，系统将丢弃超出流量限制的数据帧，从而使端口流量所占的比例降低到限定的范围，保证网络业务的正常运行。

命令格式：broadcast-suppression { ratio | pps max-pps }
　　　　　　undo broadcast-suppression

ratio：指定端口允许接收的最大广播流量的带宽百分比，取值范围为 1～100，默认值为 100，步长为 1。百分比越小，允许接收的广播流量也越小。

max-pps：指定端口每秒允许接收的最大广播包数量，单位为 pps。

在系统视图下，max-pps 的取值范围为 1～262143；在端口视图下，max-pps 的取值范围为 1～148810。

4.4.7 开启以太网流量控制特性

端口通过流量控制来抑制数据帧流量，流量控制的过程是这样的，如果本端设备发生拥塞，它将向对端设备发送消息，通知对端设备暂时停止发送数据帧；而对端设备在接收到该消息后，将暂时停止向本端发送数据帧；反之亦然，从而避免了数据帧丢失现象的发生。

命令格式：`flow-control`
　　　　　`undo flow-control`

配置 flow-control 命令后，设备具有发送和接收流量控制数据帧的能力。当本端发生拥塞时，设备会向对端发送流量控制数据帧；当本端收到对端的流量控制数据帧后，会停止数据帧发送。

配置 flow-control receive enable 命令后，设备具有接收流量控制数据帧的能力，但不具有发送流量控制数据帧的能力。当本端收到对端的流量控制数据帧时，会停止向对端发送数据帧；当本端发生拥塞时，设备不能向对端发送流量控制数据帧。

因此，如果要应对单向网络拥塞的情况，可以在一端配置 flow-control receive enable，在对端配置 flow-control；如果要求本端和对端都能处理网络拥塞，则两端都必须配置 flow-control。

undo flow-control 命令用来关闭以太网端口流量控制特性。

4.4.8 关闭以太网端口

在某些情况下，端口相关配置不能立即生效，如切换了端口的速率或双工模式等，这时候就需要关闭和激活端口，配置才能生效。如果手工关闭端口，即便端口物理上是连通的，也不能转发数据帧。

命令格式：`shutdown`
　　　　　`undo shutdown`

4.4.9 MAC 地址表管理配置

在交换机 MAC 地址表记录了与本设备相连设备的 MAC 地址，设备根据数据帧中的目的 MAC 地址查询 MAC 地址表，快速定位出接口，从而减少广播数据。但当交换机通过源 MAC 地址学习自动建立 MAC 地址表时，无法区分合法用户和黑客用户的数据帧，带来了安全隐患。因此，交换机提供了手工向 MAC 地址表中加入特定 MAC 地址表项的功能，将用户设备与接口绑定，防止假冒身份的非法用户骗取数据。也可以配置黑洞 MAC 地址表项来丢弃指定源 MAC 地址或目的 MAC 地址的数据帧。

配置动态/静态 MAC 地址表项命令格式：

`mac-address { dynamic | static } mac-address interface interface-type interface-number vlan vlan-id`

配置黑洞 MAC 地址表项命令格式：

```
mac-address blackhole mac-address vlan vlan-id
```

4.5 交换机链路聚合技术

4.5.1 链路聚合概述

链路聚合也叫端口汇聚、端口捆绑、链路扩容组合，是两台设备之间通过两个以上的同种类型的端口并行连接形成一条逻辑链路，同时传输数据，以便提供更高的带宽、更好的冗余度以及实现负载均衡，如图 4-12 所示。它通过将多条以太网物理链路捆绑在一起成为一条逻辑链路，从而实现增加链路带宽的目的。同时，链路通过相互间的动态备份，有效地提高链路的可靠性。

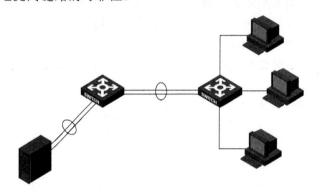

链路聚合:
又称为端口聚合、端口捆绑, 英文名称Port Trunking。功能是将交换机的多个低带宽端口捆绑成一条高带宽链路, 可以实现链路负载平衡

图 4-12 链路聚合示意

链路汇聚技术不但可以提供交换机间的高速连接，还可以为交换机和服务器之间的连接提供高速通道，但并非所有类型的交换机都支持这两种技术。

链路汇聚技术有以下优点：

（1）价格便宜，性能接近千兆以太网；

（2）不需要重新布线，也无须考虑千兆网传输距离极限问题；

（3）可以捆绑任何相关的端口，也可以随时取消，灵活性很高；

（4）链路聚合可以提供负载均衡能力以及系统容错。

4.5.2 链路聚合分类

链路聚合中捆绑在一起的以太网接口称为该聚合组的成员端口。链路聚合服务的上层实体把多条物理链路视为一条逻辑路，所以聚合组唯一对应着一个逻辑接口，称为聚合接口。聚合组与聚合接口的编号是一一对应的，如聚合组 1 对应于聚合接口 1。根据成员端口上是否启用了 LACP 协议，可以将链路聚合分为动态聚合和静态聚合两种模式。

（1）动态聚合：基于 IEEE 802.3ad 标准的 LACP 协议（Link Aggregation Control Protocol，链路聚合控制协议）是一种实现链路动态聚合的协议，运行该协议的设备之间通过互发链路聚合控制协议数据单元（LACPDU）来交互链路聚合的相关信息。在动态聚合模式下的聚合组称为动态聚合组，动态聚合组内的选中端口以及处于 UP 状态、与对应聚合接口的第二类配置相同的非选中端口均可以收发 LACPDU。

（2）静态聚合：在静态聚合方式下，双方设备不需要启用聚合协议，双方不进行聚合组中成员端口状态的交互。如果一方设备不支持聚合协议或双方协议不兼容，则可以使用静态聚合。

在静态聚合模式下的聚合称为静态聚合组，当聚合组内有处于 UP 状态的端口时，先比较端口的聚合优先级，优先级数值最小的端口作为参考端口；如果优先级相同，再按照端口的全双工/高速率→全双工/低速率→半双工/高速率→半双工/低速率的优先次序，选择优先次序最高，且第二类配置与对应聚合接口相同的端口作为该组的参考端口；如果优先次序也相同，则选择端口号最小的作为参考端口。静态聚合组内成员端口状态的确定流程如图 4-13 所示。

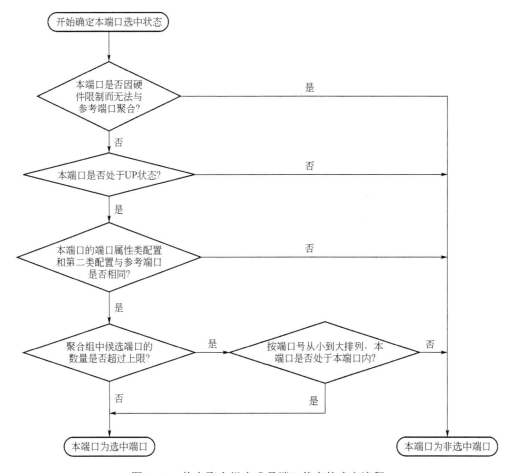

图 4-13　静态聚合组内成员端口状态的确定流程

4.5.3　静态聚合示例

如图 4-14 所示，Device A 与 Device B 通过各自的二层以太网接口 Ethernet1/0/1～Ethernet1/0/3 相互连接。在 Device A 和 Device B 上分别配置二层静态链路聚合组，并使两端的 VLAN 10 和 VLAN 20 之间分别互通。通过按照报文的源 MAC 地址和目的 MAC 地址进行聚合负载分担的方式，来实现数据流量在各成员端口间的负载分担。

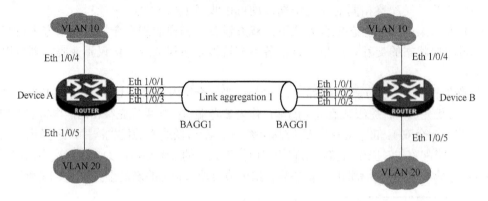

图 4-14　二层静态聚合配置组网

静态聚合配置步骤如下。

4.5.3.1　配置 Device A

创建 VLAN 10，并将端口 Ethernet1/0/4 加入该 VLAN 中。

```
<DeviceA> system-view
[DeviceA] vlan 10
[DeviceA-vlan10] port Ethernet1/0/4
[DeviceA-vlan10] quit
```

创建 VLAN 20，并将端口 Ethernet1/0/5 加入该 VLAN 中。

```
[DeviceA] vlan 20
[DeviceA-vlan20] port Ethernet1/0/5
[DeviceA-vlan20] quit
```

创建二层聚合接口 1。

```
[DeviceA] interface bridge-aggregation 1
[DeviceA-Bridge-Aggregation1] quit
```

分别将端口 Ethernet1/0/1 至 Ethernet1/0/3 加入聚合组 1 中。

```
[DeviceA] interface Ethernet1/0/1
[DeviceA-Ethernet1/0/1] port link-aggregation group 1
[DeviceA-Ethernet1/0/1] quit
[DeviceA] interface Ethernet1/0/2
[DeviceA-Ethernet1/0/2] port link-aggregation group 1
[DeviceA-Ethernet1/0/2] quit
[DeviceA] interface Ethernet1/0/3
[DeviceA-Ethernet1/0/3] port link-aggregation group 1
[DeviceA-Ethernet1/0/3] quit
```

配置二层聚合接口 1 为 Trunk 端口，并允许 VLAN 10 和 VLAN 20 的报文通过。

```
[DeviceA] interface bridge-aggregation 1
```

```
[DeviceA-Bridge-Aggregation1] port link-type trunk
[DeviceA-Bridge-Aggregation1] port trunk permit vlan 10 20
Please wait... Done.
Configuring Ethernet1/0/1... Done.
Configuring Ethernet1/0/2... Done.
Configuring Ethernet1/0/3... Done.
[DeviceA-Bridge-Aggregation1] quit
```

配置全局按照报文的源 MAC 地址和目的 MAC 地址进行聚合负载分担。

```
[DeviceA] link-aggregation load-sharing mode source-mac destination-mac
```

4.5.3.2 配置 Device B

Device B 的配置与 Device A 的相似，配置过程略。

4.5.3.3 检验配置效果

查看 Device A 上所有聚合组的摘要信息。

```
[DeviceA] display link-aggregation summary
 Aggregation Interface Type:
 BAGG -- Bridge-Aggregation, RAGG -- Route-Aggregation
 Aggregation Mode: S -- Static, D -- Dynamic
 Loadsharing Type: Shar -- Loadsharing, NonS -- Non-Loadsharing
 Actor System ID: 0x8000, 000f-e2ff-0001

 AGG        AGG       Partner ID          Select Unselect   Share
 Interface  Mode                          Ports  Ports      Type
 --------------------------------------------------------------------
 BAGG1      D         0x8000, 000f-e2ff-0002  3      0          Shar
```

以上信息表明，聚合组 1 为负载分担类型的二层静态聚合组，包含三个选中端口。

查看 Device A 上全局采用的聚合负载分担类型。

```
[DeviceA] display link-aggregation load-sharing mode
Link-Aggregation Load-Sharing Mode:
destination-mac address, source-mac address
```

以上信息表明，所有聚合组都按照报文的源 MAC 地址和目的 MAC 地址进行聚合负载分担。

4.6 生成树

4.6.1 STP 协议

4.6.1.1 透明网桥设计缺陷

网络上的设备或链路出现故障是不可避免的，一旦出现设备或链路故障会影响数据传输，因此，实际的计算机网络组网中通常采用冗余拓扑结构设计，提供备份设备或链路，保证设备或链路出现故障时不影响网络正常的通信。在如图 4-15 所示的网络拓扑结构设计中，由于冗余拓扑结构存在多条路径，形成路径回环，导致数据包在环中不断循环传递，产生广播风暴、帧的多个拷贝、地址表不稳定等问题，消耗网络带宽，使网络性能急剧下降甚至无法工作。

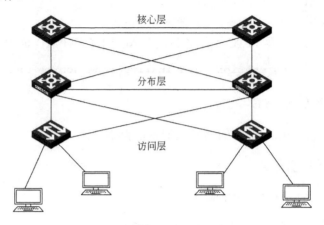

图 4-15　交换机间的冗余拓扑结构

在图 4-16 中，假定主机 A 向主机 B 发送一个数据包，两个网桥同时接收到这个数据包，并且都正确地知道主机 A 位于 LAN1 中。当主机 B 同时收到两份一样的主机 A 的数据包后，两个网桥再次从连接 LAN2 的端口上接收到主机 A 的数据包，于是它们又认为主机 A 位于 LAN2 中。发往主机 B 的数据包会被两个网桥无休止地转发，这样会占用所有可能获取的网络带宽，导致网络阻塞。

当透明网桥将改变各自的路由表以指明主机 A 在 LAN2 中时，恰巧主机 B 向主机 A 发送数据包，两个网桥接收到此数据包后，会将其丢弃，因为它们的转发表中指明主机 A 位于 LAN2 中，这样发给主机 A 的数据将会丢失。

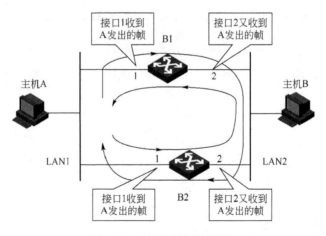

图 4-16　透明网桥设计缺陷

由于广播帧能够穿越由普通网桥或交换机连接的多个局域网段，因此可以用广播方式来管理局域网，使用广播帧来发送、传递信息，广播帧没有明确的目的地址，它所发送的对象是网络中的所有主机，也就是说网络中的所有主机都将接收到该数据帧。在正常的网络环境中，网络广播无所不在，MAC 地址查询、路由协议通信、ICMP 控制报文以及大量的服务通告等信息都使用广播方式。由于广播方式产生大量的数据帧，广播是引起广播风暴的主要原因。因此，在保证网络正常使用广播的情况下，需要有效减少广播风暴的发生。

在交换局域网络中，要实现冗余备份，提高网络的可靠性，通过生成树协议解决环路拓扑结构为网络带来的负面影响。

4.6.1.2　STP 的含义

生成树协议（Spanning Tree Protocol，STP）最初是由美国数字设备公司开发的，后经电气电子工程师学会进行修改，最终制定出了 IEEE 802.1d 标准。

STP 协议是为了解决由于冗余设计所产生的环路问题而开发的。STP 协议的主要思想是在具有物理回环的交换机网络上，生成没有回环的逻辑网络。运行 STP 协议的交换机之间传递一种特殊的协议报文来发现网络中的环路，并有选择地对某些端口进行阻塞，最终将环路网络结构修剪成无环路的树型网络结构，从而防止报文在环路网络中不断增生和无限循环，避免设备由于重复接收相同的报文造成报文处理能力下降的问题发生。

STP 包含两个含义，狭义的 STP 是指 IEEE 802.1d 中定义的 STP 协议，广义的 STP 是指包括 IEEE 802.1d 定义的 STP 协议以及各种在它的基础上经过改进的生成树协议。

4.6.1.3　STP 报文格式

STP 采用的协议报文是网桥协议数据单元（BPDU），也称为配置消息,如图 4-17 所示。通过在设备之间传递 BPDU 报文来确定网络的拓扑结构，BPDU 中包含了足够的信息来保证设备完成生成树的计算过程。BPDU 在 STP 协议中分为以下两类。

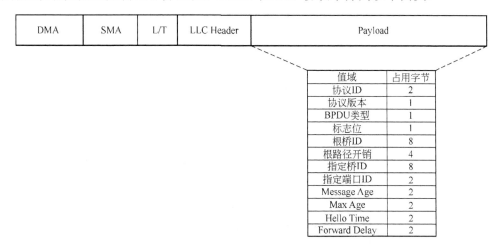

图 4-17　BPDU 协议报文格式

配置 BPDU：用来进行生成树计算和维护生成树拓扑的报文。

TCN BPDU：当拓扑结构发生变化时，用来通知相关设备网络拓扑结构发生变化的报文。

BPDU 数据帧中包含了根信息、本网桥信息、路径花费和端口信息等。生成树协议使用 BPDU 来传送设备的有关信息，交换网络中所有的交换机每隔一定的时间间隔就发送和接受 BPDU 数据帧，默认值为 2s。交换机利用 BPDU 来检测生成树拓扑的状态，通过生成树算法得到生成树。

DMA：目的 MAC 地址，配置消息的目的地址是一个固定桥的组播地址 0x0180c2000000。

SMA：源 MAC 地址，即发送该配置消息的桥 MAC 地址。

L/T：帧长度。

LLC Header：配置消息固定的链路头。

Payload：BPDU 数据协议。

协议 ID：当前保留没有被利用，占 2 字节。

协议版本：如果两个大小不一的协议版本数字比较,则数字越大的将被认为是最新定义的协议版本，STP 的版本为 IEEE 802.1d 时值为 0。

BPDU 类型：类型域用于区分 BPDU 的类型。在不同类型 BPDU 之间没有任何关系，置 0x00 是配置 BPDU，置 0x08 是 TCN BPDU。

标志位：被用来表示拓扑的变化，当拓扑发生变化时被置 1,反之则置 0。

根桥 ID：表示当前网络里的根桥，包括网桥优先级、网桥的 MAC 地址。网桥优先级是用来衡量网桥在生成树算法中优先级的数，取值范围是 0～65535。默认值是 32768，网桥 ID=网桥优先级+网桥 MAC 地址。

根路径开销：某个桥网到达根网桥的中间所有链路的路径开销之和。路径开销是 STP 协议用于选择链路的参考值，如表 4-1 所示。STP 通过计算路径开销，选择较为"强壮"的链路，阻塞多余的链路，将网络修剪成无环路的树型网络结构。

表 4-1 IEEE 标准路径开销

链路速度	开销（最新修订）	开销（旧标准）
10Gb/s	2	1
1Gb/s	4	1
100Mb/s	19	10
10Mb/s	100	100

指定桥 ID：由指定桥的优先级和 MAC 地址组成。

指定端口 ID：由指定端口的优先级和该端口的全局编号组成，默认的端口优先级为 128。端口 ID=端口优先级+端口全局编号，端口优先级部分是可配置的。

Message Age：配置消息在网络中传播的生存期。

Max Age（2 字节）：配置消息在设备中的最大生存期。在丢弃 BPDU 之前，网桥用来存储 BPDU 的时间，默认值为 20s。如果一个被阻塞的接口在收到一个 BPDU 后，20s 内再没有收到 BPDU 了，则开始进入 Listening 状态。

Hello Time：配置消息的发送周期。根网桥周期性发送配置 BPDU 的时间间隔，默认值为 2s。

Forward Delay Time：端口状态迁移的延迟时间。转发延迟计时器，从 Listening 状态

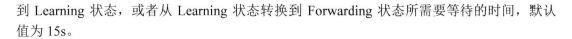

到 Learning 状态，或者从 Learning 状态转换到 Forwarding 状态所需要等待的时间，默认值为 15s。

4.6.1.4 STP 算法实现过程

（1）根交换机的选举：STP 引入了根桥的概念。根桥在全网中有且只有一个，而且根桥会根据网络拓扑的变化而改变，因此根桥并不是固定的。在网络初始化过程中，所有设备都视自己为根桥，生成各自的配置 BPDU 并周期性地向外发送；当网络拓扑稳定以后，只有根桥设备才会向外发送配置 BPDU，其他设备则对其进行转发。

具有最高优先级的交换机被选为根交换机。开始时交换机的网桥优先级都是默认的，在根网桥的推选中比较的一般是网桥 MAC 地址的大小，选取 MAC 地址小的为根网桥。

① 最开始所有的交换机都认为自己是根交换机。初始时会生成以本设备为根桥的配置消息，根路径开销为 0。

② 交换机向与之相连的局域网广播发送配置网桥协议数据单元，其根 ID 与网桥 ID 的值相同，指定桥 ID 为自身设备 ID，指定端口为本端口。

③ 当交换机收到另一个交换机发来的配置 BPDU 后，若发现收到的配置 BPDU 中根 ID 字段的值大于该交换机中根 ID 参数的值，则丢弃该帧，否则更新该交换机的根 ID、根路径花费等参数的值，该交换机将以新值继续广播发送配置 BPDU。

（2）根端口的选举：根端口是指非根桥上到根桥路径花费的值为最低的一个端口。根端口负责与根桥进行通信，非根桥设备上有且只有一个根端口，根桥上没有根端口。

每一台非根交换机上都选出一个根端口，非根交换机通过根端口与根交换机通信，一个交换机若有多个端口具有相同的最低根路径花费，则具有最高优先级的端口为根端口。若有两个或多个端口具有相同的最低根路径花费和最高优先级，则端口号最小的端口为默认的根端口。

（3）网段的指定网桥选举：指定网桥是指与一个网段同时连接的网桥中，提供最小根路径成本的网桥。网段中数据帧唯一允许通过该网桥转发出去。

① 开始时，所有的交换机都认为自己是网络中的指定桥。

② 当交换机接收到同一个网段中具有更低根路径花费的其他交换机发来的 BPDU，该交换机就不再宣称自己是指定网桥。如果在一个网段中有两个或多个交换机具有同样的根路径花费，具有最高优先级的交换机被选为指定网桥。在一个网段中，只有指定网桥可以接收和转发帧，其他交换机的所有端口都被置为阻塞状态。

③如果指定网桥在某个时刻收到了同段上其他交换机因竞争指定网桥而发来的配置 BPDU，该指定网桥将发送一个回应的配置 BPDU，以重新确定指定网桥。

（4）指定端口选举：在网桥上去往根的路径有最低开销的端口就是指定端口，指定端口被标记为转发端口。

同一网段的指定网桥中与该网段相连的端口为指定端口。若选取交换机有两个或多个端口与该网段相连，那么具有最低标识的端口为指定端口。除了根端口和指定端口外，其他端口都将置为阻塞状态。这样，在决定了根桥、交换机的根端口以及每个网段的指定网桥和指定端口后，一个生成树的拓扑结构也就确定了。

指定网桥与指定端口的含义如表 4-2 所示。

表 4-2　指定网桥与指定端口的含义

分类	指定网桥	指定端口
对于一台设备而言	与本机直接相连并且负责向本机转发配置消息的设备	指定网桥向本机转发配置消息的端口
对于一个网段而言	负责向本网段转发配置消息的设备	指定网桥向本网段转发配置消息的端口

在图 4-18 中，Device B 和 Device C 与 LAN 直接相连。如果 Device A 通过端口 A1 向 Device B 转发配置消息，则 Device B 的指定桥就是 Device A，指定端口就是 Device A 上的端口 A1；如果 Device B 负责向 LAN 转发配置消息，则 LAN 的指定桥就是 Device B，指定端口就是 Device B 上的端口 B2。

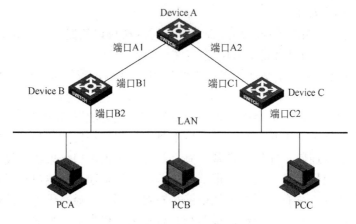

图 4-18　指定桥与指定端口示意

4.6.1.5　STP 端口状态转换

交换机完成启动后，如果交换机端口直接进入数据转发状态，而交换机此时并不了解所有拓扑信息，该端口可能会暂时造成数据环路。另外，链路故障会引发网络重新进行生成树的计算，生成树的结构将发生相应的变化。重新计算得到的新配置消息不能立刻传遍整个网络，导致网络中信息不一致，如果新选出的根端口和指定端口立刻开始数据转发的话，可能会造成暂时性的环路。STP 采用了一种状态迁移的机制来避免临时回路，如表 4-3 所示，引入了五种端口状态及三个重要的时间参数：Forward Delay、Hello Time 和 Max Age，时间参数由 BPDU 帧格式字段定义。

表 4-3　交换机端口各种状态下的执行行为

端口角色	端口状态	端口行为
未启用 STP 功能的端口	禁用状态	不收发 BPDU 报文，接收或转发数据
非指定端口或根端口	阻塞状态	接收但不发送 BPDU，不接收或转发数据
非指定端口或根端口	侦听状态	接收并发送 BPDU，不接收或转发数据
非指定端口或根端口	学习状态	接收并发送 BPDU，不接收或转发数据，学习地址
指定端口或根端口	转发状态	接收并发送 BPDU，接收并转发数据

（1）禁用状态（Disabled）：未启用 STP 功能的端口，端口不会参与生成树计算，也不会转发数据帧。

（2）阻塞状态（Blocking）：端口处于只能接收状态，不参与数据帧的转发，但收听网络上的 BPDU 帧。该端口通过接收 BPDU 来判断根交换机的位置和根 ID，以及在 STP 拓扑收敛结束之后，各交换机端口应该处于什么状态。在默认情况下，端口会在这种状态下停留 20s。

（3）侦听状态（Listening）：进入侦听状态的端口根据本交换机所接收到的 BPDU 判断本端口是否参与数据帧的转发。交换机的端口接收 BPDU 并发送自己的 BPDU，通告邻接的交换机该端口在活动拓扑中参与转发数据帧的工作。在默认情况下，该端口会在这种状态下停留 15s。

（4）学习状态（Learning）：本端口不接收或转发数据帧，接收并发送 BPDU，学习MAC 地址。在默认情况下，端口会在这种状态下停留 15s。

（5）转发状态（Forwarding）：本端口已经成为活动拓扑的一个组成部分，它会转发数据帧，并同时收发 BPDU。

在 5 种状态中，侦听状态和学习状态是不稳定的中间状态，它们的主要作用是使BPDU 消息有一个充分时间在网络中传播，避免 BPDU 丢失而造成 STP 计算错误，导致环路。

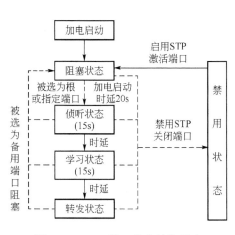

图 4-19　STP 端口状态转换示意

在一定条件下，端口状态之间可以互相迁移。如图 4-19 所示，当一个端口由于拓扑发生改变不再是根端口或指定端口时，会立刻迁移到阻塞状态。当一个端口被选为根端口或指定端口，就会从阻塞状态迁移到一个中间状态侦听状态；经历 Forward Delay 时间，迁移到时下一个中间状态学习状态；再经历一个 Forward Delay 时间迁移到转发状态。

从倾听迁移到学习，或者从学习迁移到转发状态，都需要经过 Forward Delay 时间，通过这种延时迁移方式，能够保证网络拓扑发生改变时，新的配置消息能够传遍整个网络，从而避免由于网络未收敛而造成临时环路。

4.6.1.6　STP 拓扑变更时配置消息传递机制

当网络拓扑发生变化的时候，最先意识到变化的交换机会从根端口朝着根桥的方向发送 TCN BPDU，BPDU 报文中 TYPE 字段为 0x80，这个消息会一跳一跳地传递到根交换机。上联的交换机在收到该交换机发送上来的 TCN BPDU 后，除了向它自己的上一级交换机继续发送 TCN BPDU 外，还回送一个 BPDU FLAG 字段中 TCA 位为 1 的确认信息给该交换机。当根桥接收到 TCN 后意识到了拓扑变化，遂向所有网桥发送一个将 FLAG 字段中 TC 位为 1 的 TC BPDU。

当交换机收到根桥发来的 TC BPDU 后，将自己的 MAC 地址表的老化时间由默认的300s 减少为 15s，也就是转发延迟计时器的时间，根桥发送的这个 TC 置位一直会持续 35s。

当网络初始化时，所有的设备都将自己作为根桥，生成以自己为根的配置消息，并以 Hello Time 为周期定时向外发送。

接收到配置消息的端口如果是根端口，且接收的配置消息比该端口的配置消息优先级高，则交换机将配置消息中携带的 Message Age 按照一定的原则递增，并启动定时器为这条配置消息计时，同时将此配置消息从设备的指定端口转发出去。

如果指定端口收到的配置消息比本端口的配置消息优先级低时，会立刻发出自己的更好的配置消息进行回应。

如果某条路径发生故障，则这条路径上的根端口不会再收到新的配置消息，旧的配置消息将会因为超时而被丢弃，交换机重新生成以自己为根的配置消息并向外发送，引发生成树的重新计算，得到一条新的通路替代发生故障的链路，恢复网络连通性。重新计算得到的新配置消息不会立刻就传遍整个网络，因此旧的根端口和指定端口不能立刻发现网络拓扑变化，仍将按原来的路径继续转发数据。

4.6.1.7　STP 计算实例

在图 4-20 中，Device A、Device B 和 Device C 的优先级分别为 0、1 和 2，Device A 与 Device B 之间、Device A 与 Device C 之间以及 Device B 与 Device C 之间链路的路径开销分别为 5、10 和 4。

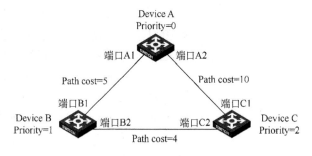

图 4-20　STP 计算实例

（1）各设备的初始状态：图 4-20 中各设备的初始状态如表 4-4 所示。

表 4-4　各设备的初始状态端口配置消息

设备	端口名称	端口的配置消息
Device A	端口 A1	{0.0.0.Port A1}
	端口 A2	{0.0.0.Port A2}
Device B	端口 B1	{1.0.1.Port B1}
	端口 B2	{1.0.1.Port B2}
Device C	端口 C1	{2.0.2.Port C1}
	端口 C2	{2.0.2.Port C2}

表中配置消息 BPDU 包含四个字段，其格式及各项的具体含义为：

{根桥 ID，根路径开销，指定桥 ID，指定端口 ID}。

（2）各交换机的比较过程及结果：所有交换机按表 4-5 对接收的配置消息进行比较，确定指定网桥、指定端口，计算拓扑结构。

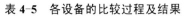

表 4-5 各设备的比较过程及结果

设备	比较过程	比较后端口的配置消息
Device A	端口 A1 收到端口 B1 的配置消息{1, 0, 1, Port B1}，发现自己的配置消息{0, 0, 0, Port A1}更优，于是将其丢弃。 端口 A2 收到端口 C1 的配置消息{2, 0, 2, Port C1}，发现自己的配置消息{0, 0, 0, Port A2}更优，于是将其丢弃。 Device A 发现自己各端口的配置消息中的根桥和指定桥都是自己，于是认为自己就是根桥，各端口的配置消息都不作任何修改，此后便周期性地向外发送配置消息	端口 A1： {0, 0, 0, Port A1} 端口 A2： {0, 0, 0, Port A2}
Device B	端口 B1 收到端口 A1 的配置消息{0, 0, 0, Port A1}，发现其比自己的配置消息{1, 0, 1, Port B1}更优，于是更新自己的配置消息。 端口 B2 收到端口 C2 的配置消息{2, 0, 2, Port C2}，发现自己的配置消息{1, 0, 1, Port B2}更优，于是将其丢弃。	端口 B1： {0, 0, 0, Port A1} 端口 B2： {1, 0, 1, Port B2}
	Device B 比较自己各端口的配置消息，发现端口 B1 的配置消息最优，于是该端口被确定为根端口，其配置消息不变。 Device B 根据根端口的配置消息和路径开销，为端口 B2 计算出指定端口的配置消息{0, 5, 1, Port B2}，然后与端口 B2 本身的配置消息{1, 0, 1, Port B2}进行比较，发现计算出的配置消息更优，于是断口 B2 被确定为指定端口，其配置消息也被替换为计算出的配置消息，并周期性地向外发送	根端口 B1： {0, 0, 0, Port A1} 指定端口 B2： {0, 5, 1, Port B2}
Device C	断口 C1 收到断口 A2 的配置消息{0, 0, 0, Port A2}，发现其比自己的配置消息{2, 0, 2, Port C1}更优，于是更新自己的配置消息。 断口 C2 收到断口 B2 更新前的配置消息{1, 0, 1, Port B2}，发现其比自己的配置消息{2, 0, 2, Port C2}更优，于是更新自己的配置消息	端口 C1： {0, 0, 0, Port A2} 端口 C2： {1, 0, 1, Port B2}
	Device C 比较自己各端口的配置消息，发现断口 C1 的配置消息最优，于是该端口被确定为根端口，其配置消息不变。 Device C 根据根端口的配置消息和路径开销，为端口 C2 计算出指定端口的配置消息{0, 10, 2, Port C2}，然后与 Port C2 本身的配置消息{1, 0, 1, Port B2}进行比较，发现计算出的配置消息更优，于是断口 C2 被确定为指定端口，其配置消息也被替换为计算出的配置消息	根端口 C1： {0, 0, 0, Port A2} 指定端口 C2： {0, 10, 2, Port C2}
	端口 C2 收到端口 B2 更新后的配置消息{0, 5, 1, Port B2}，发现其比自己的配置消息{0, 10, 2, Port C2}更优，于是更新自己的配置消息。 端口 C1 收到端口 A2 周期性发来的配置消息{0, 0, 0, Port A2}，发现其与自己的配置消息一样，于是将其丢弃	端口 C1： {0, 0, 0, Port A2} 端口 C2： {0, 5, 1, Port B2}
	Device C 比较端口 C1 的根路径开销 10（收到的配置消息中的根路径开销 0＋本端口所在链路的路径开销 10）与端口 C2 的根路径开销 9（收到的配置消息中的根路径开销 5＋本端口所在链路的路径开销 4），发现后者更小，因此端口 C2 的配置消息更优，于是端口 C2 被确定为根端口，其配置消息不变。 Device C 根据根端口的配置消息和路径开销，为端口 C1 计算出指定端口的配置消息{0, 9, 2, Port C1}，然后与端口 C1 本身的配置消息{0, 0, 0, 断口 A2}进行比较，发现本身的配置消息更优，于是端口 C1 被阻塞，其配置消息不变。从此，断口 C1 不再转发数据，直至有触发生成树计算的新情况出现，譬如 Device B 与 Device C 之间的链路 down 掉	阻塞端口 C1： {0, 0, 0, Port A2} 根端口 C2： {0, 5, 1, Port B2}

经过上述比较过程之后，以 Device A 为根桥的生成树就确定下，计算后得到的拓扑如图 4-21 所示。

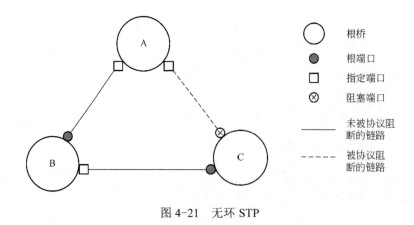

图 4-21　无环 STP

4.6.2　STP 的改进

4.6.2.1　生成树协议的不足

STP 协议本身存在许多问题，主要表现在以下 6 个方面

（1）拓扑收敛慢。当网络拓扑发生改变的时候，端口从阻塞状态到转发状态需要两倍的 forward delay 时延，导致网络的连通性至少要几十秒后才能恢复。

（2）不能提供负载均衡的功能。当网络中出现环路时，生成树协议简单地将环路进入阻塞状态，该链路就不能进行数据包的转发，浪费网络资源。

（3）双工不匹配问题。在点到点链路上，经常发生双工不匹配配置问题。当链路的一段采用手工的方式配置为全双工模式，而另一侧却使用自动协商的默认配置的时候，就可能发生双工不匹配的情况。

（4）单向链路失效问题。如果光纤链路存在没有检测出来的故障或收发器故障，就会导致单向链路问题。在启用 STP 来提供网络冗余的情况下，对于两个链路伙伴之间所连接的物理链路，如果由于某种原因导致这条链路工作在单向通信的状态下，就可能导致桥接环路或路由选择黑洞，对维护网络稳定是非常有害的。

（5）帧破坏问题。帧破坏是导致 STP 故障的另外一种原因。如果接口正在经受高速的物理错误，其结果有可能导致 BPDU 丢失，而这会使处于阻塞状态的接口过渡到转发状态。

（6）资源错误问题。即使在通过专门的 ASIC 硬件执行大部分交换功能的高端交换机中，STP 仍然由 CPU 来执行。如果出于某种原因而过度使用了网桥的 CPU，就可能导致 CPU 没有足够的资源发出 BPDU。

4.6.2.2　快速生成树 RSTP

为了解决 STP 协议的收敛速度缺陷，2001 年 IEEE 推出了 IEEE 802.1w 标准，作为对 IEEE 802.1D 标准的补充。在 IEEE 802.1w 标准里定义了快速生成树协议（Rapid Spanning Tree Protocol，RSTP）。RSTP 协议在 STP 协议基础上做了三点重要改进，使得收敛速度快得多，无须等待两倍 Forward Delay 的时间。

（1）如果旧的根端口已经知道自己不再是根端口，并进入阻塞状态，且此时新的根端口连接的网段的指定端口正处于转发状态，那么新的根端口可以无延时地进入转发状态。

（2）等待进入转发状态的非边缘指定端口向下游发送一个握手请求报文，如果下游的网桥响应了一个赞同报文，则这个指定端口就可以无延时地进入转发状态。非边缘端口是指这个端口连接着其他的网桥，而不是只连接到终端设备。

（3）边缘端口的状态并不影响整个网络的连通，也不会造成任何的环路。所以网桥启动以后，边缘端口可以无时延地快速进入转发状态。边缘端口是指那些直接和终端设备相连，不再连接任何网桥的端口。

快速生成树协议改进后的性能如下：

（1）如果网络的拓扑变化是由根端口的改变引起的，并且有一个备用端口可以成为新的根端口的话，那么故障恢复的时间就是根端口的切换时间，无须延时，无须传递配置消息，只是一个处理的延时。如果 CPU 足够快的话，这个恢复时间你可能根本就没觉察到。

（2）如果网络的拓扑变化是由指定端口的变化引起的，并且也有一个备用端口可以成为新的指定端口的话，那么故障恢复的时间就是一次握手的时间。而一次握手的时间就是发起握手和响应握手的端口各发送一次配置消息的时间，即两倍的 Hello time。

（3）如果网络的拓扑变化是由边缘端口的变化引起的，无须延时。网络的连通性根本不受影响。

4.6.2.3　MSTP

（1）STP、RSTP 存在的不足。

第一个缺陷是由于整个交换网络只有一棵生成树，在网络规模比较大的时候会导致较长的收敛时间，拓扑改变出现的概率也较大。

第二个缺陷是 IEEE 802.1Q 引入了 VLAN 的概念，因为 RSTP 是单生成树协议，所有 VLAN 共享一棵生成树。为了保证 VLAN 内部正常通信，网络内每个 VLAN 都必须沿着生成树的路径方向连续分布，否则将会出现有的 VLAN 由于内部链路被阻塞而被分隔开，使得 VLAN 内部无法通信的情况。

第三个缺陷是当某条链路被阻塞后将不承载任何流量，无法实现负载均衡，造成了带宽的极大浪费。

（2）MSTP：MSTP 是由 IEEE 制定的 802.1s 标准定义，它可以弥补 STP、RSTP 的缺陷，既可以快速收敛，也能使不同 VLAN 的流量沿各自的路径转发，从而为冗余链路提供更好的负载分担机制。MSTP 的特点如下。

①　MSTP 通过设置 VLAN 与生成树的对应关系表，将 VLAN 与生成树联系起来。并通过"实例"的概念，将多个 VLAN 捆绑到一个实例中，从而达到节省通信开销和降低资源占用率的目的。

②　MSTP 把一个交换网络划分成多个域，每个域内形成多棵生成树，生成树之间彼此独立。

③　MSTP 将环路网络修剪成为一个无环的树型网络，避免报文在环路网络中的增生和无限循环，同时还提供了数据转发的多个冗余路径，在数据转发过程中实现 VLAN 数据的负载分担。

④ MSTP 兼容 STP 和 RSTP。

4.6.3 STP 配置

4.6.3.1 配置命令

（1）启动 STP：

stp enable

此命令在系统视图下配置。

（2）配置端口的优先级：

stp [instanceinstance-id] **priority priority**

（3）配置网桥优先级：

[H3C] **stp priority bridge-priority**

4.6.3.2 配置示例

配置 STP 的网络结构如图 4-22 所示。

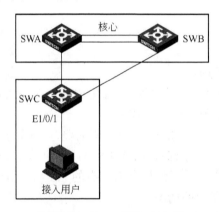

图 4-22　STP 配置示意

```
[SWA]stp enable
[SWA]stp priority 0
[SWB]stp enable
[SWB]stp priority 4096
[SWC]stp enable
[SWC]interface Ethernet 1/0/1
[SWC-Ethernet1/0/1] stp edged-port enable
```

显示与验证。

```
[SWA]display stp
-------[CIST Global Info][Mode MSTP]-------
CIST Bridge          :32768.000f-e23e-f9b0
Bridge Times         :Hello 2s MaxAge 20s FwDly 15s MaxHop 20
CIST Root/ERPC       :32768.000f-e23e-f9b0 / 0
```

```
CIST RegRoot/IRPC        :32768.000f-e23e-f9b0 / 0
CIST RootPortId          :0.0
BPDU-Protection          :disabled
Bridge Config-
Digest-Snooping          :disabled
TC or TCN received       :0
⋮

[SWA]display stp brief
MSTID  Port                 Role    STP State    Protection
  0    Ethernet1/0/1        DESI    FORWARDING   NONE
  0    Ethernet1/0/2        DESI    FORWARDING   NONE
⋮
```

4.7 虚拟局域网技术

4.7.1 VLAN 概述

以太网是共享通信介质并采用一种基于载波侦听多路访问/冲突检测的数据网络通信技术，当主机数目较多时会导致冲突严重、广播泛滥、性能显著下降甚至使网络不可用等问题。通过交换机实现 LAN 互联虽然可以解决冲突严重的问题，但仍然不能隔离广播报文，由此产生了虚拟局域网 VLAN 技术。VLAN 是在交换物理网上构建逻辑网络的技术，这种技术可以把一个交换物理网络划分成多个逻辑的虚拟局域网，即 VLAN。每个 VLAN 是一个广播域，VLAN 内的主机间通信和一个 LAN 内一样，而 VLAN 之间不能直接互通，广播报文被限制在一个 VLAN 内，如图 4-23 所示 。

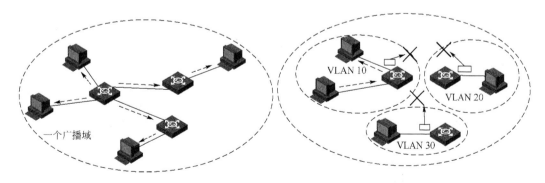

图 4-23 VLAN 对冲突隔离示意

VLAN 技术是在以太网帧的基础上增加了 VLAN 头，用 VLAN ID 把用户划分为更小的工作组，限制不同工作组间的用户互访，每个工作组就是一个虚拟局域网，用户可以根据实际应用需求把同一物理局域网内的不同用户逻辑地划分成不同的广播域，每一个

VLAN 都包含一组有着相同需求的计算机工作站，与物理上形成的 LAN 有着相同的属性。由于它是从逻辑上划分，而不是从物理上划分的，所以同一个 VLAN 内的各个工作站没有限制在同一个物理范围中，这些工作站可以在不同物理 LAN 网段。一个 VLAN 内部的广播和单播流量都不会转发到其他 VLAN 中，有助于控制流量、减少设备投资、简化网络管理、提高网络的安全性。VLAN 工作在 OSI 模型的第 2 层和第 3 层，VLAN 之间的通信是通过第 3 层的路由器来完成的。

虚拟局域网是一组逻辑上的设备和用户，VLAN 网络可以由混合的网络类型设备组成，比如 10M 以太网、100M 以太网、令牌网、FDDI、CDDI 等，也可以是工作站、服务器、集线器、网络上行主干等。

4.7.1.1 VLAN 的特点

VLAN 的划分不受物理位置的限制，不在同一物理位置范围的主机可以属于同一个 VLAN；一个 VLAN 包含的用户可以连接在同一个交换机上，也可以跨越交换机，甚至可以跨越路由器。其主要特点有：

（1）VLAN 内的所有成员在一个独立于物理位置的逻辑广播域内；

（2）VLAN 成员之间不需要路由直接通信；

（3）VLAN 之间需要路由才能通信；

（4）在一个 VLAN 中，通过增加、修改、删除等软件功能来管理成员。

4.7.1.2 VLAN 的作用

VLAN 的主要作用有以下 3 点。

（1）限制广播域。广播域被限制在一个 VLAN 内，防止广播风暴波及整个网络。VLAN 可以提供建立防火墙的机制，防止交换网络的过量广播。使用 VLAN，可以将某个交换端口或用户赋予某一个特定的 VLAN 组，该 VLAN 组可以在一个交换网中或跨接多个交换机，在一个 VLAN 中的广播不会送到 VLAN 之外。同样，相邻的端口不会收到其他 VLAN 产生的广播。这样可以减少广播流量，释放带宽给用户应用，减少广播的产生。

（2）增强局域网的安全性。VLAN 间的二层报文是相互隔离的，即一个 VLAN 内的用户不能和其他 VLAN 内的用户直接通信，如果不同 VLAN 要进行通信，则需通过路由器或三层交换机等三层设备。

（3）灵活构建虚拟工作组。借助 VLAN 技术，能将不同地点、不同网络、不同用户组合在一起，形成一个虚拟的网络环境，就像使用本地 LAN 一样方便、灵活、有效。VLAN 可以降低移动或变更工作站地理位置的管理费用，特别是一些业务情况有经常性变动的公司可降低管理费用。

4.7.1.3 VLAN 划分方式

VLAN 根据划分方式不同可以分为不同类型，常见的有基于端口、基于 MAC 地址、基于协议、基于策略及其他 VLAN 划分方式。

（1）基于端口的 VLAN 划分方式：基于端口的 VLAN 是利用交换机的端口来划分 VLAN 成员，例如，一个交换机的 1、2 端口被定义为虚拟网 VLAN 10，同一交换机的

3、4 端口组成虚拟网 VLAN 20，被设定在一个组的端口都在同一个广播域中，允许各端口之间直接进行通信，如图 4-24 所示。传统基于端口划分模式将虚拟网划分限制在同一台交换机上，第二代端口 VLAN 技术支持跨越多个交换机的多个不同端口划分 VLAN，不同交换机上的若干个端口可以组成同一个虚拟网。

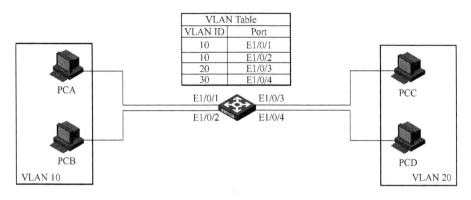

图 4-24 基于端口的 VLAN 划分示意

（2）基于 MAC 地址的 VLAN 划分方式：基于 MAC 地址的 VLAN 根据连接交换机主机的 MAC 地址来划分，即对每个 MAC 地址的主机都配置它属于哪个组，如图 4-25 所示。这种划分 VLAN 方法的最大优点就是当用户物理位置移动，即从一个交换机换到其他的交换机时，VLAN 不用重新配置，所以可以认为根据 MAC 地址的划分方法是基于用户的 VLAN，这种方法的缺点是初始化时，所有的用户都必须进行配置，如果有几百甚至上千个用户的话，配置工作量大。而且这种划分的方法也导致交换机执行效率的降低，因为在每一个交换机的端口都可能存在很多个 VLAN 组的成员，这样就无法限制广播包。

图 4-25 基于 MAC 地址的 VLAN 划分

（3）基于协议的 VLAN 划分方式：基于协议的 VLAN 方法是根据每个主机的网络层地址或协议类型来划分，如图 4-26 所示。这种方法的优点是当用户的物理位置发生改变时，不需要重新配置所属的 VLAN，而且可以根据协议类型来划分 VLAN，这种方法不需要附加的帧标签来识别 VLAN，可以减少网络的通信量。

这种方法的缺点是效率低，相对于前面两种方法要检查每一个数据包的网络层地址，需要消耗处理时间，一般的交换机芯片都可以自动检查网络上数据包的以太网帧头，但要让芯片能检查 IP 帧头，需要更高的技术，同时也更费时。

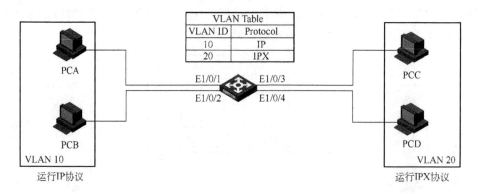

图 4-26 基于协议的 VLAN 划分

（4）基于策略的 VLAN 划分方式：基于策略的 VLAN 是最灵活的 VLAN 划分方法，具有自动配置的能力，能够把相关的用户连成一体，在逻辑划分上称为关系网络。网络管理员只需在网管软件中确定划分 VLAN 的规则，那么当一个站点加入网络中时，将会被感知，并被自动包含进正确的 VLAN 中。同时，对站点的移动和改变也可自动识别和跟踪。

采用这种方法，整个网络可以非常方便地通过路由器扩展网络规模。有的产品还支持一个端口上的主机分别属于不同的 VLAN，这在交换机与共享式 Hub 共存的环境中显得尤为重要。当自动配置 VLAN 时，交换机中软件自动检查进入交换机端口的广播信息的 IP 源地址，然后软件自动将这个端口分配给一个由 IP 子网映射成的 VLAN。

（5）其他 VLAN 划分方式：基于用户定义、非用户授权来划分 VLAN，是为了适应特别的 VLAN 网络，根据具体的网络用户的特别要求来定义和设计 VLAN，而且可以让非 VLAN 群体用户访问 VLAN，但是需要提供用户密码，在得到 VLAN 管理的认证后才可以加入一个 VLAN。

4.7.2 IEEE 802.1Q 标准

VLAN 是为解决以太网的广播问题和安全性而提出的一种协议，VLAN 的数据帧必须是能够标识不同 VLAN 的帧，要使网络设备能够分辨不同 VLAN 的报文，需要在报文中添加标识 VLAN 的字段。由于普通交换机工作在 OSI 模型的数据链路层，只对报文的数据链路层封装进行识别，所以，VLAN 技术中在数据链路层的报文头部添加了识别 VLAN 的字段。

1995 年，Cisco 公司提倡使用 IEEE 802.10 协议。在此之前，IEEE 802.10 曾经在全球范围作为 VLAN 安全性的统一规范。Cisco 公司采用优化后的 IEEE 802.10 帧格式在网络上传输 FramTagging 模式中所必需的 VLAN 标签，但由于大多数 802 委员会的成员都反对而未能推广 IEEE 802.10。

ISL（Inter-Switch Link)是 Cisco 公司的专有封装方式，如图 4-27 所示，只能在 Cisco

的设备上支持。ISL 是一个在交换机之间、交换机与路由器之间以及交换机与服务器之间传递多个 VLAN 信息、VLAN 数据流的协议，通过在交换机直接的端口配置 ISL 封装，即可跨越交换机进行整个网络的 VLAN 分配和配置。

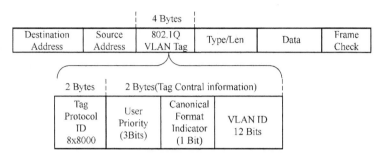

图 4-27 Cisco 公司的专有封装帧格式

在 1996 年 3 月，IEEE 802.1 Internetworking 委员会完成 VLAN 初期标准的修订工作。新出台的标准进一步完善了 VLAN 的体系结构，统一了 Frame-Tagging 方式中不同厂商的标签格式，并制定了 VLAN 标准在未来一段时间内的发展方向，形成的 IEEE 802.1Q 标准在业界获得了广泛的推广，成为 VLAN 史上的里程碑。IEEE 802.1Q 的出现打破了虚拟网依赖于单一厂商的僵局，从一个侧面推动了 VLAN 的迅速发展。

IEEE 802.1Q 是国际标准协议，被几乎所有的网络设备生产商所支持。IEEE 802.1Q 协议规定在目的 MAC 地址和源 MAC 地址之后封装 4 个字节的 VLAN Tag，用以标识 VLAN 的相关信息，其数据封装格式如 4-28 所示。

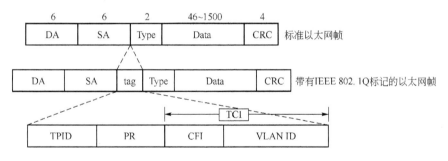

图 4-28 IEEE 802.1Q 协议数据封装

VLAN Tag 包含四个字段，分别是标签协议标识符 TPID、PR（Priority）、标准格式指示位 CFI 和 VLAN ID。

TPID 用来标识本数据帧是带有 VLAN Tag 的数据，长度为 16bits，取值为 0x8100。

PR 表示报文的 IEEE 802.1Q 优先级，长度为 3bits。

CFI 字段标识 MAC 地址在不同的传输介质中是否以标准格式进行封装，长度为 1bit，取值为 0 表示 MAC 地址以标准格式进行封装，取值为 1 表示以非标准格式封装，默认值为 0。

VLAN ID 标识该报文所属 VLAN 的编号，长度为 12bits，取值范围为 0～4095。由于 0 和 4095 为协议保留取值，所以 VLAN ID 的取值范围为 1～4094，如表 4-6 所示。

表 4-6 VLAN 编号的有效范围

VLAN	范围	用　　途
0 和 4095	保留	用户不能使用
1	正常范围	默认 VLAN,能使用，不能手工创建删除
2~1000	正常范围	用户创建、使用和删除
1001	正常范围	用户不能够创建、使用和删除
1002~1005	保留	提供 FDDI 和令牌环网使用
1006~1009	保留	
1010~1024	保留	
1025~4094	保留	有限使用

VLAN 1 为系统默认 VLAN，用户不能手工创建和删除。

保留 VLAN 是系统为实现特定功能预留的 VLAN，用户也不能手工创建和删除。

对于协议保留的 VLAN、Voice VLAN、管理 VLAN、动态学习到的 VLAN、配置 QoS 策略的 VLAN、Smart Link 的控制 VLAN、RRPP 的控制 VLAN、远程镜像 VLAN 等，都不能使用 "undo vlan" 命令直接删除。只有将相关配置删除之后，才能删除相应的 VLAN。

网络设备利用 VLAN ID 来识别报文所属的 VLAN，根据报文是否携带 VLAN Tag 以及携带的 VLAN Tag 值，对报文进行处理。

以太网除了 Ethernet Ⅱ，还支持 IEEE 802.2 LLC、IEEE 802.2 SNAP 和 IEEE 802.3 raw 封装格式，对于这些封装格式的报文，也会添加 VLAN Tag 字段，用来区分不同 VLAN 的报文，本书中的帧格式以 Ethernet Ⅱ型封装为例。

4.7.3　基于端口的 VLAN 实现

基于端口的 VLAN 划分方法通过将设备上连接用户的端口划分到不同 VLAN，将指定端口加入指定 VLAN 中之后，实现用户间的隔离和虚拟工作组的划分，具有实现简单、易于管理的优点。适用于连接位置比较固定的用户。

4.7.3.1　端口的链路类型

根据端口在转发报文时对 Tag 标签的不同处理方式，可将端口的链路类型分为 Access 、Trunk、Hybrid 三种工作方式。

（1）Access 链路类型工作方式。如图 4-29 所示，Access 链路类型端口发出去的报文不带 Tag 标签，用于和不能识别 VLAN Tag 的终端设备相连，或者在不需要区分不同 VLAN 成员时使用。一个 Access 端口只能属于一个 VLAN，通过手工设置指定 VLAN。

当 Access 端口接收到一个报文时,判断是否有 VLAN 信息，如果没有，则打上端口的本端口虚拟局域网 ID 号，即 PVID，并进行内部交换转发；如果有，则直接丢弃。

Access 端口发送报文时将报文的 VLAN 信息剥离，直接发送无标签帧。如交换机和普通的 PC 相连，PC 不能识别带 VLAN tag 的报文，需要将交换机和 PC 相连端口的链路类型设置为 Access。

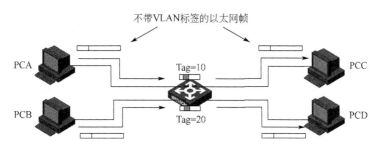

图 4-29 Access 链路类型端口工作示意

（2）Trunk 链路类型工作方式。如图 4-30 所示，Trunk 链路类型通常用于网络传输设备之间的互连。对于端口发出去的报文，默认 VLAN 内的报文不带 Tag，其他 VLAN 内的报文都必须带 Tag。一个 Trunk 端口，在默认情况下是属于本交换机所有 VLAN 的，它能够转发所有 VLAN 的帧，但是可以通过设置许可 VLAN 列表来加以限制。

当 Trunk 端口接收到一个报文时，判断是否有 VLAN 信息，如果没有,则打上端口的 PVID，并进行交换转发；如果有,判断该 Trunk 端口是否允许该 VLAN 的数据进入，若允许进入，则交换转发，否则丢弃。

当 Trunk 端口发送报文时，比较端口的 PVID 和将要发送报文的 VLAN 信息，如果两者相等，则剥离 VLAN 信息，再发送；如果不相等，则直接发送。

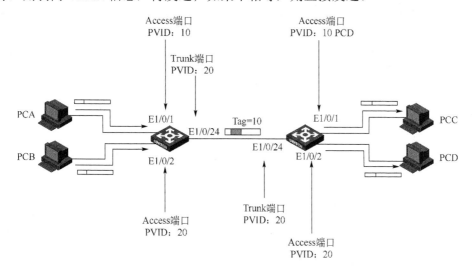

图 4-30 Trunk 链路类型端口工作示意

（3）Hybrid 链路类型工作方式。端口发出去的报文可根据需要设置某些 VLAN 内的报文带 Tag，某些 VLAN 内的报文不带 Tag。Hybrid 类型端口既可以用于网络传输设备之间的互连，又可以直接连接终端设备。Hybrid 类型的端口可以允许多个 VLAN 通过，可以接收和发送多个 VLAN 的报文，可以用于交换机之间连接，也可以用于连接用户的计算机。

如图 4-31 所示，Hybrid 端口收到一个报文,判断是否有 VLAN 信息，如果没有，则打上端口的 PVID，并进行交换转发；如果有，则判断该 Hybrid 端口是否允许该 VLAN 的数据进入，若允许进入，则转发，否则丢弃，此时不用考虑端口上的 Untag 配置，Untag 配置只在发送报文时起作用。

Hybrid 端口发报文过程如下：

① 判断该 VLAN 在本端口的属性，看该端口对哪些 VLAN 是 Untag，哪些 VLAN 是 Tag；

② 如果是 Untag，则剥离 VLAN 信息，再发送；如果是 Tag，则直接发送。

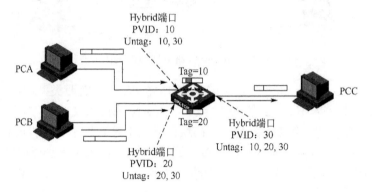

图 4-31　Hybrid 链路类型端口工作示意

4.7.3.2　默认 VLAN

除了可以设置端口允许通过的 VLAN，还可以设置端口的默认 VLAN。在默认情况下，所有端口的默认 VLAN 均为 VLAN 1，但用户可以根据需要进行配置。

Access 端口的默认 VLAN 就是它所在的 VLAN，修改端口所在的 VLAN，即可更改端口的默认 VLAN。

Trunk 端口和 Hybrid 端口可以允许多个 VLAN 通过，可以配置默认 VLAN。

当执行"undo vlan"命令，删除的 VLAN 是某个端口的默认 VLAN 时，对于 Access 端口，其默认 VLAN 会恢复到 VLAN 1；对于 Trunk 或 Hybrid 端口，其默认 VLAN 配置不会改变，使用已经不存在的 VLAN 作为默认 VLAN。

4.7.3.3　支持 VLAN 二层交换机数据转发过程

支持 VLAN 的二层交换机的数据转发过程如图 4-32 所示。

当二层交换机支持 VLAN 时，其数据转发过程如下：

（1）交换机端口接收到一个数据帧后进行判断，如果是碎片、校验错误或缓存区已满，将丢弃该帧，如果是 BPDU 帧，递交 CPU 按 STP 协议处理，否则递交端口进行 VLAN 标签处理；

（2）按输入端口 Access、Trunk、Hybird 三种链路工作模式分析处理数据帧；

（3）获取数据帧源地址，按逆向学习方法维护 MAC 地址转发表；

（4）获取数据帧目的地址，查找 MAC 地址转发表，根据交换机数据转发原则，将数据丢弃、广播或内部交换到输出端口上；

（5）按输出端口 Access、Trunk、Hybird 三种工作链路模式分析处理数据帧。将确定能向外输出的数据帧放入出口队列，并重新计算 FCS 后发出。

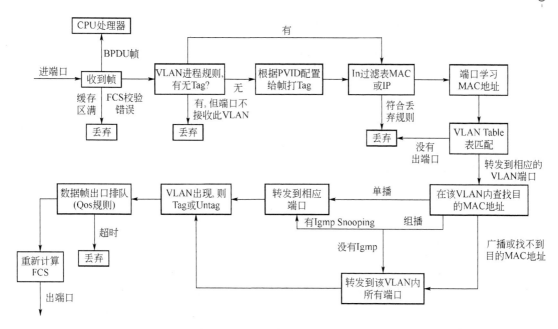

图 4-32　二层交换机数据转发过程

4.7.3.4　端口的链路类型配置

创建 VLAN 并进入 VLAN 视图，如果指定的 VLAN 已存在，则该命令进入该 VLAN 视图。

```
[Switch] vlan vlan-id
```

将指定端口加入当前 VLAN 中，在将 Access 端口加入指定 VLAN 之前，要加入的 VLAN 必须已经存在。

```
[Switch-vlan10] port interface-list
```

配置端口的链路类型为 Access 类型。

```
[Switch-Ethernet1/0/1]port link-type access
```

配置端口的链路类型为 Trunk 类型。

```
[Switch-Ethernet1/0/1] port link-type trunk
```

允许指定的 VLAN 通过当前 Trunk 端口，Trunk 端口可以允许多个 VLAN 通过，在以太网端口视图/端口组视图下进行配置。

```
[Switch-Ethernet1/0/1] port trunk permit vlan { vlan-id-list | all }
```

设置 Trunk 端口的默认 VLAN：

```
[Switch-Ethernet1/0/1] port trunk pvid vlan vlan-id
```

配置端口的链路类型为 Hybrid 类型，Hybrid 端口可以允许多个 VLAN 通过，在以太网端口视图/端口组视图下进行配置。

```
[Switch-Ethernet1/0/1] port link-type hybrid
```

允许指定的 VLAN 通过当前 Hybrid 端口：

```
[Switch-Ethernet1/0/1] port hybrid vlan vlan-id-list { tagged | untagged }
```

设置 Hybrid 端口的默认 VLAN：

```
[Switch-Ethernet1/0/1] port hybrid pvid vlan vlan-id
```

Trunk 端口和 Hybrid 端口之间不能直接切换，只能先设为 Access 端口，再设置为其他类型端口。例如，Trunk 端口不能直接被设置为 Hybrid 端口，只能先设为 Access 端口，再设置为 Hybrid 端口。

本端设备 Trunk 端口的默认 VLAN ID 和相连的对端设备的 Trunk 端口的默认 VLAN ID 必须一致，否则本端默认 VLAN 的报文将不能正确传输至对端。

4.7.3.5　跨交换机 VLAN 配置示例

Host A 和 Host C 属于部门 A，但是通过不同的设备接入公司网络；Host B 和 Host D 属于部门 B，也通过不同的设备接入公司网络。为了通信的安全性，也为了避免广播报文泛滥，公司网络中使用 VLAN 技术来隔离部门间的二层流量。其中部门 A 使用 VLAN 100，部门 B 使用 VLAN 200。不管是否使用相同的设备接入公司网络，同一 VLAN 内的主机能够互通。即 Host A 和 Host C 能够互通，Host B 和 Host D 能够互通，如图 4-33 所示。

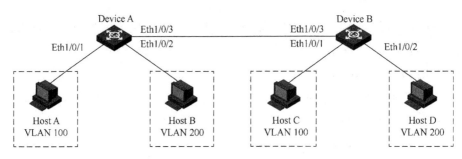

图 4-33　跨交换机 VLAN 配置示意

（1）配置 Device A。

创建 VLAN 100，并将 Ethernet1/0/1 加入 VLAN 100。

```
<DeviceA>system-view
[DeviceA] vlan 100
[DeviceA-vlan100] port ethernet 1/0/1
[DeviceA-vlan100] quit
```

创建 VLAN 200，并将 Ethernet1/0/2 加入 VLAN 200。

```
[DeviceA] vlan 200
[DeviceA-vlan200] port ethernet 1/0/2
[DeviceA-vlan200] quit
```

为了使 Device A 上 VLAN 100 和 VLAN 200 的报文能发送给 Device B，将 Ethernet1/0/3 的链路类型配置为 Trunk，并允许 VLAN 100 和 VLAN 200 的报文通过。

```
[DeviceA] interface ethernet 1/0/3
```

```
[DeviceA-Ethernet1/0/3] port link-type trunk
[DeviceA-Ethernet1/0/3] port trunk permit vlan 100 200
```

（2）Device B 上的配置与 Device A 上的配置完全一样。

（3）将 Host A 和 Host C 配置在一个网段，比如 192.168.100.0/24；将 Host B 和 Host D 配置在一个网段，比如 192.168.200.0/24。

（4）显示与验证。Host A 和 Host C 能够互相 Ping 通，但是均不能 Ping 通 Host B。Host B 和 Host D 能够互相 Ping 通，但是均不能 Ping 通 Host A。

4.7.4 基于协议的 VLAN 实现

基于协议的 VLAN 根据端口接收到的报文所属的协议类型以及封装格式来给报文分配不同的 VLAN ID。可用来划分 VLAN 的协议有 IP、IPX、AppleTalk，封装格式有 Ethernet II、802.3 raw、802.2 LLC、802.2 SNAP 等。基于协议的 VLAN 只对 Hybrid 端口配置才有效。

"协议类型 + 封装格式"又称为协议模板，一个协议 VLAN 下可以绑定多个协议模板，不同的协议模板再用协议索引来区分。因此，一个协议模板可以用"协议 vlan-id + protocol-index"来唯一标识。然后通过命令行将"协议 vlan-id + protocol-index"和端口绑定。这样，对于从端口接收到的 Untagged 报文会做如下处理：

（1）如果该报文携带的协议类型和封装格式与"协议 vlan-id + protocol-index"标识的协议模板相匹配，则为其打上协议 vlan-id；

（2）如果该报文携带的协议类型和封装格式与"协议 vlan-id + protocol-index"标识的协议模板不匹配，则为其打上端口的默认 VLAN ID；

（3）对于端口接收到的 Tagged 报文，处理方式和基于端口的 VLAN 一样，如果端口允许携带该 VLAN 标记的报文通过，则正常转发；如果不允许，则丢弃该报文。

如图 4-34 所示，实验室网络中大部分主机运行 IPv4 网络协议，另外为了教学需要，

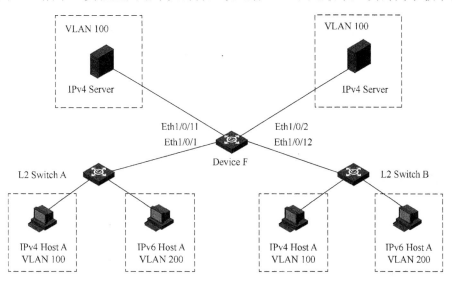

图 4-34 基于协议的 VLAN 划分实现示意

还布置了 IPv6 实验局，这样，有些主机运行 IPv6 网络协议。为了避免互相干扰，现要求基于网络协议将 IPv4 流量和 IPv6 流量二层互相隔离。创建 VLAN 100 及 VLAN 200，让 VLAN 100 与 IPv4 协议绑定，VLAN 200 与 IPv6 协议绑定，通过协议 VLAN 来实现 IPv4 流量和 IPv6 流量二层互相隔离。

配置步骤包括以下 3 步。

① 配置 Device。

创建 VLAN 100，将端口 Ethernet1/0/11 加入 VLAN 100。

```
<Device> system-view
[Device] vlan 100
[Device-vlan100] description protocol VLAN for IPv4
[Device-vlan100] port ethernet 1/0/11
[Device-vlan100] quit
```

创建 VLAN 200，将端口 Ethernet1/0/12 加入 VLAN 200。

```
[Device] vlan 200
[Device-vlan200] description protocol VLAN for IPv6
[Device-vlan200] port ethernet 1/0/12
```

在 VLAN 200 和 VLAN 100 视图下，分别为 IPv4 和 IPv6 协议创建协议模板。

```
[Device-vlan200] protocol-vlan 1 ipv6
[Device-vlan200] quit
[Device] vlan 100
[Device-vlan100] protocol-vlan 1 ipv4
[Device-vlan100] quit
```

配置端口 Ethernet1/0/1 为 Hybrid 端口，并在转发 VLAN 100 和 VLAN 200 的报文时去掉 VLAN Tag。

```
[Device] interface ethernet 1/0/1
[Device-Ethernet1/0/1] port link-type hybrid
[Device-Ethernet1/0/1] port hybrid vlan 100 200 untagged
 Please wait... Done.
```

配置端口 Ethernet1/0/1 与 VLAN 100 的协议模板 1，即 IPv4 协议模板进行绑定；VLAN 200 的协议模板 1，即 IPv6 协议模板进行绑定。

```
[Device-Ethernet1/0/1] port hybrid protocol-vlan vlan 100 1
[Device-Ethernet1/0/1] port hybrid protocol-vlan vlan 200 1
[Device-Ethernet1/0/1] quit
```

配置端口 Ethernet1/0/2 为 Hybrid 端口，在转发 VLAN 100 和 VLAN 200 的报文时去掉 VLAN Tag，与 VLAN 100 的协议模板 1、VLAN 200 的协议模板 1 进行绑定。

```
[Device] interface ethernet 1/0/2
[Device-Ethernet1/0/2] port link-type hybrid
[Device-Ethernet1/0/2] port hybrid vlan 100 200 untagged
[Device-Ethernet1/0/2] port hybrid protocol-vlan vlan 100 1
[Device-Ethernet1/0/2] port hybrid protocol-vlan vlan 200 1
```

② L2 Switch A 和 L2 Switch B 采用默认配置。

③ 将 IPv4 Host A、IPv4 Host B 和 IPv4 Server 配置在一个网段中，如 192.168.100.0/24；将 IPv6 Host A、IPv6 Host B 和 IPv6 Server 配置在一个网段中，如 2001::1/64。

VLAN 100 内的主机和服务器能够互相 Ping 通；VLAN 200 内的主机和服务器能够互相 Ping 通。但 VLAN 100 内的主机/服务器和 VLAN 200 内的主机/服务器会 Ping 失败。

4.8　练习题

1．名词解释。

（1）冲突域；（2）广播；（3）泛洪法；（4）单播；（5）逆向址学习；

（6）指定端口；（7）VLAN；（8）MSTP；（9）链路聚合；（10）堆叠。

2．选择题。

（1）802.1D 中规定了 Disabled 端口状态，此状态的端口具有的功能是（　　）。

　　A．不收发任何报文

　　B．不接收或转发数据，接收但不发送 BPDU，不进行地址学习

　　C．不接收或转发数据，接收并发送 BPDU，不进行地址学习

　　D．不接收或转发数据，接收并发送 BPDU，开始进行地址学习

（2）VLAN 可以基于以下哪种方式划分？（　　）。

　　A．基于 IP 地址划分　　　　　　B．基于网络层次划分

　　C．基于 MAC 地址划分　　　　　D．基于端口划分

（3）当两个百兆电口互连时，一端是强制 10M/Full，一端是自适应，则自适应的端口速率和双工模式为（　　）。

　　A．100M/Full　　　　　　　　　B．100M/Half

　　C．10M/Full　　　　　　　　　　D．10M/Half

（4）标准的 802.1Q VLAN Tag 标记占用的字节数是（　　）。

　　A．2　　　　　B．3　　　　　C．4　　　　　D．5

（5）STP 发送配置消息的目的地址是（　　）。

　　A．01-80-C1-00-00-00　　　　　B．01-80-C2-00-00-00

　　C．01-80-C3-00-00-00　　　　　D．01-80-C4-00-00-00

（6）STP 中网桥发送 BPDU 配置消息的周期是（　　）。

　　A．Hello Time　　　　　　　　　B．Message Age

　　C．Max Age　　　　　　　　　　D．Forward Delay

（7）设置以太网端口的双工状态的命令为（　　）。

　　A．duplex auto　　　　　　　　　B．duplex half

　　C．duplex full　　　　　　　　　　D．duplex manual

（8）VLAN 与传统的 LAN 相比，具有以下哪些优势？（　　）。

　　A．有效限制广播风暴，分割广播域

　　B．增强了网络的安全性

　　C．减少移动和改变的代价

D. 虚拟工作组

（9）TPID(Tag Protocol Identifier)是 IEEE 定义的类型，表明这是一个加了 IEEE 802.1Q 标签的帧。TPID 包含一个固定的值，为（　　）。

    A. 0x8000　　　　B. 0x8100　　　　C. 0x8600　　　　D. 0x8400

（10）链路聚合的作用是（　　）。

    A. 增加链路带宽

    B. 可以实现数据的负载均衡

    C. 增加了交换机间的链路可靠性

    D. 可以避免交换网环路

（11）在 STP 协议中，当网桥的优先级一致时，以下（　　）将被选为根桥。

    A. 拥有最小 MAC 地址的网桥

    B. 拥有最大 MAC 地址的网桥

    C. 端口优先级数值最高的网桥

    D. 端口优先级数值最低的网桥

3. 试给出 Ethernet II 、802.3 及配置消息 BPDU 的报文格式。

4. 试述交换机 MAC 表维护方法。

5. 如图 4-35 所示，假定网络中网桥都刚加电，试述站点 1 发往站点 6 及站点 6 向站点 1 回复信息过程中，各网桥的数据转发和转发表维护过程。

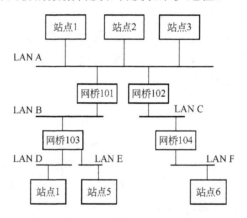

图 4-35　网桥的数据转发

6. 交换机有哪几种数据转发方式？试述它们的区别。

7. 某二层交换机上的 MAC 地址表如图 4-36 所示。当交换机从 E1/0/1 接口收到一个广播帧时，会将该帧从哪些端口转发出去？

8. 如图 4-37 所示，主机 PC1 与 PC3 在 VLAN 20 内，PC2 与 PC4 在 VLAN 30 内，要求 VLAN 的计算机能相互 Ping 通，不同 VLAN 内的计算机不能 Ping 通。主机与交换机的连接接口分别为：PC1 为 eth 0/2,PC2 为 eth 0/4,C1 为 eth 0/12,C1 为 eth 0/14,试写出配置命令。

9. 在如图 4-38 所示的交换网络中，所有交换机都启用了 STP 协议。根据图中的信息来看，哪台交换机会被选为根桥？哪些端口会进入阻塞状态？

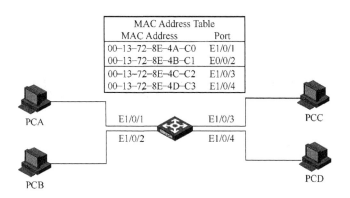

图 4-36　二层交换机上的 MAC 地址表

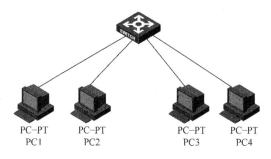

图 4-37　VLAN 配置

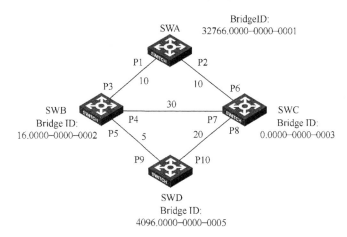

图 4-38　STP 协议

第 5 章 IP 路由技术

本章学习目标

1. 了解路由概念、路由表结构、路由来源和维护方法；
2. 熟悉路由器数据转发过程；
3. 理解向量-距离算法和链路状态两种重要路由算法思想；
4. 掌握 RIP、OSPF 协议实现机制；
5. 掌握路由器的静态路由、默认路由、动态路由 RIP、OSPF 协议的基本配置方法。

5.1 路由及路由表

5.1.1 路由基础

5.1.1.1 路由的概念

路由是指通过相互连接的网络把信息从源地址转移到目标地址的活动过程，它包括路由表维护、最佳路径选择、网络数据传输等活动，如图 5-1 所示。

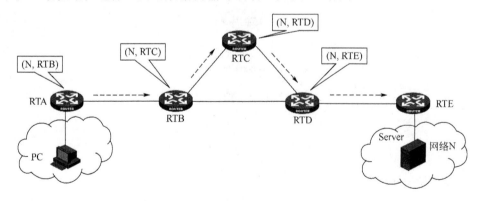

图 5-1　路由活动过程

路由选择是路由器收到 IP 信息包时，根据 IP 信息包的目的地址，按一定的路由选择算法，从路由表中选择一条合适的路由记录，即传送此 IP 信息包的最佳路径，然后按路径所指定的网络接口，将 IP 信息包转送出去。路由选择的目的是找到一条从源路由器到

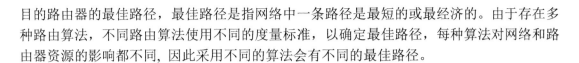

目的路由器的最佳路径，最佳路径是指网络中一条路径是最短的或最经济的。由于存在多种路由算法，不同路由算法使用不同的度量标准，以确定最佳路径，每种算法对网络和路由器资源的影响都不同，因此采用不同的算法会有不同的最佳路径。

5.1.1.2　路由度量

路由度量包含了被路由算法使用来决定哪一条路径较另一条路径好的所有数值。度量可能包括许多信息，如带宽、延迟、经过节点数、路径成本、负载、MTU、可靠性及传输成本等。复杂的路由算法可以基于多个度量标准选择路由，并把它们结合成一个复合的度量标准。常用的度量标准有路径长度、可靠性、延迟、带宽、负载等。

（1）路径长度：是最常用的路由度量标准。路由协议允许用户给每个网络链接人工赋予代价值，在这种情况下，路由长度是所经过各个链接的代价总和。路由协议也允许用跳数来度量路径长度，即分组从源地址到目的地址的路途中必须经过的网络设备，如路由器的个数。用跳步数计数，每经过一个路由为一跳，而不管这条路径的实际长度为多少，都被认为是等长的。

（2）可靠性：在路由算法中指网络链接的可依赖性。有些网络链接可能更容易失效，如果网络链接失效后，一些网络链接可能比其他的链接更容易或更快地修复正常。在计算可靠率时，任何可靠性因素都可以计算在内，用户可以给网络链接赋予度量标准值。

（3）延迟：指分组从源地址通过网络到达目的地址所花的时间。很多因素会影响延迟，如中间的网络链接的带宽、经过的每个路由器的端口队列、所有中间网络链接的拥塞程度以及物理距离等。因为延迟是多个重要变量的混合体，因此，它是一个比较常用且有效的度量标准。

（4）带宽：指链接可用的流通容量。在其他所有条件都相等时，高速的以太网链接比低速的专线更可取。虽然带宽是链接可获得的最大吞吐量，但是通过具有较大带宽的链接做路由不一定比经过较慢链接路由更好。例如，如果一条快速链路很忙，分组到达目的所花时间可能更长。

（5）负载：指路由器等网络资源繁忙的程度。负载的计算可以包括 CPU 使用情况和每秒处理分组数等很多方面的参数，持续地监视这些参数本身也是很耗费资源的。

通信代价也是另一种重要的度量标准，尤其是一些公司可能关心运作费用甚于性能。即使线路延迟可能较长，也宁愿通过自己的线路发送数据而不采用昂贵的公用线路。

5.1.1.3　路由表

路由表或称路由信息库 RIB 是一个存储在路由器或者联网计算机中的电子表格或类数据库，其中的每一条路由记录记载了通往每个节点或网络的路径。路由器根据收到数据包中的网络层地址以及路由器内部维护的路由表决定输出端口以及下一跳地址，并且重写链路层数据包头实现转发数据包。路由表中含有网络周边的拓扑信息，它只储存最佳的可能路径，但连线状态或拓扑数据库可能储存其他相关的信息。

在路由表中包含了目的地址和下一跳路由器地址等多种路由信息。路由表中的路由信息指明路由器应该把每个数据包转发给谁,它的下一跳路由器地址是什么。路由器根据路由表提供的下一跳路由器地址，将数据包转发给下一跳路由器。

路由表是路由器转发报文的判断依据。路由表中主要内容如图 5-2 所示。

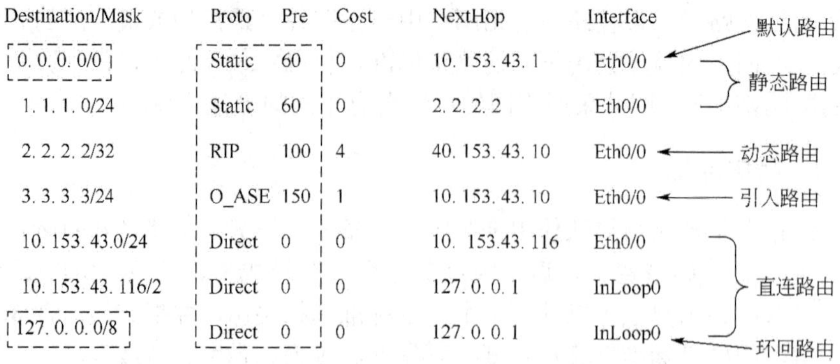

图 5-2　路由表结构

各字段的含义如下。

（1）Destination/Mask（网络地址/网络掩码）：指本路由器能够到达的网络。

（2）Proto（协议）：表示该记录是由哪个协议产生的路由。

（3）Pre（优先级）：不同路由算法产生的路由优先级别不一样，值越小，优先级越高。如果到相同目的地址有多个路由来源，则以优先级值确定不同类型优先级，优先级值越小，优先级越高，优先级最高的路由被添加进路由表，如表 5-1 所示。

表 5-1　H3C 路由优先级

路由类型	默认优先级
直连路由（Direct）	0
OSPF 内部路由	10
静态路由（Static）	60
RIP 路由	100
OSPF 外部路由	150
BGP 路由	256

（4）Cost（度量值）：有时是跳数，有时是代价值。

（5）NextHop（下一跳，或网关）：指下一跳路由器接口的 IP 地址。

（6）Interface（接口）：指本路由器输出接口，这是一个端口号或其他类型的逻辑标识符。

5.1.2　路由的生成与维护方法

路由器通过直连路由、静态路由和动态路由等方式获取当前的网络拓扑路由信息，通过网络与其他路由器交换路由和链路信息来维护路由表，以此确保路由表中记载了通往全网每个节点或网络的路径。路由器还可以通过引入路由、路由控制策略等技术从其他路由域或协议进程中引入所需路由。

直连路由是由链路层协议发现的，一般指路由器接口地址所在网段的路径，该路径信息不需要网络管理员维护，也不需要路由器通过某种算法进行计算获得，只要该接口处于活动状态，路由器就会把通向该网段的路由信息填写到路由表中去，直连路由优先级最高。直连路由包括 127.0.0.0 网段的环回测试路由。

　　静态路由是由用户在路由器上使用命令人工配置的路由信息。静态路由不需要路由器进行计算，它完全依赖网络规划者对路由的行为进行控制。静态路由是在路由器中设置的固定路由记录，除非用户干预，否则静态路由不会发生变化。当网络规模较大或网络拓扑经常发生改变时，网络管理员需要做的工作将会非常复杂并且容易产生错误，导致静态路由不能对网络的改变及时做出反应。静态路由的优点是简单、高效、可靠，一般用于网络规模不大、拓扑结构固定的网络中。

　　动态路由是由动态路由协议进程自动生成的路由。网络中路由器进程之间相互通信，传递路由信息。如路由器收到路由更新信息发生了网络变化，路由协议进程就会重新计算路由，并发出新的路由更新信息，这些信息通过各个网络，引起各路由器重新启动路由算法，更新各自的路由表，实时动态反映网络拓扑变化。动态路由适用于规模大、拓扑结构复杂的网络。当然，动态路由协议会一定程度地占用网络带宽和 CPU 资源。

　　默认路由是静态路由的一个特例。互联网上有太多的网络和子网，受路由表大小的限制，路由器不可能也没有必要为互联网上所有网络和子网指明路径。凡是在路由表中无法查到的目标网络，在路由表中明确指定一个出口，这种路由方法称为默认路由。

　　黑洞路由也是静态路由的特殊应用。凡是匹配该路由条目的数据包都将被丢弃，就像宇宙中的黑洞，吞噬着所有匹配该路由条目的数据包。

5.2　路由算法与协议

5.2.1　路由算法

5.2.1.1　距离矢量路由算法

　　距离矢量路由算法的基本思想是路由器周期性地向其相邻路由器广播自己知道的路由信息，通知相邻路由器自己可以到达的网络以及到达该网络的距离，相邻路由器根据收到的路由信息修改和刷新自己的路由表，如图 5-3 所示。

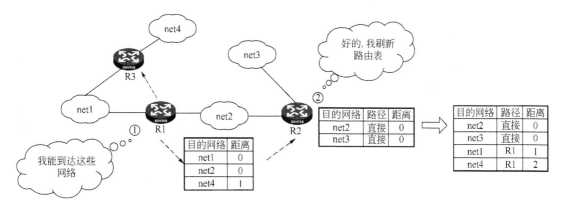

图 5-3　距离矢量路由算法示意

距离矢量算法描述如下。

（1）路由器启动时初始化自己的路由表。初始路由表包含所有去往与该路由器直接相连的网络路径，初始路由表中各路径的距离均为 0。

（2）各路由器周期性地向其相邻的路由器广播自己的路由表信息。

（3）路由器收到其他路由器广播的路由信息后，刷新自己的路由表。假设路由器 R_i 收到路由器 R_j 的路由信息报文。

① 若 R_j 的路由表中列出的某条记录在 R_i 的表中没有，则 R_i 的路由表中必须增加相应记录，其目的网络是 R_j 的路由表中记录的目的网络，其"距离"为 R_j 的路由表中记录的距离加 1，而路径则为 R_j。

② 若 R_j 去往某目的地的距离比 R_i 去往该目的地的距离减 1 还小，则 R_i 修改本路由表记录，其目的网络不变，距离为 R_j 的路由表中记录的距离加 1，路径为 R_j。

③ R_i 去往某目的地经过 R_j，而 R_j 去往该目的地的路径发生变化：

如 R_j 不再包含去往某目的地的路径，则 R_i 中相应路径须删除；

如 R_j 去往某目的地的距离发生变化，则 R_i 路由表中相应记录的"距离"必须修改，以 R_j 路由表中的"距离"加 1 取代之。

其刷新路由表的过程如表 5-2 所示。

表 5-2　距离矢量算法刷新路由表过程

R_i 原路由表			R_j 广播的路由信息		R_i 刷新后的路由表		
目的网络	路径	距离	目的网络	距离	目的网络	路径	距离
10.0.0.0	直接	0	10.0.0.0		10.0.0.0	直接	0
30.0.0.0	R_n	7	30.0.0.0	4	30.0.0.0	R_i	5
40.0.0.0	R_j	3	40.0.0.0	4	40.0.0.0	R_i	3
45.0.0.0	R_l	4	41.0.0.0	2	41.0.0.0	R_i	4
180.0.0.0	R_j	5	180.0.0.0	3	45.0.0.0	R_l	4
190.0.0.0	R_m	10		5	180.0.0.0	R_i	6
199.0.0.0	R_j	6			190.0.0.0	R_m	10

距离矢量路由选择算法的优点是算法简单、易于实现。其缺点是距离矢量路由选择算法存在慢收敛问题，路由器的路径变化需要像波浪一样从相邻路由器传播出去，过程缓慢。另外相邻路由器之间需要交换的信息量较大，与自己路由表的大小相对应。适用于路由变化不剧烈的中小型互联网。

5.2.1.2　链路状态路由算法

链路状态路由选择算法又称最短路径优先算法，其基本思想是路由域内的每个路由器周期性地向其他路由器广播自己与相邻路由器的连接关系，就是路由器连接的网络以及连接在这个网络上的路由器状态信息。路由域内的每个路由器利用收到的路由信息画出一张互联网拓扑结构图。最后利用拓扑结构图和最短路径优先算法，计算自己到达各个网络的最短路径，如图 5-4 所示。

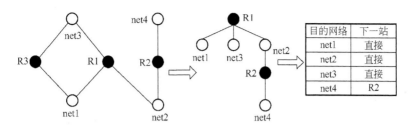

图 5-4 链路状态路由算法示意

链路状态路由算法使用经典的 Dijkstra 算法和 Bellman-Ford 算法。

Dijkstra 算法的基本思路是：假设每个点都有一对标号(d_j, p_j)，其中 d_j 是从起点 s 到点 j 的最短路径的长度，p_j 则是从 s 到 j 的最短路径中 j 点的前一点。求解从起点 s 到点 j 的最短路径算法的基本过程，如图 5-5 所示。

（1）初始化。起源点设置为：①$d_s=0$，p_s 为空；②所有其他点：$d_i=\infty$，$p_i=?$；③标记起点 s，记 k=s，其他所有点设为未标记。

（2）检验从所有已标记的点 k 到其直接连接的未标记的点 j 的距离，并设置：$d_j=\min[d_j, d_k+l_{kj}]$，式中 l_{kj} 是从点 k 到 j 的直接连接距离。

（3）选取下一个点。从所有未标记的结点中，选取 d_j 最小的一个 i：$d_i=\min[d_j$，所有未标记的点 j]，点 i 就被选为最短路径中的一点，并设为已标记。

（4）找到点 i 的前一点。从已标记的点中找到直接连接到点 i 的点 j*，作为前一点,设置：i=j*。

（5）标记点 i。如果所有点已标记，则算法完全推出；否则，记 k=i，转到（2)再继续。

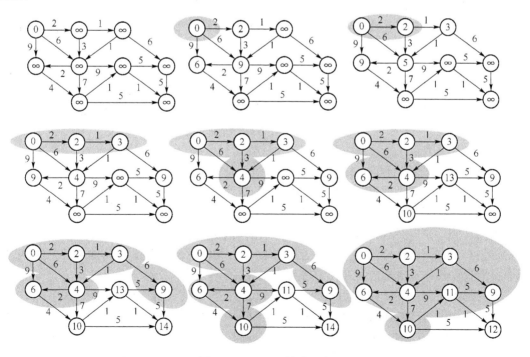

图 5-5 Dijkstra 算法示意

5.2.2 路由协议

5.2.2.1 路由域

路由域是指在一个或多个实体管辖下的所有 IP 网络和路由器的全体集合,它们对本路由域执行共同的路由策略。

(1)自治系统:自治系统是处于同一管理机构控制之下的网络和路由器群组。在互联网中,一个自治系统是一个有权自主决定在本系统中应采用何种路由协议的可管理网络单元。这网络单元可以是一个简单的网络,也可以是一个由一个或多个普通的网络管理员控制的网络群体,例如一所大学,一个企业或者一个公司个体。一个自治系统有时也被称为一个路由选择域。

因特网是由多个自治系统构成的大型互联网络。每个自治系统被看作一个进行自我管理的网络组织,一个自治系统只负责管理自己内部的路由。每个自治系统中包含了处于一个机构管理之下的若干网络和路由器。

一个自治系统将会分配一个全局的、唯一的 16 位号码,这个号码叫作自治系统号(ASN)。这个编号是由互联网授权的管理机构分配的。它的基本思想是希望通过不同的编号来区分不同的自治系统。自治系统的编号范围是 1~65535,其中 1 到 65411 是注册的互联网编号,65412~65535 是专用网络编号。

(2)自治系统的分类:自治系统可根据其连接和运作方式分为多出口的自治系统、末端自治系统、中转自治系统三类。

多出口的自治系统是指与其他的自治系统具有多于一个连接的自治系统。那些连接中的某一个完全失效,多出口的自治系统仍然能保持和互联网络的联系。但这类自治系统不允许与自己所连接的其他任一个自治系统穿过自己来访问另一个自治系统。

如图 5-6 所示,AS1、AS2、AS3、AS4 和 AS5 是五个自治系统,如果自治系统 AS2 和 AS3 的连接发生了故障,其他自治系统之间的连接不受影响。而且如果自治系统 AS4 想通过 AS2 来连接 AS1,这是不允许的。

末端自治系统是指仅与一个其他自治系统相连的自治系统,如图 5-7 中的自治系统 AS1 仅仅与自治系统 AS2 连接。如果该 AS 的路由策略与其上游的 AS 完全相同,则该 AS 其实浪费了一个 ASN。这种情况

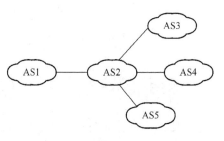

图 5-6 多出口的自治系统

通常发生在互联网路由环境中,表面上的末端自治系统可能实际上与其他未被公共路由显示服务器反映出来的 AS 之间存在对等互联关系。

中转自治系统是指一个自治系统通过自己为几个隔离开的网络提供连通服务,即网络 A 可通过作为中转 AS 的网络 B 来连接到网络 C。比如图 5-6 中的自治系统 AS1 可以通过自治系统 AS2 连接到自治系统 AS4。所有的 ISP 都是这类中转自治系统,这也是它们的根本业务目的,即向客户网络提供中转服务,所以使用中转自治系统这个术语来表示。

一个大的自治系统通常又可分为几个较小的路由域。这些区域可以配置一个或多个边

界路由器。路由域是由多台路由器所连接的网域，属于一种管理实体，它的范围是它所涉及的网络或子网的数量。建立路由域的目的在于确定路由协议信息分发的边界，减少路由表的规模，最终实现对数据包数量的限制。

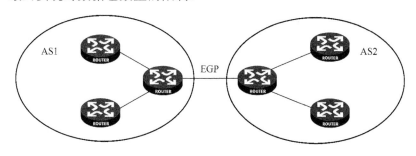

图 5-7　末端自治系统

5.2.2.2　路由协议

路由协议是运行在路由器上用来进行路径选择的程序，作为 TCP/IP 协议族中的重要成员之一，其选路过程实现的好坏会影响整个 Internet 网络的效率。

路由协议按路由选择算法可分为距离矢量算法和链路状态算法，按应用范围可分为内部网关协议和外部网关协议。在一个 AS 内部运行的路由协议称为内部网关协议，在 AS 之间运行的路由协议称为外部网关协议。常用的内部网关路由协议有：RIP（Routing Information Protocol）、IGRP（Interior Gateway Routing Protocol）、EIGRP（Enhanced IGRP）、IS-IS（Intermediate System-to-Intermediate System）和 OSPF（Open Shortest Path First），外部网关协议有 BGP（Border Gateway Protocol），如图 5-8 所示。

其中，RIP、IGRP 路由协议采用的是距离向量算法，IS-IS 和 OSPF 采用的是链路状态算法，EIGRP 是 Cisco 私有路由协议，它结合了链路状态和距离矢量型路由选择协议。对于小型网络，采用基于距离向量算法的路由协议易于配置和管理，且应用较为广泛，但在面对大型网络时，不但其固有的环路问题变得更难解决，所占用的带宽也迅速增长，以至于网络无法承受。因此，对于大型网络，采用链路状态算法的 IS-IS 和 OSPF 较为有效，并且得到了广泛的应用。IS-IS 与 OSPF 在质量和性能上的差别并不大，但 OSPF 更适用于 IP，较 IS-IS 更具有活力。IETF 始终在致力于 OSPF 的改进工作，其修改节奏要比 IS-IS 快得多。这使得 OSPF 正在成为应用广泛的一种路由协议。

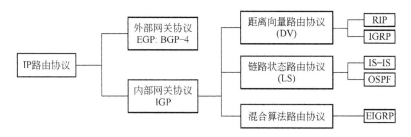

图 5-8　路由协议分类

EGP 是为一个简单的树形拓扑结构设计的，随着越来越多的用户和网络加入 Internet，给 EGP 带来了很多的局限性。为了摆脱 EGP 的局限性，IETF 边界网关协议工作组制定了标准的边界网关协议 BGP。当前因特网上运行的外部网关协议主要是边界网关协议 BGP，如图 5-9 所示。

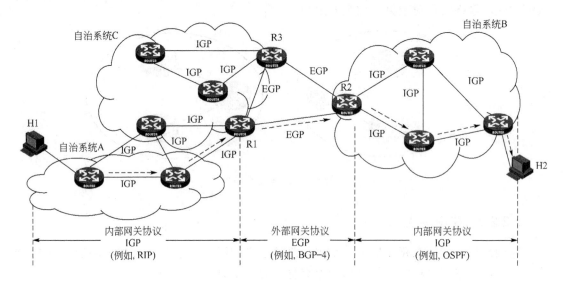

图 5-9　内部网关协议和外部网关协议

5.2.3　路由匹配

5.2.3.1　路由匹配流程

路由器收到数据包后，其路由匹配流程如图 5-10 所示。

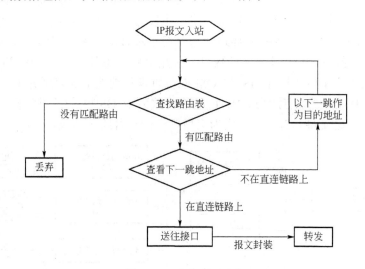

图 5-10　路由匹配流程

（1）从收到的数据包的首部提取目的 IP 地址 D。

（2）对路由器直接相连的网络逐个进行检查：用各网络的掩码和 D 逐位相"与"，看

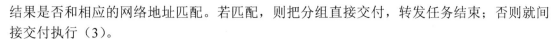

结果是否和相应的网络地址匹配。若匹配，则把分组直接交付，转发任务结束；否则就间接交付执行（3）。

（3）若路由表中有目的地址 D 为特定主机路由，则把数据报传送给路由表中所指明的下一跳路由器；否则执行（4）。

（4）对路由表的每一行，用其中的子网掩码和 D 逐位相"与"，其结果为 N。若 N 与该行的目的网络相匹配，则把数据报送给该行指明的下一跳路由器；否则执行（5）。

（5）若路由表中有一个默认路由，则把数据报传送给路由表中所指明的默认路由器；否则执行（6）。

（6）报告转发分组出错，没有查找到路由。

5.2.3.2　路由匹配原则

一台路由器上可以同时运行多个路由协议。不同的路由协议都有自己的标准来衡量路由的好坏，并且每个路由协议都把自己认为最好的路由送到路由表中。到达同样的一个目的地址，可能有多条分别由不同路由选择协议学习来的不同的路由，因此就需要按一定路由匹配原则来选择具体路由。

路由选择的依据包括目的地址、最长匹配、协议优先级和度量值。一般路由匹配的流程是从收到的数据包首部提取目的 IP 地址，用每个表项掩码和目的 IP 地址逐位相"与"获取目的网络，看结果是否和相应表项的网络地址匹配，如没有匹配表项，则按默认路由转发或丢弃；如果有一条或多条路由表项匹配，则按掩码最精确匹配的路由优先选择；如果有多条路由符合最长匹配原则，则比较协议优先级，优先级小的路由优先选择；如果优先级相同，在比较度量值，度量值小的路由优先选择。

（1）首先根据目的地址和最长匹配原则进行查找。最长匹配就是在路由查找时，使用路由表中到达同一目的地的子网掩码最长的路由，如图 5-11 所示。

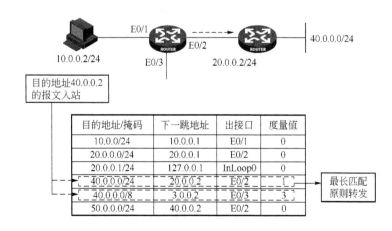

图 5-11　最长匹配路由选择原则

（2）若有两条或两条以上路由符合，则按协议优先值越小优先级越高原则选择，如图 5-12 所示。

（3）当协议优先级相同时，按度量值越小优先级越高原则选择，如图 5-13 所示。

图 5-12　协议优先级路由选择原则

目的地址/掩码	下一跳地址	优先级	出接口	度量值
0.0.0.0/24	20.0.0.2		E0/2	10
10.0.0.0/24	10.0.0.1		E0/1	0
20.0.0.0/24	20.0.0.1		E0/2	0
20.0.0.1/24	127.0.0.1		InLoop0	0
40.0.0.0/24	20.0.0.2	100	E0/2	1
40.0.0.0/8	30.0.0.2		E0/3	3
40.0.0.0/24	40.0.0.2	0	E0/2	0

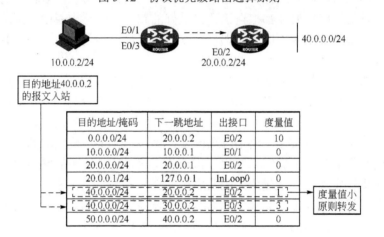

图 5-13　度量值小路由选择原则

目的地址/掩码	下一跳地址	出接口	度量值
0.0.0.0/24	20.0.0.2	E0/2	10
10.0.0.0/24	10.0.0.1	E0/1	0
20.0.0.0/24	20.0.0.1	E0/2	0
20.0.0.1/24	127.0.0.1	InLoop0	0
40.0.0.0/24	20.0.0.2	E0/2	1
40.0.0.0/24	30.0.0.2	E0/3	3
50.0.0.0/24	40.0.0.2	E0/2	0

（4）如路由各表项不能匹配数据包目的网络，并且路由表中有默认路由时，则把数据报传送给默认路由器，如图 5-14 所示。

（5）如路由器没有默认路由，则丢弃该数据包。

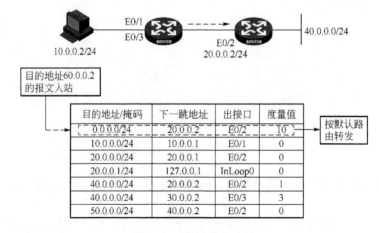

图 5-14　默认路由选择

目的地址/掩码	下一跳地址	出接口	度量值
0.0.0.0/24	20.0.0.2	E0/2	10
10.0.0.0/24	10.0.0.1	E0/1	0
20.0.0.0/24	20.0.0.1	E0/2	0
20.0.0.1/24	127.0.0.1	InLoop0	0
40.0.0.0/24	20.0.0.2	E0/2	1
40.0.0.0/24	30.0.0.2	E0/3	3
50.0.0.0/24	40.0.0.2	E0/2	0

5.3 RIP 协议

5.3.1 RIP 协议简介

RIP 协议是 20 世纪 70 年代由施乐公司专门为小型互联网而设计的一种较为简单的内部网关协议。1988 年，第一版 RIPv1 被因特网协议组正式标准化为 RFC1058。1993 年又推出 RIP 协议的第二版 RIPv2，1994 年标准化为 RFC1723。

RIP 协议是基于距离向量算法的路由协议，它使用"跳数"来衡量到达目标地址的路由距离，跳数是 RIP 协议路由度量值。在 RIP 中，路由器到与它直接相连网络的跳数值为 0，通过与其相连的路由器到达另一个网络的跳数为 1，其余依此类推。为限制收敛时间，RIP 规定度量值取 0～15 之间的整数，大于或等于 16 的跳数被定义为无穷大，即目的网络或主机不可达。由于这个限制，RIP 不适合应用于大型网络。

RIP 协议工作在 UDP 协议的 520 端口上，如图 5-15 所示。它通过向相邻路由器广播 UDP 报文来交换路由信息，这种路由信息交换称为路由更新。当路由更新时，RIP 节点生成一系列包含自身路由表全部表项的报文，并将报文广播到每一个相邻节点，以此通告其路由信息。RIP 路由器用相邻 RIP 节点发来的路由信息来维护自身路由表。在 RIP 协议默认情况下，RIP 路由器的路由更新时间是 30s，路由无效的时间是 180s，路由删除的时间是 300s。不同生产厂商的路由器对路由删除时间定义有些不同。

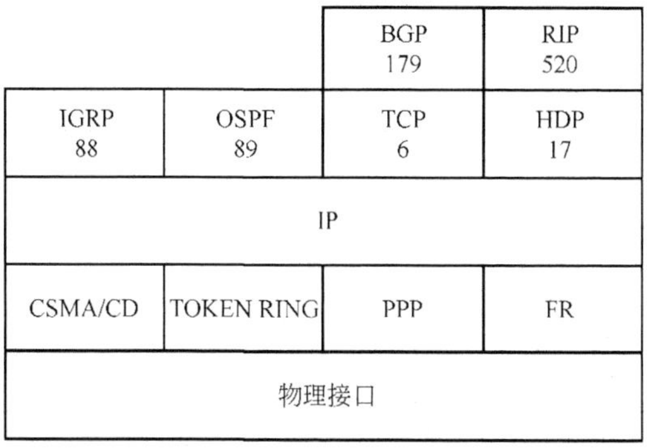

		BGP 179	RIP 520
IGRP 88	OSPF 89	TCP 6	HDP 17
IP			
CSMA/CD	TOKEN RING	PPP	FR
物理接口			

图 5-15 路由协议栈

5.3.1.1 RIPv1 报文格式

RIPv1 是有类别路由协议，不支持无类域间路由选择 CIDR 地址解析。它只支持以广播方式发布协议报文,不支持组播。RIPv1 的协议报文无法携带掩码信息，它只能识别 A 类、B 类、C 类地址的自然网段的路由，因此 RIPv1 不支持不连续子网。

RIPv1 报文由头部和多个路由表项组成，一个 RIP 表项中最多可以有 25 个路由表项，如图 5-16 所示。RIP 是基于 UDP 协议的，所以 RIP 报文的数据包不能超过 512 字节。RIPv1 没有掩码，不能使用可变长子网掩码和路由聚合特征，因此不能分割地址空间以最大效率应用有限的 IP 地址。

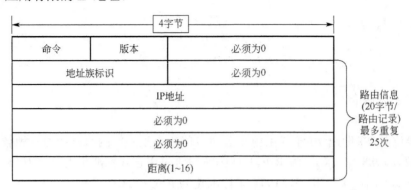

图 5-16　RIPv1 报文格式

表中各字段含义如下。

（1）命令：长度为 8bits，报文类型包括 request 报文和 reponse 报文，request 报文负责向邻居请求全部或者部分路由信息，reponse 报文发送自己全部或部分路由信息。

（2）版本：长度为 8bits，标识 RIP 的版本号。

（3）必须为 0：长度为 16bits，规定必须用零来填充。

（4）地址族标识（AFI）：长度为 16bits，地址族标识，其值为 2 时表示支持 IP 协议。

（5）IP 地址：长度为 32bits，该路由的目的 IP 地址只能是自然网段的地址。

（6）距离：长度为 32bits，路由的开销值。

5.3.1.2　RIPv2 报文格式

RIPv2 是一种无类别路由协议，与 RIPv1 相比， RIPv2 协议报文中携带掩码信息，支持无类域间路由、变长子网掩码、验证、密钥管理、路由聚合； RIPv2 把与路由相关的子网掩码包含在路由更新报文中，实现了 VLSMs 和 CIDR；RIPv2 还增加了验证机制和报文组播等特性，组播地址为 224.0.0.9。RIPv2 报文格式如图 5-17 所示。

图 5-17　RIPv2 报文格式

RIPv2 与 RIPv1 报文格式中不同的字段含义如下。

（1）路由标记：路由标记字段的存在是为了支持外部网关协议 BGP。这个字段被期望用于传递自治系统的标号给外部网关协议及边界网关协议。

（2）子网掩码：32bits，目的地址掩码。

（3）下一跳路由地址：如果为 0.0.0.0，则表示发布此条路由信息的路由器地址就是最优下一跳地址，否则表示提供了一个比发布此条路由信息的路由器更优的下一条地址。

5.3.2 RIP 协议对路由表维护

RIP 只为网络中每个目的地生成一条路由记录，这需要 RIP 积极地维护路由表的完整性。

5.3.2.1 路由表更新机制

RIP 路由器每隔 30 秒通过 UDP 520 端口以 RIP 广播应答方式向邻居路由器发送路由更新包，包中包括了本路由器上完整的路由表，用来向邻居路由器提供路由更新，同时也用来向邻居路由器通告自己的存在。RIP 的路由表中主要包括目的网络、下一跳地址和距离这三个字段。相邻 RIP 节点收到更新路由信息后按路由维护算法自动更新自身路由表。

在基于 RIP 的大规模自治系统中，路由表路由记录较多，周期性的全网泛洪式广播更新会产生网络不能承受的流量。因此，RIP 协议采用一个节点一个节点地交错更新方式，RIP 自动完成更新后更新计时器会被复位。

如果更新并没有像所期望的一样出现，说明互联网络中的某个地方发生了故障或错误。故障或错误可能是更新报文被丢失，也可能是路由器故障，不同的故障会采取不同措施。为了帮助区别故障和错误的重要程度，RIP 使用多个计时器来标识无效路由。

5.3.2.2 RIP 协议计时器

RIP 依赖计时器来维护路由表，RIP 协议进程维护 4 种计时器。

（1）更新计时器（Update Time）：RIP 协议平均每隔 30s 通过启动 RIP 协议的接口发送响应消息，这个周期性的更新时间由更新计时器进行初始化，包含一个随机变化量用来防止表的同步，所以实际更新时间在 25.5～30s 之间，即 30s 减去一个在 4.5s 内的随机值。

（2）超时计时器（Timeout Time）或无效计时器：当一条新的路由建立后，超时计时器就会被初始化，默认值为 180s，而每当接收到这条路由的更新报文时，超时计时器又将被重置成计时器的初始化值。如果一条路由的更新在 180s 内还没有收到，那么这条路由的跳数将变成 16，也就是标记为不可达路由，但暂时不删除该路由。

（3）抑制计时器（Suppress Time）：如果路由器在相同的接口上收到一条路由更新的跳数大于路由选择表已记录的该路由的跳数，那么将启动一个抑制计时器，在抑制计时器的时间内该路由目的不可到达。如果在抑制计时器超时后还接收到该消息，那么路由器就认为该消息是真的，将修改路由。

（4）垃圾收集计时器（Garbage-collect Time）或刷新计时器：一条路由在路由表中被标记为不可达后启动一个垃圾收集计时器，如果垃圾收集计时器也超时，则该路由将被通告为不可到达的路由，同时从路由表中删除该路由。

更新计时器用于在节点一级初始化路由表更新，每个 RIP 节点只使用一个更新计时器，而为每条路由维护一个路由超时计时器和垃圾收集计时器。这些计时器一起能使 RIP 节点维护路由的完整性，并且通过基于时间的触发行为使网络从故障中得到恢复。

5.3.2.3 标识无效路由

有两种方式使路由变为无效。

（1）路由终止。

（2）路由器从其他路由器处学习到路由不可用。

一个路由如果在一个给定时间之内没有收到更新就终止，路由超时计时器通常设为 180s。当路由变为活跃或被更新时，这个时钟被初始化。

180s 是估计的时间，这个时间足以令一台路由器从它的相邻路由器收到 6 个路由表更新报文，如果 180s 之后 RIP 路由器还没有收到关于那条路由的更新， RIP 路由器就认为那个目的 IP 地址不再是可达的。因此，路由器就会把那条路由表项标记为无效。通过设置它的路由度量值为 16 来实现，并且设置路由变化标志。这个信息可以通过周期性的路由表更新来与其相邻路由器交流。

接到路由新的无效状态通知的相邻节点使用此信息来更新它们自己的路由表。这是路由变为无效的第二种方式。

无效项在路由表中存在很短时间后，路由器将决定是否删除它。即使表项保持在路由表中，报文也不会发送到那个表项的目的地址，RIP 不会把报文转发至无效的目的地址。

5.3.2.4 删除无效路由

一旦路由器认识到路由已无效，它会初始化一个计时器，即路由刷新计时器。在最后一次超时计时器初始化后180s，路由刷新计时器被初始化，这个计时器通常设为90s。

如果路由更新在 270s 之后仍未收到，就从路由表中移去此路由，实现路由刷新。而为了路由刷新递减计数的计时器称为路由刷新计时器，这个计时器能够提高 RIP 从网络故障中恢复的能力。

5.3.3　RIP 协议的路由环路问题

5.3.3.1　路由环路

在维护路由表信息的时候，如果在拓扑发生改变后，网络收敛缓慢，产生了不协调或者矛盾的路由选择记录，就会发生路由环路的问题。如图 5-18 所示，当 RTC 路由器上去往 11.4.0.0 网络的路径出现故障不可达后，路由器 RTA、路由器 RTB 的路由表项中还有去往该网络的记录，路由器 RTA、路由器 RTB 为互认对方可达 11.4.0.0 网络，形成路由环路。在这种情况下，如路由器对无法到达的网络路由不予理睬，将导致用户的数据包不停地在网络中循环发送，最终造成网络资源的严重浪费。在 RIP 协议中通过多种环路避免机制解决路由环路的问题，以降低网络资源的浪费。

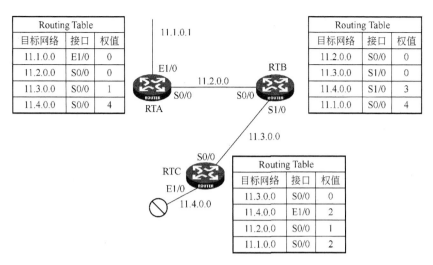

图 5-18　路由环路问题示意

5.3.3.2　环路问题解决方案

对于路由环可以通过定义最大值、水平分割、路由毒化、抑制时间、毒性逆转和触发更新多种方案来解决。

（1）环路避免机制 1：定义最大值。

距离矢量路由算法可以通过 IP 头中的生存时间自纠错，但路由环路问题可能首先要求无穷计数。为了避免这个延时问题，距离矢量协议定义了一个最大值，这个数字是指最大的度量值，其度量值是跳数。一旦达到最大值，视为该网络不可到达，存在故障，将不再接受来自访问该网络的任何路由更新信息，如图 5-19 所示。

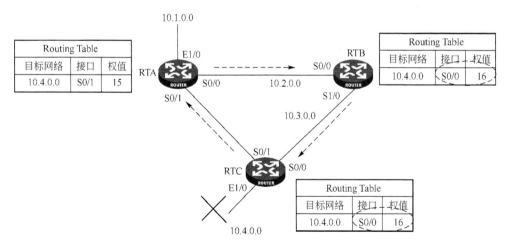

图 5-19　定义最大值示意

（2）环路避免机制 2：水平分割。

一种消除路由环路并加快网络收敛的方法是通过水平分割技术来实现的。其规则是不向原始路由更新来的方向再次发送路由更新信息。如图 5-20 所示，三台路由器 A、B、C，路由器 B 向路由器 C 学习到访问网络 10.4.0.0 路径信息以后，不再向路由器 C 声明自己可以通过路由器 C 访问 10.4.0.0 网络的路径信息，路由器 A 向路由器 B 学习到访问网络 10.4.0.0 路径信息后，也不再向路由器 B 声明，而一旦网络 10.4.0.0 发生故障无法访问，路由器 C 会向路由器 A 和路由器 B 发送该网络不可达到的路由更新信息，但不会再学习路由器 A 和路由器 B 发送的能够到达网络 10.4.0.0 的错误信息。

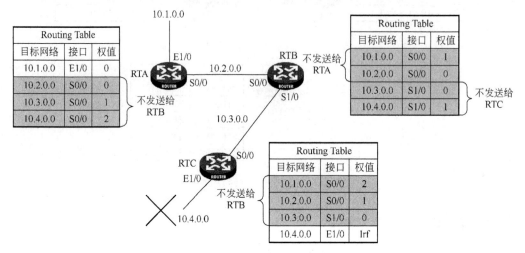

图 5-20　水平分割示意

（3）环路避免机制 3：路由毒化。

定义最大值在一定程度上解决了路由环路问题，但并不彻底，可以看到，在达到最大值之前，路由环路还是存在的。路由毒化可以彻底解决这个问题。如图 5-21 所示，假设有三台路由器 A、B、C，当网络 10.4.0.0 出现故障无法访问的时候，路由器 C 便向邻居路由器发送相关路由更新信息，并将其度量值标为无穷大，告诉它们网络 10.4.0.0 不可到达，路由器 B 收到毒化消息后，将该链路路由表项标记为无穷大，表示该路径已经失效，并向邻居路由器 A 通告，依次毒化各个路由器，告诉邻居 10.4.0.0 这个网络已经失效，不再接收更新信息，从而避免了路由环路。

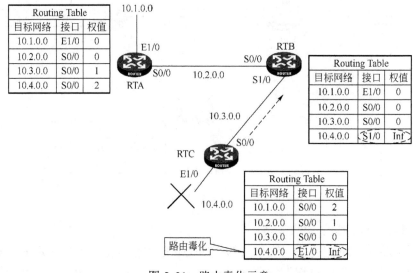

图 5-21　路由毒化示意

（4）环路避免机制4：抑制时间。

抑制计时器用于阻止定期更新的消息在不恰当的时间内重置一个已经坏掉的路由。抑制计时器告诉路由器把可能影响路由的任何改变暂时保持一段时间，抑制时间通常比更新信息发送到整个网络的时间长。当路由器从邻居接收到以前能够访问的网络现在不能访问的更新后，就将该路由标记为不可访问，并启动一个抑制计时器，如果再次收到从邻居发送来的更新信息，包含一个比原来路径具有更好度量值的路由，就标记为可以访问，并取消抑制计时器。如果在抑制计时器超时之前，从不同邻居收到的更新信息包含的度量值比以前的更差，更新将被忽略，这样可以有更多的时间让更新信息传遍整个网络，如图5-22所示。

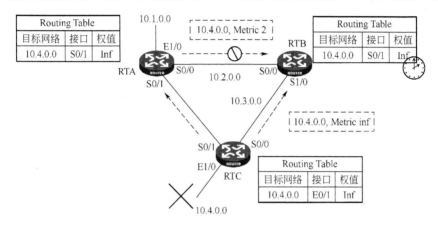

图5-22 抑制时间示意

（5）环路避免机制5：毒性逆转。

结合上面的例子，当路由器B看到到达网络10.4.0.0的度量值为无穷大的时候，就发送一个叫作毒化逆转的更新信息给路由器C，说明10.4.0.0这个网络不可达到，这是超越水平分割的一个特例，可保证所有的路由器都接收到毒化的路由信息，如图5-23所示。

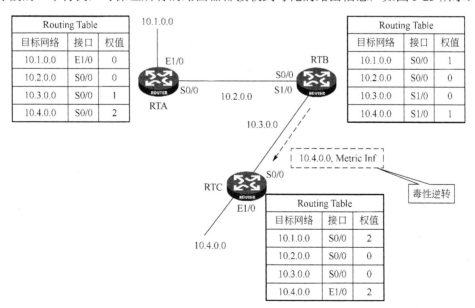

图5-23 毒性逆转示意

（6）环路避免机制 6：触发更新。

在正常情况下，路由器按周期时间发送路由信息给邻居路由器。触发更新是检测到网络故障的路由器立即发送一个更新信息给邻居路由器，并依次产生触发更新通知它们的邻居路由器，使整个网络上的路由器在最短的时间内收到更新信息，从而快速了解整个网络的变化。但这样也是有问题存在的，有可能包含更新信息的数据包被某些网络中的链路丢失或损坏，其他路由器没能及时收到触发更新，因此就产生了结合抑制的触发更新，抑制规则要求一旦路由无效，在抑制时间内，到达同一目的地有同样或更差度量值的路由将会被忽略，这样触发更新将有时间传遍整个网络，从而避免了已经损坏的路由重新插入已经收到触发更新的邻居中，也就解决了路由环路的问题，如图 5-24 所示。

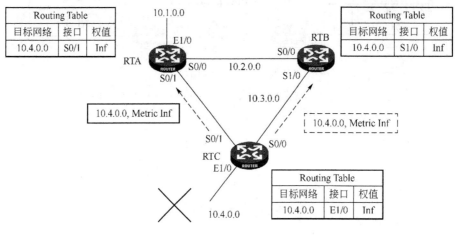

图 5-24　触发更新示意

5.3.4　RIP 协议配置

5.3.4.1　基本配置

（1）启动 RIP，并在指定的网段使能 RIP。

`[H3C]rip [ process-id ] [ vpn-instance vpn-instance-name ]`

（2）在指定网段接口上使能 RIP。

`[H3C-RIP-1] network network-address`

（3）配置 RIP 版本。用户可以在 RIP 视图下配置 RIP 版本，也可在接口上配置 RIP 版本。

在全局视图下的配置命令：

`[H3C]version { 1 | 2 }`

在接口视图下的配置命令：

`rip version { 1 | 2 [ broadcast | multicast ] }`

（4）配置 RIP-2 自动路由聚合功能：路由聚合是指将同一自然网段内的不同子网的路

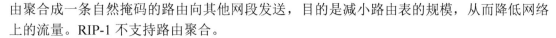

由聚合成一条自然掩码的路由向其他网段发送，目的是减小路由表的规模，从而降低网络上的流量。RIP-1 不支持路由聚合。

在 IP 视图下进行配置。其命令格式为：

`[H3C-RIP-1]`**`summary`**

（5）配置 RIP 协议优先级：在路由器中可能运行多个 IGP 路由协议，如果想让 RIP 路由具有比从其他路由协议学来的路由更高的优先级，需要配置小的优先级值。优先级的高低将最后决定 IP 路由表中的路由是通过哪种路由算法获取的最佳路由。

`[H3C-RIP-1]` **`preference [ route-policy route-policy-name ] value`**

在默认情况下，RIP 路由的优先级为 100。

（6）配置 RIP 引入外部路由。

`[H3C-RIP-1]` **`import-route protocol [ process-id ] [ allow-ibgp ] [ cost cost | route-policy route-policy-name | tag tag ]`**

（7）配置水平分割：配置水平分割可以使得从一个接口学到的路由不能通过此接口向外发布，用于避免相邻路由器间的路由环路。

在接口视图下配置水平分割。

`rip split-horizon`

（8）配置毒性逆转：配置毒性逆转可以使得从一个接口学到的路由还可以从这个接口向外发布，但这些路由的度量值已设置为 16，即不可达。

在接口视图下配置毒性逆转。

`rip poison-reverse`

（9）配置 RIP-2 报文的认证方式。RIP-2 支持两种认证方式：明文认证和 MD5 密文认证。明文认证不能提供安全保障，未加密的认证字随报文一同传送，所以明文认证不能用于安全性要求较高的情况。

认证方式必须在接口视图下进行配置。

`rip authentication-mode { md5 { rfc2082 key-string key-id | rfc2453 key-string } | simple password }`

5.3.4.2　配置实例

如图 5-25 所示，要求在路由器 A 和路由器 B 的所有接口上使能 RIP，并使用 RIP-2 进行网络互联。

图 5-25　RIP 配置示意

（1）配置各接口的 IP 地址（略）。

（2）使能 RIP 功能。

配置 Router A。

```
<RouterA> system-view
[RouterA] rip
[RouterA-rip-1] network 1.0.0.0
[RouterA-rip-1] network 2.0.0.0
[RouterA-rip-1] network 3.0.0.0
```

配置 Router B。

```
<RouterB>system-view
[RouterB] rip
[RouterB-rip-1] network 1.0.0.0
[RouterB-rip-1] network 10.0.0.0
```

查看 Router A 的 RIP 路由表。

```
[RouterA] display rip 1 route
Route Flags: R - RIP, T - TRIP
P - Permanent, A - Aging, S - Suppressed, G - Garbage-collect
--------------------------------------------------------------------
Peer 1.1.1.2 on Ethernet1/0
Destination/Mask Nexthop Cost Tag Flags Sec
10.0.0.0/8 1.1.1.2 1 0 RA 9
```

从路由表中可以看出，RIP-1 发布的路由信息使用的是自然掩码。

5.4 OSPF 协议

5.4.1 OSPF 协议简介

开放最短路径优先协议 OSPF 是 IETF 的内部网关协议工作组特意为 IP 网络开发的一种路由协议。最初的 OSPF 规范在 RFC 1131 中发布，1991 年在 RFC 1247 中又推出 OSPF 版本 2。目前针对 IPv4 协议使用的是 OSPF Version 2（RFC 2328）。最短路径优先是因为使用了 DiJkstra 提出的最短路径算法 SPF。OSPF 只是一个协议的名字，它并不表示其他的路由选择协议不是最短路径优先。

OSPF 是基于链路状态 L-S 的路由协议。它通过传递链路状态通告 LSA 在各路由器之间交换链路状态信息，从而建立一个存储形式为链路状态数据库的全网有向网络拓扑图。利用最短路径优先算法，每个路由器以自身为根节点计算出最短路径优先树，并根据这最短路径优先树来维护 OSPF 路由表。OSPF 不用 UDP 协议而是直接用 IP 协议报文传送路由信息，OSPF 协议属于网络层，其网络层协议号为 89，IP 服务类型为 0，优先级为网络控制，并使用组播地址 224.0.0.5 来表示域中所有运行 OSPF 协议的路由器。

OSPF 路由表的变化基于网络中路由器物理连接的状态与速度变化，默认情况下每 30

分钟更新信息，路由器会用泛洪法向所有路由器发送链路状态通告信息。如有网络拓扑结构发生变化，链路状态会立即被广播到网络中的每一个路由器。如接口变化，信息立刻通过网络广播；如有多余路径，将重新计算 SPF 树。

5.4.2 OSPF 协议报文

OSPF 报文直接封装在 IP 协议报文中。OSPF 构成的数据报很短,这样做可减少路由信息的通信量，数据报很短的另一好处是可以不必将长的数据报分片传送，分片传送的数据报只要丢失一个，就无法组装成原来的数据报，而整个数据报就必须重传，这样可以使它的链路状态通告在 IP 协议中投递时获得较高的优先级，进而加快算法的收敛速度。

OSPF 报文分组格式如图 5-26 所示。

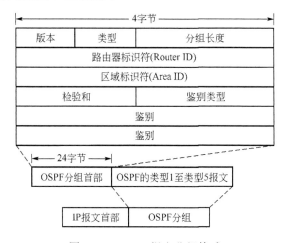

图 5-26　OSPF 报文分组格式

OSPF 报文头字段域含义如下：

① 版本（Version）：8 位，OSPF 的版本号。对于 OSPFv2 来说，其值为 2。

② 类型（Type）：8 位，OSPF 报文的类型。数值从 1 到 5，分别对应 Hello 报文、DD 报文、LSR 报文、LSU 报文和 LSAck 报文。

③ 分组长度（Packet length）：16 位，OSPF 报文的总长度，包括报文头在内，单位为字节。

④ 路由器标识符（Router ID）：始发该 LSA 的路由器的 ID。

⑤ 区域标识符（Area ID）：始发 LSA 的路由器所在的区域 ID。

⑥ 检验和（Checksum）：对整个报文的校验和。

⑦ 鉴别类型（AuType）：验证类型。可分为不验证、简单（明文）口令验证和 MD5 验证，其值分别为 0、1、2。

⑧ 鉴别（Authentication）：其数值根据验证类型而定。当验证类型为 0 时未作定义，类型为 1 时，此字段为密码信息；类型为 2 时，此字段包括 Key ID、MD5 验证数据长度和序列号的信息。MD5 验证数据添加在 OSPF 报文后面，不包含在 Authenticaiton 字段中。

OSPF 报文数据段封装包含 Hello 报文、DD 报文、LSR 报文、LSU 报文和 LSAck 等五种类型的协议报文。

5.4.2.1 Hello 报文

OSPF 协议使用一种称为 Hello 的报文来建立和维护相邻路由器之间的链接关系。Hello 报文周期性发送，用来发现和维持 OSPF 邻居关系。报文内容包括一些定时器的数值、指定路由器 DR、备份指定路由器 BDR 以及自己已知的邻居。Hello 报文格式如图 5-27 所示。

Version	1	Packet length	
Router ID			
Area ID			
Check sum		Autype	
Authenication			
Authenication			
Network Mask			
Hello Interval		Options	Rtr Pri
Router Dead Interval			
Designated Router			
Backup Designated Router			
Neighbor			
...			
Neighbor			

图 5-27 Hello 报文格式

Hello 报文各字段含义如下：

（1）Network Mask：发送 Hello 报文的接口所在网络的掩码，如果相邻两台路由器的网络掩码不同，则不能建立邻居关系。

（2）Hello Interval：发送 Hello 报文的时间间隔,默认为 10 秒。如果相邻两台路由器的 Hello 间隔时间不同，则不能建立邻居关系。

（3）Options：可选项，1 字节，包括 E:允许泛洪 AS-external-LAS；MC：允许转发 IP 组播报文；N/P：允许处理 Type 7 LSA；DC：允许处理按需链路。

（4）Rtr Pri：路由器优先级。如果设置为 0，则该路由器接口不参与 DR/BDR 选举。

（5）Router Dead Interval：失效时间，默认为 40 秒。如果在此时间内未收到邻居发来的 Hello 报文，则认为邻居失效。如果相邻两台路由器的失效时间不同，则不能建立邻居关系。

（6）Designated Router：指定路由器的接口的 IP 地址。

（7）Backup Designated Router：备份指定路由器的接口的 IP 地址。

（8）Neighbor：邻居路由器的 Router ID，可以指定多个邻居路由器 RID。

5.4.2.2 DD 报文

DD（Database Description，数据库描述）报文是用来描述本地路由器链路状态数据库中每一条 LSA 的摘要信息。两个 OSPF 路由器初始化连接时要交换 DD 报文，进行数据库同步，由于数据库的内容可能相当长，所以可能需要多个数据库描述报文来描述整个数据库。DD 交换过程按询问/应答方式进行，在 DD 报文交换中，一台为主 Master 角色，另一台为从 Slave 角色。Master 路由器向从路由器发送它的路由表内容，并规定起始序列号，每发送一个 DD 报文，序列号加 1，Slave 则使用 Master 的序列号进行确定应答。

DD 报文仅在两台 OSPF 路由器初始化连接时才进行 DD 交换，所以它没有发送周期，以后的数据库同步是通过 LSR、LSU 和 LSAck 报文进行同步的。DD 数据库描述报文格式如图 5-28 所示。

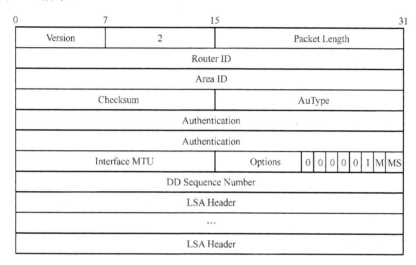

图 5-28　DD 数据库描述报文格式

DD 报文各字段含义如下。

（1）Interface MTU：在不分片的情况下，此接口最大可发出的 IP 报文长度。

（2）I（Initial）：当发送连续多个 DD 报文时，如果这是第一个 DD 报文，则置为 1；否则置为 0。

（3）M（More）：当连续发送多个 DD 报文时，如果这是最后一个 DD 报文，则置为 0；否则置为 1，表示后面还有其他的 DD 报文。

（4）MS：当两台 OSPF 路由器交换 DD 报文时，首先需要确定双方的主从关系，Router ID 大的一方会成为 Master。当值为 1 时表示发送方为 Master。

（5）DD Sequence Number：DD 报文序列号，由 Master 方规定起始序列号，每发送一个 DD 报文序列号加 1，Slave 方使用 Master 的序列号作为确认。主从双方利用序列号来保证 DD 报文传输的可靠性和完整性。

（6）LSA Header：指定 DD 报文中所包括的 LSA 头部。后面的省略号（…）表示可以指定多个 LSA 头部。

LSA Header 报文格式如图 5-29 所示。

LSA Header 报文格式各字段含义如下：

① LS Age：LSA 产生后所经过的时间，以秒为单位。LSA 在本路由器的链路状态数据库中会随时间老化，但在网络的传输过程中却不会。

② Options：可选项。

③ LS Type：LSA 的类型。

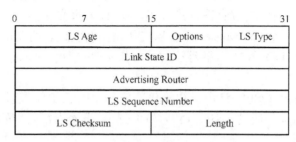

图 5-29　LSA 头报文格式

④ Link State ID：具体数值根据 LSA 的类型而定。

⑤ Advertising Router：始发 LSA 的路由器的 ID。

⑥ LS Sequence Number：LSA 的序列号，其他路由器根据这个值可以判断哪个 LSA 是最新的。

⑦ LS Checksum：除了 LS Age 字段外，关于 LSA 的全部信息的校验和。

⑧ Length：LSA 的总长度，包括 LSA Header，以字节为单位。

5.4.2.3　LSR 报文

LSR（Link State Request，链路状态请求）报文用于请求相邻路由器链路状态数据库中的自身没有的数据。两台路由器互相交换 DD 报文之后，得知对端的路由器有哪些 LSA 是本地的 LSDB 所缺少的，以及哪些 LSA 是已经失效的，这时需要发送 LSR 报文向对方请求所需的 LSA，内容包括所需要的 LSA 的摘要。LSR 链路状态请求报文格式如图 5-30 所示。

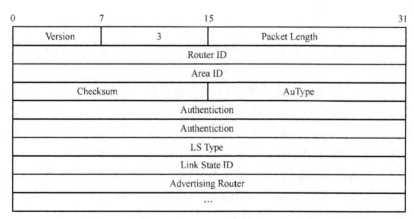

图 5-30　LSR 链路状态请求报文格式

LSR 报文各字段含义如下。

（1）LS Type：LSA 的类型号。例如 Type1 表示 Router LSA。

（2）Link State ID：链路状态标识，根据 LSA 的类型而定。用于指定 OSPF 所描述的部分区域，该字段的使用方法根据不同的 LSA 类型而不同。当 LSA 为类型 1 时，该字段值是产生 LSA 类型 1 的路由器的 Router ID；当 LSA 为类型 2 时，该字段值是 DR 的接口地址；当 LSA 为类型 3 时，该字段值是目的网络的网络地址；当 LSA 为类型 4 时，该字段值是 ASBR 的 Router ID；当 LSA 为类型 5 时，该字段值是目的网络的网络地址。

（3）Advertising Router：产生此 LSA 的路由器的 Router ID。

5.4.2.4　LSU 报文

LSU（Link State Update，链路状态更新）报文是应 LSR 报文的请求，用来向对端路由器发送所需的 LSA，内容是多条 LSA 完整内容的集合，LSU 报文内容部分包括此次共发送的 LSU 数量和每条 LSA 的完整内容，LSV 链路状态更新报文格式如图 5-31 所示。

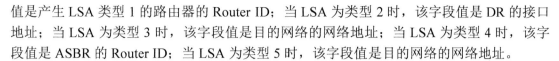

图 5-31　LSU 链路状态更新报文格式

LSU 链路状态更新报文格式各字段含义如下。
（1）Number of LSAs：指出该报文包含的 LSA 的数量。
（2）LSA：该报文包含的具体 LSA 完整信息，后面的省略号表示可多条 LSA。
LSA 报文中包含多种确认报文，如表 5-3 所示，其中常用的有 1～5 类 LSA。

表 5-3　LSA 类型

LSA Type	LSA 名称	Advertising Router	说明
1	Router LSA	All Routers	Intra-Area Link
2	Network LSA	DR	Network Link
3	Network Summary LSA	ABR	Inter-Area Link
4	ASBR Summary LSA	ABR	ASBR Summary Link
5	AS External LSA	ASBR	AS External Link
6		All Routers	Group Membership Link
7	NSSA External LSA	ASBR	NSSA External LSA
8			External Attributes LSA
9			Opaque LSA(Link-Local)
10			Opaque LSA(Area-Local)
11			Opaque LSA(As-Local)

（1）Router LSA 报文格式如图 5-32 所示。
Router LSA 报文各字段含义如下。

① Link State ID：产生此 LSA 的路由器的 Router ID。

② V（Virtual Link）：如果产生此 LSA 的路由器是虚连接的端点，则置为 1。

③ E（External）：如果产生此 LSA 的路由器是 ASBR，则置为 1。

④ B（Border）：如果产生此 LSA 的路由器是 ABR，则置为 1。

⑤ Links：LSA 中所描述的链路信息的数量，包括路由器上处于某区域中的所有链路和接口。

⑥ Link ID：链路标识，具体的数值根据链路类型而定。

⑦ Link Data：链路数据，具体的数值根据链路类型而定。

⑧ Type：链路类型，取值为 1 表示通过点对点链路与另一路由器相连，取值为 2 表示连接到传送网络，取值为 3 表示连接到 Stub 网络，取值为 4 表示虚连接。

⑨ #TOS：描述链路的不同方式的数量。

⑩ Metric：链路的开销。

⑪ TOS：服务类型。

⑫ TOS Metric：指定服务类型的链路的开销。

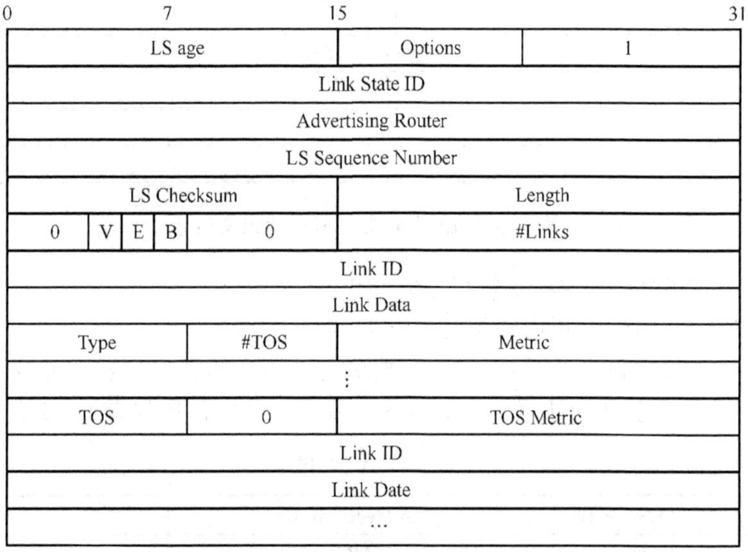

图 5-32　Router LSA 报文格式

（2）Network LSA 报文格式如图 5-33 所示。

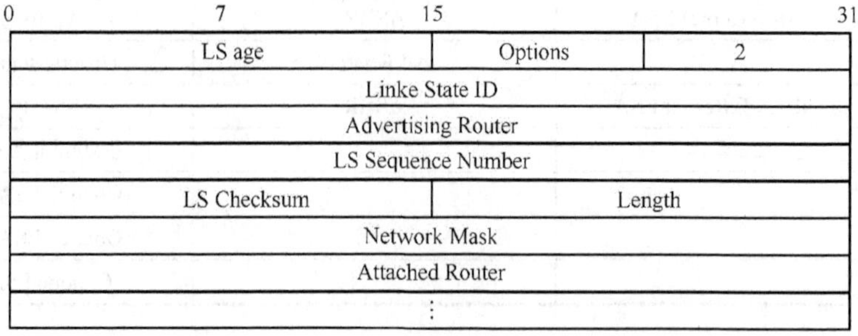

图 5-33　Network LSA 报文格式

Network LSA 报文各字段含义如下。

① Link State ID：DR 的 IP 地址。

② Network Mask：广播网或 NBMA 网络地址的掩码。

③ Attached Router：连接在同一个网段上的所有与 DR 形成完全邻接关系的路由器的 Router ID，也包括 DR 自身的 Router ID。

（3）Summary LSA 报文格式如图 5-34 所示。

0	7	15	31
LS Age		Options	3or4
Linke State ID			
Advertising Router			
LS Sequence Number			
LS Checksum		Length	
Network Mask			
0		Metric	
TOS		TOS Metric	
⋮			

图 5-34　Summary LSA 报文格式

Summary LSA 报文各字段含义如下。

① Link State ID：对于 Type3 LSA 来说，它是所通告的区域外的网络地址；对于 Type4 来说，它是所通告区域外的 ASBR 的 Router ID。

② Network Mask：Type3 LSA 的网络地址掩码。对于 Type4 LSA 来说没有意义，设置为 0.0.0.0。

③ Metric：到目的地址的路由开销。

注：Type3 的 LSA 可以用来通告默认路由，此时，Link State ID 和 Network Mask 都设置为 0.0.0.0。

（4）AS External LSA 或 ASBR 报文格式如图 5-35 所示。

0	7	15	31
LS Age		Options	5
Linke State ID			
Advertising Router			
LS Sequence Number			
LS Checksum		Length	
Network Mask			
E	0	Metric	
Forwarding Address			
External Route Tag			
E	TOS	TOS Metric	
Forwarding Address			
External Tour Tag			
⋮			

图 5-35　AS External LSA 报文格式

AS External LSA 或 ASBR 报文各字段含义如下。

① Link State ID：所要通告的其他外部 AS 的目的地址，如果通告的是一条默认路由，那么链路状态 ID 和网络掩码字段都将设置为 0.0.0.0。

② Network Mask：所通告的目的地址的掩码。

③ E（External Metric）：外部度量值的类型。如果是第 2 类外部路由，就设置为 1；如果是第 1 类外部路由，则设置为 0。

④ Metirc：路由开销。

⑤ Forwarding Address：到所通告的目的地址的报文将被转发到的地址。

⑥ External Route Tag：添加到外部路由上的标记。OSPF 本身并不使用这个字段，它可以用来对外部路由进行管理。

（5）NSSA External LSA 报文格式。NSSA External LSA 报文由 NSSA 区域内的 ASBR 产生，且只能在 NSSA 区域内传播，其格式与 AS External LSA 相同，如图 5-36 所示。

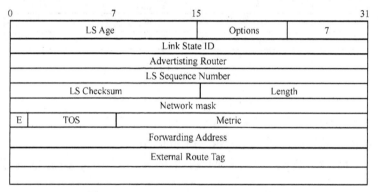

图 5-36　NSSA External LSA 报文格式

5.4.2.5　LSAck 报文

LSAck（Link State Acknowledgement，链路状态确认）报文是路由器在收到对端发来的 LSU 报文后所发出的确认应答报文，内容是需要确认的 LSA 头部（LSA Header），如图 5-37 所示。LSAck 报文根据不同链路，以单播或组播形式发送，一个报文可对多个 LSA 进行确认。

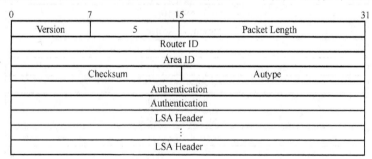

图 5-37　LSAck 链路状态确认报文格式

5.4.3　OSPF 协议工作过程

OSPF 协议工作过程主要有寻找邻居、建立邻接关系、链路状态信息传递、OSPF 协议计算路由等阶段，工作流程如图 5-38 所示。

```
        ┌─────────┐
        │ OSPF启动 │
        └────┬────┘
             ↓
        ╱接口是否启╲        否   ┌──────────┐
        ╲动OSPF?  ╱─────────→│不做任何处理│
             │是             └──────────┘
             ↓
     ┌────────────────┐
     │定时发送Hello包,寻找邻居│
     └───────┬────────┘
             ↓
       ╱是否接收到邻居╲   是   ┌──────────┐
       ╲的Hello包?  ╱──────→│邻居状态达到│
             │否          │2-WAY状态  │
             ↓            └────┬─────┘
     ┌──────────┐              ↓
     │继续等待接收│        ╱DR/BDR ╲  是  ┌──────────┐
     └──────────┘        ╲是否选举?╱───→│仅与DR/BDR │
                              │否        │建立邻接关系│
                              ↓         └────┬─────┘
                       ┌────────────┐        ↓
                       │进行DR/BDR选举│  ┌──────────────┐
                       └────────────┘  │与DR/BDR交互链路状态,│
                                       │邻居状态达到Full状态│
                                       └──────┬───────┘
                                              ↓
                                        ┌────────┐
                                        │计算路由 │
                                        └────────┘
```

图 5-38　OSPF 协议工作流程

在 OSPF 中，邻居和邻接是两个不同的概念。OSPF 路由器启动后，便会通过 OSPF 接口向外发送 Hello 报文。收到 Hello 报文的 OSPF 路由器会检查报文中所定义的参数，如果双方一致，就会形成邻居关系。

形成邻居关系的双方不一定都能形成邻接关系，这要根据网络类型而定。只有当双方成功交换 DD 报文，交换 LSA 并达到 LSDB 的同步之后，才成为真正意义上的邻接关系。

5.4.3.1　寻找邻居

寻找邻居过程如图 5-39 所示。

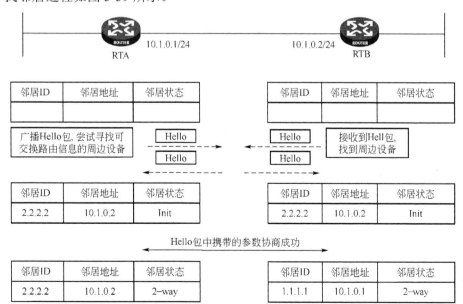

图 5-39　寻找邻居过程示意

5.4.3.2 建立邻接关系

邻接关系的建立过程如图 5-40 所示。

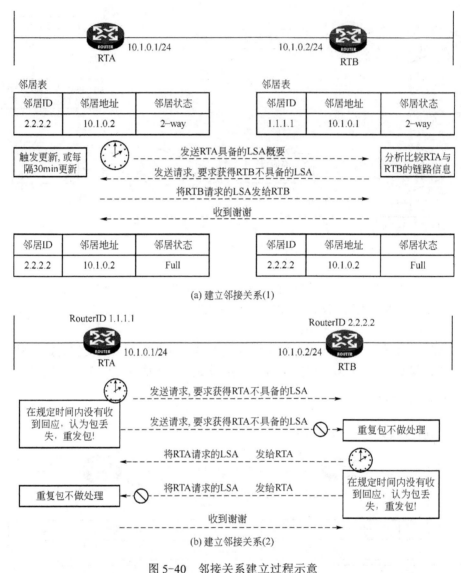

(a) 建立邻接关系(1)

(b) 建立邻接关系(2)

图 5-40　邻接关系建立过程示意

5.4.3.3 链路状态信息传递（链路状态数据库建立）

各路由器之间频繁地交换链路状态信息，所有的路由器最终都能建立一个链路状态数据库。这个数据库是全网的拓扑结构图，它在全网范围内是一致的，这称为链路状态数据库的同步。OSPF 的链路状态数据库能较快地进行更新，使各个路由器能及时更新其路由表。

5.4.3.4 OSPF 协议计算路由

OSPF 协议路由的计算过程如图 5-41 所示，简单描述如下。

每台 OSPF 路由器根据自己周围的网络拓扑结构生成链路状态通告 LSA，并通过更新报文将 LSA 发送给网络中的其他 OSPF 路由器。

每台 OSPF 路由器都会收集其他路由器通告的 LSA，所有的 LSA 放在一起便组成了链路状态数据库 LSDB。LSA 是对路由器周围网络拓扑结构的描述，LSDB 则是对整个自治系统的网络拓扑结构的描述。

OSPF 路由器将 LSDB 转换成一张带权值的有向图，这张图是对整个网络拓扑结构的真实反映。各个路由器得到的有向图是完全相同的。

每台路由器根据有向图，使用 SPF 算法计算出一棵以自己为根的最短路径树，这棵树给出了该路由器到自治系统中各节点的路径。

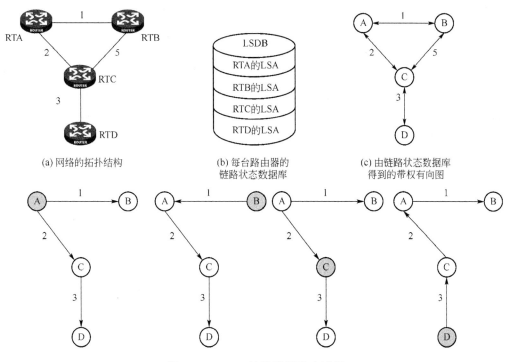

图 5-41　OSPF 协议计算路由过程

5.4.3.5　OSPF 协议的特点

OSPF 具有如下特点：

（1）适应范围广，支持各种规模的网络，最多可支持几百台路由器；

（2）快速收敛，在网络的拓扑结构发生变化后立即发送更新报文，使这一变化在自治系统中同步；

（3）无自环，由于 OSPF 根据收集到的链路状态用最短路径树算法计算路由，从算法本身保证了不会生成自环路由；

（4）区域划分，允许自治系统的网络被划分成区域来管理，区域间传送的路由信息被进一步抽象，从而减少了占用的网络带宽；

（5）等价路由，支持到同一目的地址的多条等价路由；

（6）路由分级，使用 4 类不同的路由，按优先顺序来说分别是区域内路由、区域间路

由、第一类外部路由、第二类外部路由;

（7）支持验证，支持基于接口的报文验证，以保证报文交互的安全性;

（8）组播发送，在某些类型的链路上以组播地址发送协议报文，减少对其他设备的干扰。

5.4.4 DR/BDR

5.4.4.1 DR/BDR 简介

在广播网和 NBMA 网络中，任意两台路由器之间都要传递路由信息。如果网络中有 n 台路由器，就需要建立 $n(n-1)/2$ 个邻接关系，如图 5-42 所示。这使得任何一台路由器的路由变化都会导致多次传递，浪费了带宽资源。为解决这一问题，OSPF 协议定义了指定路由器 DR，所有同一广播网的路由器都只将信息发送给 DR，由 DR 将网络链路状态发送出去。如果 DR 由于某种故障而失效，则网络中的路由器必须重新选举 DR，再与新的 DR 同步。这需要较长的时间，在这段时间内，路由的计算是不正确的。为了能够缩短这个过程，OSPF 提出了备份指定路由器 BDR 的概念。

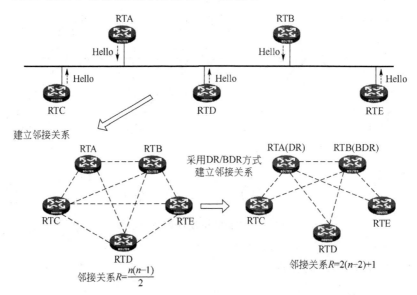

图 5-42　n 台路由器邻接关系示意

BDR 实际上是对 DR 的一个备份，在选举 DR 的同时选举出 BDR，BDR 也和本网段内的所有路由器建立邻接关系并交换路由信息。当 DR 失效后，BDR 会立即成为 DR。由于不需要重新选举，并且邻接关系事先已建立，所以这个过程是非常短暂的。当然这时还需要重新选举一个新的 BDR，虽然一样需要较长的时间，但并不会影响路由的计算。

DR 和 BDR 之外的路由器之间将不再建立邻接关系，也不再交换任何路由信息。这样就减少了广播网和 NBMA 网络上各路由器之间邻接关系的数量。

如图 5-43 所示，用实线代表以太网物理连接，虚线代表建立的邻接关系。可以看到，采用 DR/BDR 机制后，5 台路由器之间只需要建立 7 个邻接关系就可以了。

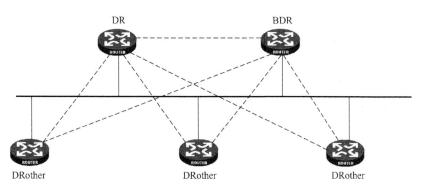

图 5-43　广播网邻接关系示意

5.4.4.2　DR/BDR 选举过程

DR 和 BDR 是由同一网段中所有的路由器根据路由器优先级、Router ID 通过 Hello 报文选举出来的，只有优先级大于 0 的路由器才具有选取资格，进行 DR/BDR 选举时，每台路由器将自己选出的 DR 写入 Hello 报文中，发给网段上的每台运行 OSPF 协议的路由器，当处于同一网段的两台路由器同时宣布自己是 DR 时，路由器优先级高者胜出。如果优先级相等，则 Router ID 大者胜出，如果一台路由器的优先级为 0，则它不会被选举为 DR 或 BDR，如图 5-44 所示。

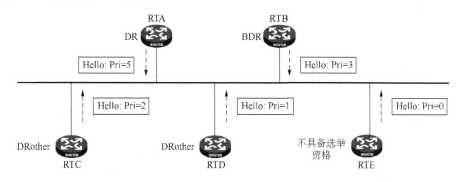

图 5-44　DR/BDR 选举过程示意

需要注意以下几点。

（1）只有在广播或 NBMA 类型接口才会选举 DR，在点到点或点到多点类型的接口上不需要选举 DR。

（2）DR 是某个网段中的概念，是针对路由器的接口而言的。某台路由器在一个接口上可能是 DR，在另一个接口上有可能是 BDR，或者是 DRother。

（3）路由器的优先级可以影响一个选取过程，但是当 DR/BDR 已经选取完毕，就算一台具有更高优先级的路由器变为有效，也不会替换该网段中已经选取的 DR/BDR 成为新的 DR/BDR。

（4）DR 并不一定就是路由器优先级最高的路由器接口；同理，BDR 也并不一定就是路由器优先级次高的路由器接口。

5.4.5 自治系统与 OSPF 区域

自治系统是一种路由域。它是一组处于同一管理机构控制之下的网络和路由器的集合，每个自治系统被看作一个进行自我管理的网络单元，该管理机构有权自主地决定在本系统中应采用何种路由协议。每个自治系统在全球有一个唯一的 16 位自治系统编号 ASN，编号范围是 1～65535。其中 1～65411 是注册的互联网编号，由互联网地址分派机构 IANA 成批地分配给各个地区互联网注册中心，希望获得自治系统编号的实体必须按其所属的地区中心规定的程序进行申请；65412～65535 是私有网络编号，仅能在一个组织的网络内使用。

为了使 OSPF 能够用于规模很大的网络，OSPF 将一个自治系统再划分为若干个叫作区域的更小的范围。每一个区域都有一个 32 位区域标识符，用点分十进制表示，如 0.0.0.0。区域也不能太大，在一个区域内的路由器最好不要超过 200 个。

运行 OSPF 协议路由器必须存在路由器 ID 号。路由器 ID 是一个 32 比特无符号整数，用点分十进制表示，如 1.1.1.1，它在一个自治系统中唯一地标识一台路由器。路由器 ID 可以手工创建，也可以自动生成；如果没有通过命令指定路由器 ID，将按照如下顺序自动生成一个路由器 ID，自动生成方法如下：

（1）如果当前设备配置了 Loopback 接口，将选取所有 Loopback 接口上数值最大的 IP 地址作为路由器 ID；

（2）如果当前设备没有配置 Loopback 接口，将选取它所有已经配置 IP 地址，且链路有效的接口上数值最大的 IP 地址作为路由器 ID。

随着网络规模日益扩大，当一个大型网络中的路由器都运行 OSPF 路由协议时，路由器数量的增多会导致 LSDB 非常庞大，占用大量的存储空间，并使得运行 SPF 算法的复杂度增加，导致 CPU 负担很重。在网络规模增大之后，拓扑结构发生变化的概率也增大，网络会经常处于振荡之中，造成网络中大量的 OSPF 协议报文在传递，降低了网络的带宽利用率。更为严重的是，每一次变化都会导致网络中所有的路由器重新进行路由计算。

OSPF 协议通过将自治系统划分成不同的区域来解决上述问题。区域是从逻辑上将路由器划分为不同的组，每个组用区域号来标识。区域的边界是路由器，而不是链路。一个网段只能属于一个区域，或者说每个运行 OSPF 的接口必须指明属于哪一个区域，如图 5-45 所示。

OSPF 划分区域之后，并非所有的区域都是平等的关系。其中有一个区域是与众不同的，它的区域号是 0，通常被称为骨干区域。骨干区域负责区域之间的路由，非骨干区域之间的路由信息必须通过骨干区域来转发。对此，OSPF 有两个规定：所有非骨干区域必须与骨干区域保持连通；骨干区域自身也必须保持连通。

OSPF 协议分区域管理如图 5-46 所示。

划分区域后，可以在区域边界路由器上进行路由聚合，以减少通告到其他区域的 LSA 数量，还可以将网络拓扑变化带来的影响最小化。

OSPF 路由器根据在 AS 中的不同位置可以分为以下四类，如图 5-46、图 5-47 所示。

（1）区域内路由器。该类路由器的所有接口都属于同一个 OSPF 区域。

（2）区域边界路由器 ABR。该类路由器可以同时属于两个以上的区域，但其中一个必须是骨干区域。ABR 用来连接骨干区域和非骨干区域，它与骨干区域之间既可以是物理连接，也可以是逻辑上的连接。

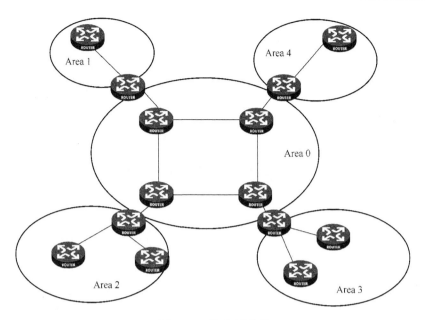

图 5-45 路由域示意

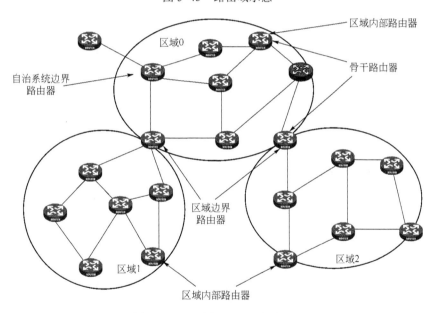

图 5-46 区域与路由器关系示意

（3）骨干路由器。该类路由器至少有一个接口属于骨干区域。因此，所有的 ABR 和位于 Area 0 的内部路由器都是骨干路由器。

（4）自治系统边界路由器 ASBR。与其他 AS 交换路由信息的路由器称为 ASBR。

ASBR 并不一定位于 AS 的边界，它有可能是区域内路由器，也有可能是 ABR。只要一台 OSPF 路由器引入了外部路由的信息，它就成为 ASBR。

当 OSPF 协议划分区域后，路由器之间交换区域消息，OSPF 协议区域 LSA 发布过程如图 5-48 所示。

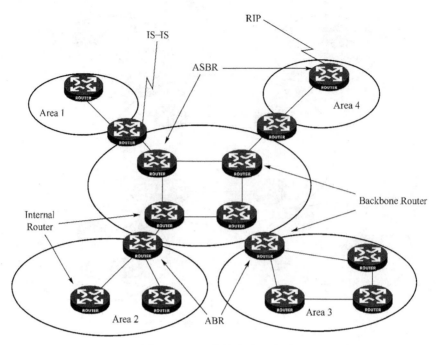

图 5-47　AS 中的路由器类型

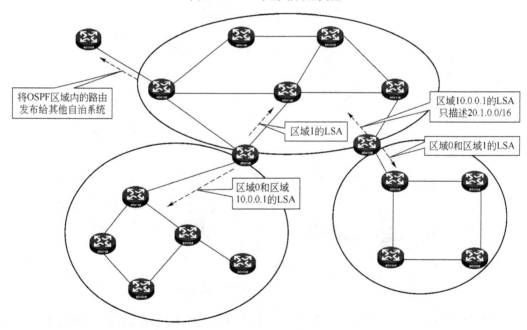

图 5-48　区域 LSA 发布示意

5.4.6　OSPF 基本配置

5.4.6.1　基本配置

（1）启动 OSPF，进入 OSPF 视图。

```
[H3C]ospf [ process-id | router-id router-id | vpn-instance instance-name ]
```

（2）配置 OSPF 区域，进入 OSPF 区域视图。

```
[H3C-OSPF-1] area area-id
```

（3）配置区域所包含的网段，并在指定网段的接口上使能 OSPF。

```
[H3C-OSPF-1-AREA-0] network ip-address wildcard-mask
```

（4）配置 OSPF 协议的优先级。

由于路由器上可能同时运行多个动态路由协议，所以存在各个路由协议之间路由信息共享和选择的问题。系统为每一种路由协议设置一个优先级，在不同协议发现同一条路由时，优先级高的路由将被优先选择。

```
[H3C-OSPF-1]preference [ ase ] [ route-policy route-policy-name ] value
```

（5）配置 OSPF 引入外部路由。

```
[H3C-OSPF-1] import-route protocol [ process-id | allow-ibgp ] [ cost
cost | type type | tag tag | route-policy route-policy-name ]
```

5.4.6.2　单区域 OSPF 配置实例

单区域 OSPF 配置实例如图 5-49 所示。

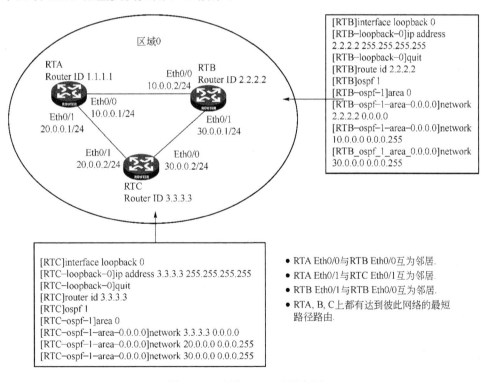

图 5-49　区域 OSPF 配置实例

5.4.6.3　多区域 OSPF 配置实例

如图 5-50 所示，所有的路由器都运行 OSPF，并将整个自治系统划分为 3 个区域。其中 Router A 和 Router B 作为 ABR 来转发区域之间的路由。配置完成后，每台路由器都应学到 AS 内到所有网段的路由。

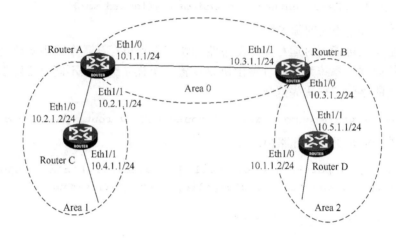

图 5-50　多区域 OSPF 配置实例

（1）配置各接口的 IP 地址（略）。

（2）配置 **OSPF** 基本功能。

配置 Router A。

```
<RouterA>system-view
[RouterA] ospf
[RouterA-ospf-1] area 0
[RouterA-ospf-1-area-0.0.0.0] network 192.168.0.0 0.0.0.255
[RouterA-ospf-1-area-0.0.0.0] quit
[RouterA-ospf-1] area 1
[RouterA-ospf-1-area-0.0.0.1] network 192.168.1.0 0.0.0.255
[RouterA-ospf-1-area-0.0.0.1] quit
[RouterA-ospf-1] quit
```

配置 Router B。

```
<RouterB>system-view
[RouterB] ospf
[RouterB-ospf-1] area 0
[RouterB-ospf-1-area-0.0.0.0] network 192.168.0.0 0.0.0.255
[RouterB-ospf-1-area-0.0.0.0] quit
[RouterB-ospf-1] area 2
[RouterB-ospf-1-area-0.0.0.2] network 192.168.2.0 0.0.0.255
[RouterB-ospf-1-area-0.0.0.2] quit
[RouterB-ospf-1] quit
```

配置 Router C。

```
<RouterC>system-view
[RouterC] ospf
[RouterC-ospf-1] area 1
[RouterC-ospf-1-area-0.0.0.1] network 192.168.1.0 0.0.0.255
[RouterC-ospf-1-area-0.0.0.1] network 172.16.1.0 0.0.0.255
[RouterC-ospf-1-area-0.0.0.1] quit
[RouterC-ospf-1] quit
```

配置 Router D。

```
<RouterD>system-view
[RouterD] ospf
[RouterD-ospf-1] area 2
[RouterD-ospf-1-area-0.0.0.2] network 192.168.2.0 0.0.0.255
[RouterD-ospf-1-area-0.0.0.2] network 172.17.1.0 0.0.0.255
[RouterD-ospf-1-area-0.0.0.2] quit
[RouterD-ospf-1] quit
```

5.5　VLAN 间通信

在交换机上引入 VLAN 之后，每个交换机可被划分成多个 VLAN，而每个 VLAN 对应一个 IP 网段。VLAN 隔离广播域，不同 VLAN 之间是二层隔离的，即不同 VLAN 的主机发出的数据帧被交换机内部隔离了。但建网的最终目的是实现网络的互联互通，所以还需要相应方案来实现不同 VLAN 间的通信。VLAN 间实现通信的主要方案有以下三种。

5.5.1　多端口路由器实现 VLAN 间通信

最传统的方法是将二层交换机与路由器结合，通过路由器多端口分别连接不同 VLAN 的交换机接口，交换机连接路由器的端口都工作在 Access 模式下。

如图 5-51 所示，路由器分别使用工作在路由模式下的以太网接口 1、2、3 连接到交换机的不同 VLAN 10、VLAN 20、VLAN 30 上，不同的 VLAN 对应不同的子网段，各 VLAN 内主机网关是连接路由器相应的接口地址。当 VLAN 10 中源主机 A 向 VLAN 20 中目的主机 B 发送信息时，主机 A 与主机 B 不在同一子网内，数据按远程通信转发给网关。首先交换机 VLAN 10 内 1 端口将主机 A 发送来的数据帧打上 VLAN 10 标签，从交换电路转发给交换机 2 端口，Access 模式的 2 端口剥离 VLAN 10 标签，将数据包发送到路由器 1 端口，在此路由器不需要识别 VLAN 标签。然后，路由器根据数据包的目的 IP 地址查路由表确定，将数据帧通过路由器 2 端口转发给交换机 VLAN 20 中 7 端口；7 端口打上 VLAN 10 标签，从交换电路转发给交换机 8 端口，最后，交换机 8 端口剥离数据帧二层 VLAN 20 标签，并转发至目的主机 B。由此实现不同 VLAN 间主机相互通信。

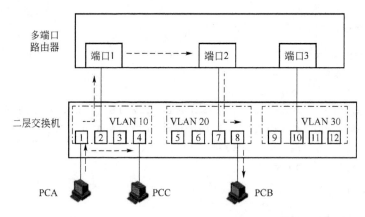

图 5-51   多个端口路由器实现 VLAN 间通信

5.5.2   单臂路由实现 VLAN 间通信

单臂路由是为了避免物理端口的浪费，通过一条物理线连接路由器，利用交换机端口工作在 Trunk 模式下时可以允许多个 VLAN 帧通过的数据转发机制来实现多个 VLAN 互通的路由简化技术。它要求路由器支持 IEEE 802.1Q 封装和子接口技术，路由器能识别二层 VLAN 标签、剥离二层 VLAN 标签，同时，路由器的一个接口上通过配置子接口或逻辑接口的方式，实现原来相互隔离的不同虚拟局域网 VLAN 之间的互联互通。

如图 5-52 所示，交换机通过 Trunk 模式的 13 端口连接路由器以太网端口，配置该 13 端口允许 VLAN 10、VLAN 20、VLAN 30 数据帧通过。在路由器的端口上创建三个子接口，每个子接口配置属于相应 VLAN 网段的 IP 地址及可识别的 VLAN 标签值，允许接收 VLAN 10、VLAN 20、VLAN 30 数据帧。

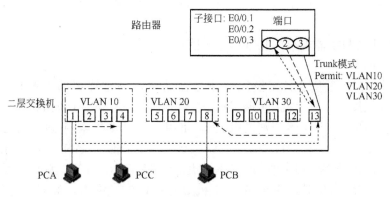

图 5-52   单臂路由实现 VLAN 间通信

如果 VLAN 10 内源主机 A 向 VLAN 20 内目的主机 B 发送信息，打帧标记为 10 的数据帧会由交换机 Trunk 端口 13 转发到路由器的 Eth0/0.1 子接口，在路由器子接口上剥离 10 标签，再按路由表选择确定路径为 Eth0/0.2 子接口，Eth0/0.2 子接口重新打帧标记为 20，帧标记为 20 的数据帧由路由器的 Eth0/0.2 接口转发回交换机 13 端口，再交换电路转发至 VLAN 20 内的 8 端口，交换机 8 端口剥离数据帧二层 VLAN 20 标签后，转发到目的主机 B。

采用单臂路由方式进行 VLAN 间路由时数据帧需要在 Trunk 链路上往返发送，从而引起一定的转发延迟；如果 VLAN 间路由数据量较大，会消耗路由器大量 CPU 和内存资源，造成转发性能的瓶颈。

5.5.3 三层交换机实现 VLAN 间通信

三层交换是指在二层交换机中嵌入路由模块而取代传统路由器实现交换与路由相结合的网络技术，它利用三层交换机的路由模块识别数据包 IP 地址功能，查找路由表进行选路转发。现有园区网内部主要采用三层交换技术实现不同 VLAN 间通信。

在三层交换机上跨 VLAN 通信时，需要创建 VLAN 三层虚拟接口。LAN 虚拟接口是在三层转发引擎和二层转发引擎上建立的逻辑接口，功能与路由器的接口相似，可以配置 IP 地址。一个 VLAN 只能创建一个虚拟接口，虚拟接口的 IP 地址是该 VLAN 中各主机的网关。

如图 5-53 所示，如支持 IP 协议的 VLAN 10 内主机 A 与 VLAN 20 内主机 B 需通过第三层交换机进行通信，主机 A 在发送第一个数据包时，将自身 IP 地址与主机 B 的 IP 地址比较，判断主机 B 是否与主机 A 在同一子网内，若主机 B 与主机 A 在同一子网内，则进行二层的转发；若两个站点不在同一子网内，主机 A 要向三层交换机的三层交换模块发出 ARP 封包，三层交换模块解析主机 A 发送包的目的 IP 地址，向目的 IP 地址网段发送 ARP 请求，主机 B 得到此 ARP 请求后向三层交换模块回复其 MAC 地址，三层交换模块保存此地址并回复给发送主机 A，同时将主机 B 的 MAC 地址发送到二层交换引擎的 MAC 地址表中。以后主机 A 向主机 B 发送的后续数据包便全部交给二层交换处理，信息得以高速交换。可见由于仅仅在路由过程中才需要三层处理，绝大部分数据都通过二层交换转发，因此三层交换机的速度很快，接近二层交换机的速度。

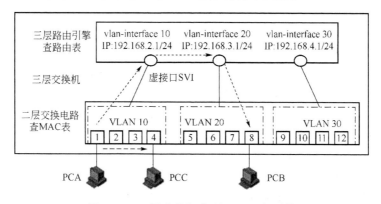

图 5-53　三层交换机实现 VLAN 间通信

5.6 练习题

1. 名词解释。
（1）最佳路径；（2）路由域；（3）三层交换；（4）自治系统；（5）静态路由；
（6）优先级；（7）跳数；（8）COST；（9）BDR；（10）邻接和邻居。

2．选择题。

（1）OSPF 协议使用的组播地址是（　　　）。

    A．224.0.0.5　　　B．224.0.0.6　　　C．224.0.0.9　　　D．224.0.0.10

（2）OSPF 协议是基于（　　　）算法的。

    A．DV　　　　　　B．SPF　　　　　C．HASH　　　　D．3DES

（3）下面哪些是 OSPF 协议的特点？（　　　）。

    A．支持区域划分　　　　　　　B．支持验证

    C．无路由自环　　　　　　　　D．路由自动聚合

（4）下面关于 OSPF 和 RIPv2 的论述，哪些是正确的？（　　　）。

    A．只能采取组播更新　　　　　B．只传递路由状态信息

    C．都采用了水平分割的机制　　D．都支持 VLSM

（5）关于 OSPF 中 Router ID 的论述哪个是正确的？（　　　）。

    A．是可有可无的　　　　　　　B．必须手工配置

    C．是所有接口中 IP 地址最大的　D．可以由路由器自动选择

（6）OSPF 协议的协议号是（　　　）。

    A．88　　　　　　B．89　　　　　C．179　　　　　D．520

（7）OSPF 协议将网络结构抽象为以下哪几种网络类型？（　　　）。

    A．stub networks　　　　　　　B．point-to-point

    C．broadcast　　　　　　　　　D．point-to-multipoint

（8）OSPF 计算 cost 主要是依据哪些参数？（　　　）。

    A．mtu　　　　　　B．跳数　　　　C．带宽　　　　　D．延时

（9）以下哪些报文是属于 OSPF 的协议报文？（　　　）。

    A．hello　　　　　B．DD　　　　　C．keeplive　　　D．LSA

（10）在 OSPF 中 hello 报文的主要作用是（　　　）。

    A．发现邻居　　　　　　　　　B．协商参数

    C．选举 DR，BDR　　　　　　　D．协商交换 DD 报文时的主从关系

（11）OSPF 协议中关于 DR 和 BDR 的说法正确的是（　　　）。

    A．DR 一定是网段中优先级最高的路由器

    B．网络中一定要同时存在 DR 和 BDR

    C．其他所有非 DR 的路由器只需要和 DR 交换报文，非 DR 之间就不需要交互
      报文了

    D．所有非 DR 路由器和 BDR 之间的稳定状态也是 FULL

（12）运行 OSPF 协议的两台路由器无法正常建立邻居，不可能是以下哪种原因？
（　　　）。

    A．验证不一致

    B．hello 计时器或 dead 计时器不一致

    C．修改其中一台路由器的 dr-priorty 为 0

    D．区域设置不一致

（13）在运行了 RIP 的 MSR 路由器上看到如下路由信息：

```
<MSR>display ip routing-table 6.6.6.6
```

```
Routing Table : Public
Summary Count : 2
Destination/Mask Proto Pre Cost NextHop Interface
6.6.6.0/24 RIP 100 1 100.1.1.1 GE0/0
6.0.0.0/8 Static 60 0 100.1.1.1GE0/0
```

此时路由器收到一个目的地址为 6.6.6.6 的数据包，那么（　　）。

  A．该数据包将优先匹配路由表中的 RIP 路由，因为其掩码最长

  B．该数据包将优先匹配路由表中的 RIP 路由，因为其优先级高

  C．该数据包将优先匹配路由表中的静态路由，因为其花费小

  D．该数据包将优先匹配路由表中的静态路由，因为其掩码最短

（14）网络的延迟（delay）定义了网络把数据从一个网络节点传送到另一个网络节点所需要的时间。网络延迟包括（　　）。

  A．传播延迟   B．交换延迟

  C．介质访问延迟   D．队列延迟

（15）某公司组建公司网络需要进行广域网连接，要求该连接的带宽大于 1Mb/s，则下面（　　）和（　　）可用？

  A．V.35 规程接口及线缆，使用 PPP 作为链路层协议

  B．V.35 规程接口及线缆，使用 Frame Relay 作为链路层协议

  C．PRI 接口及线缆，捆绑多个时隙，使用 PPP 作为链路层协议

  D．BRI 接口及线缆，捆绑多个时隙，使用 PPP 作为链路层协议

（16）根据来源的不同，路由表中的路由不会来自（　　）。

  A．接口路由   B．直连路由   C．静态路由   D．动态路由

（17）下列关于路由器特点的描述，正确的是（　　）。

  A．是网络层设备   B．根据链路层信息进行路由转发

  C．提供丰富的接口类型   D．可以支持多种路由协议

（18）通过控制台（Console）端口配置刚出厂未经配置的 MSR 路由器，终端的串口波特率应设置为（　　）。

  A．9600   B．2400   C．115200   D．38400

（19）如果数据包在 MSR 路由器的路由表中匹配多条路由项，那么关于路由优选的顺序描述正确的是（　　）。

  A．Preference 值越小的路由越优先

  B．Cost 值越小的路由越优先

  C．掩码越短的路由越优先

  D．掩码越长的路由越优先

（20）RIP 从某个接口收到路由后，将该路由的度量值设置为无穷大（16），并从原接口发回邻居路由器，这种避免环路的方法为（　　）。

  A．Split Horizon   B．Poison Reverse

  C．Route Poisoning   D．Triggered Update

3．填空题。

（1）网络如图 5-54 所示，其中 Router 上没有配置任何逻辑接口，所有的主机之间均

可以正常通信。则此网络中有_____个冲突域，有_____个广播域。

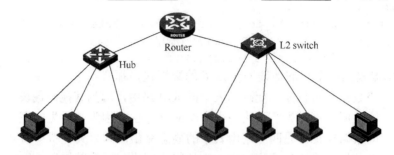

图 5-54 冲突域与广播域

（2）路由器的背板交换结构主要有_____、_____、_____三种实现技术。

（3）当前主流的 RIP 和 OSPF 协议使用的 RFC 文档分别是_____、_____。

（4）在自治系统内部运行的路由协议统称为_____。在外部路由器上运行的路由协议称为_____。

4．请给出距离向量算法和链路状态算法的基本思想及特点。

5．试述 DR 的选举过程。

6．某网络结构如图 5-55 所示，有路由器三台，分别是 Router A、Router B 和 Router C；两台终端分别是 Host A 和 Host B。已知 Host A 的 IP 地址为 10.65.1.1，子网掩码为 255.255.0.0；Host B 的 IP 地址为 10.66.1.1，子网掩码为 255.255.0.0。路由器 Router A 的 F0/0 端口地址为 10.65.1.2，S0/0 端口的地址为 10.30.1.2；Router B 的 S0/0 的端口地址为 10.30.1.1，S0/1 的端口地址为 10.40.1.1；Router C 的 S0/0 端口地址为 10.40.1.2，F0/0 端口地址为 10.66.1.2。按要求给出配置各路由器的静态路由，最终能够实现 HostA 与 Host B 连通配置命令。

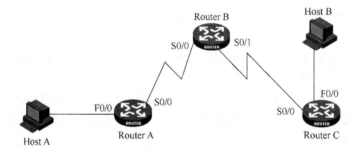

图 5-55 网络结构

7．给出图 5-56 中 R1、R2 的向量-距离路由表。

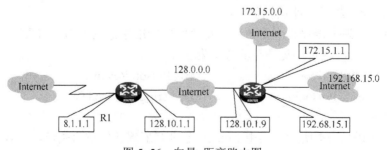

图 5-56 向量-距离路由图

8. 给出 R_i 路由器接收到 R_j 广播的路由信息后的路由表。

R_i 原路由表			R_j 广播的路由消息	
目的网络	路径	距离	目的网络	距离
10.0.0.0	直接	0	10.0.0.0	4
30.0.0.0	R_n	7	30.0.0.0	4
40.0.0.0	R_j	3	40.0.0.0	2
45.0.0.0	R_l	4	41.0.0.0	3
180.0.0.0	R_j	5	180.0.0.0	5
190.0.0.0	R_m	10		
199.0.0.0	R_j	6		

9. 图 5-57 是一个 B 类互联网 172.57.0.0/24 的子网互联结构，试将主机 A、路由器 R1、R2 的路由表填写完整。

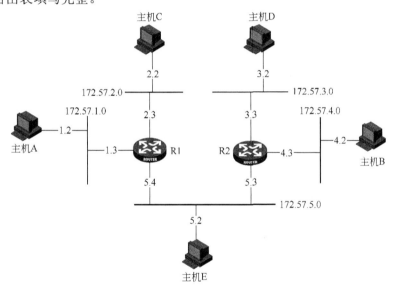

图 5-57　子网互联结构

（1）主机 A 的路由表。

子网掩码	目的网络	下一站地址
255. 255. 255. 0	172. 57. 1. 0	直接
0. 0. 0. 0		

（2）R1 的路由表。

子网掩码	目的网络	下一站地址
255. 255. 255. 0	172. 57. 1. 0	直接
255. 255. 255. 0	172. 57. 2. 0	
255. 255. 255. 0	172. 57. 3. 0	
255. 255. 255. 0	172. 57. 4. 0	
255. 255. 255. 0	172. 57. 5. 0	

（3）R2 的路由表。

子网掩码	目的网络	下一站地址
255. 255. 255. 0	172. 57. 1. 0	
255. 255. 255. 0	172. 57. 2. 0	
255. 255. 255. 0	172. 57. 3. 0	直接投递
255. 255. 255. 0	172. 57. 4. 0	
255. 255. 255. 0	172. 57. 5. 0	

第6章 广域网及其配置

本章学习目标

1. 了解 HDLC 的定义及配置；
2. 掌握 PPP 验证配置方法；
3. 掌握帧中继的工作原理及配置。

6.1 HDLC

6.1.1 HDLC 简介

HDLC 协议是同步串行传输的协议，由 SDLC 演变而来。ISO 将 SDLC 修改成 HDLC，由 CCITT 采纳并修改后发布推广。

HDLC（High-level Data Link Control，高级数据链路控制）是一种面向比特的链路层协议，其最大特点是对任何一种比特流，均可以实现透明的传输。HDLC 有如下特点。

（1）HDLC 协议只支持点到点链路，不支持点到多点。

（2）HDLC 不支持 IP 地址协商，不支持认证。协议内部通过 Keepalive 报文检查链路状态。

（3）HDLC 协议只能封装在同步链路上，如果是同/异步串口的话，只有当同/异步串口工作在同步模式下才可以应用 HDLC 协议。目前 HDLC 协议应用在同步模式下的 Serial 接口和 POS 接口。

6.1.2 HDLC 的帧类型和帧格式

HDLC 的帧类型较少，只有信息帧（I 帧）、监控帧（S 帧）和无编号帧（U 帧）3 种不同类型。

信息帧用于传送有效信息或数据，通常称为 I 帧；监控帧用于差错控制和流量控制，通常称为 S 帧；无编号帧用于提供对链路的建立、拆除以及多种控制功能，通常称为 U 帧。

HDLC 帧由标志、地址、控制、信息和帧校验序列等字段组成，如图 6-1 所示。

标志字段为 0111110，标志一个 HDLC 帧的开始和结束，所有的帧必须以 F 开头，并以 F 结束；邻近两帧之间的 F，既作为前面帧的结束，又作为后续帧的开头。

地址字段是 8 比特，用于标识接收或发送 HDLC 帧的地址。

控制字段是 8 比特，用来实现 HDLC 协议的各种控制信息，并标识是否是数据。

信息字段可以是任意的二进制比特串，长度未作限定，其上限由 FCS 字段或通信节点的缓冲容量决定，目前国际上用得较多的是 1000～2000 比特，而下限可以是 0，即无信息字段。但是监控帧中不可以有信息字段。

帧检验序列字段可以使用 16 位 CRC，对两个标志字段之间整个帧的内容进行校验。

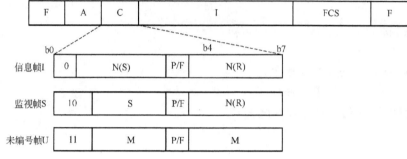

图 6-1 HDLC 帧结构及类型

6.1.3 HDLC 配置

在默认情况下，H3C 路由器接口封装 PPP 协议，需要重新在接口封装 HDLC 协议，配置实例图如图 6-2 所示。

图 6-2 HDLC 配置实例

HDLC 配置在接口封装 HDLC 协议：

```
link-protocol hdlc
```

在默认情况下，接口封装 PPP 协议。

配置状态轮询定时器的轮询时间间隔：

```
timer hold seconds
```

在默认情况下，接口的协议轮询时间间隔为 10s。

6.2 PPP

6.2.1 PPP 简介

点对点协议（Point to Point Protocol）是目前广域网上应用较广泛的协议之一，它的优点在于简单、具备用户验证能力、可以解决 IP 分配等。PPP 为在点对点连接上传输多协议数据包提供了一个标准方法。PPP 最初设计是为两个对等节点之间的 IP 流量传输提供一种封装协议。在 TCP/IP 协议集中，它是一种用来同步调制链接的数据链路层协议，替代原来非标准的第二层协议 SLIP。除了 IP 以外，PPP 还可以携带其他协议，包括 DECnet 和 Novell 的 Internet 网包交换（IPX）。PPP 定义了一整套协议，包括链路控制协议（LCP）、网络层控制协议（NCP）和验证协议（PAP 和 CHAP）。PPP 协议是一种在点到点链路上承载网络层数据包的链路层协议，由于它能够提供用户验证、易于扩充，并且支持同/异步通信，因而获得了广泛应用。

家庭拨号上网就是通过 PPP 在用户端和运营商的接入服务器之间建立通信链路。目前，在宽带接入技术日新月异的今天，PPP 也衍生出新的应用。典型的应用是在非对称数据用户环线 ADSL 接入方式当中，PPP 与其他的协议共同派生出了符合宽带接入要求的新的协议，如 PPPoE、PPPoA 等。

链路控制协议 LCP：主要用来建立、拆除和监控数据链路。PPP 提供的 LCP 功能全面，适用于大多数环境。LCP 用于就封装格式选项自动达成一致，处理数据包大小限制，探测环路链路和其他普通的配置错误以及终止链路。LCP 提供的其他可选功能有认证链路中对等单元的身份、决定链路功能正常或链路失败情况等。

网络控制协议 NCP：一种扩展链路控制协议，主要用来协商在该数据链路上所传输的数据包的格式与类型。用于建立、配置、测试和管理数据链路连接。

PPP 中定义了用于网络安全方面的验证协议族 PAP 和 CHAP。通过验证，增强了可靠性和安全性。

为了建立点对点链路通信，PPP 链路的每一端必须首先发送 LCP 包，以便设定和测试数据链路。在链路建立、LCP 所需的可选功能被选定之后，PPP 必须发送 NCP 包，以便选择和设定一个或更多的网络层协议。一旦每个被选择的网络层协议都被设定好后，来自每个网络层协议的数据报就能在链路上发送了。

链路建立后，除非有 LCP 和 NCP 数据包关闭链路，发生如休止状态的定时器期满或者用户干涉等一些外部事件，否则通信设定将保持不变。

6.2.2 PPP 协议规范

PPP 是为在同等单元之间传输数据包这样简单的链路而设计的。这种链路提供全双工操作，并按照顺序传递数据包。有意让 PPP 为基于各种主机、网桥和路由器的简单连接提供一种共通的解决方案。

PPP 封装提供了不同网络层协议同时通过统一链路的多路技术。当使用默认的类 HDLC 帧（HDLC-like framing）时，仅需要 8 个额外的字节就可以形成封装。在带宽需要付费时，封装和帧可以减少到 2 个或 4 个字节。为了支持高速执行，默认的封装只使用简单的字段，多路分解只需要对其中的一个字段进行检验。默认的头和信息字段落在 32-bit 边界上，尾字节可以被填补到任意边界。

6.2.3 PPP 链路建立过程

PPP 协议中提供了一整套方案来解决链路建立、维护、拆除、上层协议协商、认证等问题。PPP 协议包含这样几个部分：链路控制协议 LCP；网络控制协议 NCP；认证协议，最常用的包括口令验证协议 PAP 和挑战握手验证协议 CHAP。

LCP 负责创建、维护或终止一次物理连接。NCP 是一族协议，负责解决物理连接上运行什么网络协议，以及解决上层网络协议发生的问题。

PPP 链路状态建立过程如图 6-3 所示，一个典型的链路建立过程分为三个阶段：创建阶段、认证阶段和网络协商阶段。

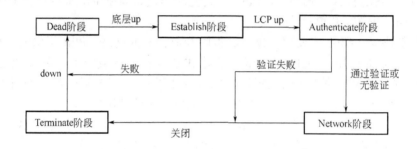

图 6-3   PPP 链路状态建立过程

阶段 1：创建 PPP 链路。

LCP 负责创建链路。在这个阶段，对基本的通信方式进行选择。链路两端设备通过 LCP 向对方发送配置信息报文。一旦一个配置成功信息包被发送且被接收，就完成了交换，进入 LCP 开启状态。

应当注意：在链路创建阶段，只是对验证协议进行选择，用户验证将在第 2 阶段实现。

阶段 2：用户验证。

在这个阶段，客户端将自己的身份发送给远端的接入服务器。该阶段使用一种安全验证方式避免第三方窃取数据或冒充远程客户接管与客户端的连接。在认证完成之前，禁止从认证阶段前进到网络层协议阶段。如果认证失败，认证者应该跃迁到链路终止阶段。

在这一阶段里，只有链路控制协议、认证协议和链路质量监视协议的分组是被允许的。该阶段接收到的其他的分组将被丢弃。

用户验证可以使用认证协议口令验证协议 PAP 或挑战握手验证协议 CHAP 进行认证验证。

阶段 3：调用网络层协议认证阶段完成之后，PPP 将调用在链路创建阶段选定的各种网络控制协议 NCP。选定的 NCP 解决 PPP 链路上的高层协议问题，例如，在该阶段，IP 控制协议 IPCP 可以向拨入用户分配动态地址。

这样，经过三个阶段以后，一条完整的 PPP 链路就建立起来了。

6.2.4 PPP 口令验证方式

6.2.4.1 口令验证协议 PAP

PAP 是一种简单的明文验证方式。网络接入服务器 NAS 要求用户提供用户名和口令，PAP 以明文方式返回用户信息。很明显，这种验证方式的安全性较差，第三方可以很容易地获取被传送的用户名和口令，并利用这些信息与 NAS 建立连接获取 NAS 提供的所有资源。所以，一旦用户密码被第三方窃取，PAP 无法提供避免受到第三方攻击的保障措施。

PAP 验证为两次握手验证，如图 6-4 所示，密码为明文，PAP 验证的过程如下：

（1）被验证方发送用户名和密码到验证方；

（2）验证方根据本端用户表查看是否有此用户以及密码是否正确，然后返回不同的响应。

PAP 不是一种安全的验证协议。当验证时，口令以明文方式在链路上发送，并且由于完成 PPP 链路建立后，被验证方会不停地在链路上反复发送用户名和口令，直到身份验证过程结束，所以不能防止攻击。

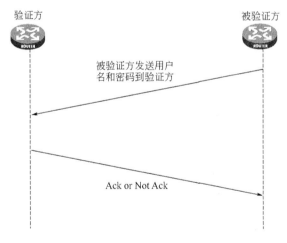

图 6-4 PAP 验证过程示意

6.2.4.2 挑战-握手验证协议 CHAP

CHAP 是一种加密的验证方式，能够避免建立连接时传送用户的真实密码。NAS 向远程用户发送一个挑战口令，其中包括会话 ID 和一个任意生成的挑战字串。远程客户必须使用 MD5 单向哈希算法返回用户名和加密的挑战口令、会话 ID 以及用户口令，其中用户名以非哈希方式发送。

CHAP 对 PAP 进行了改进，不再直接通过链路发送明文口令，而是使用挑战口令，以哈希算法对口令进行加密。因为服务器端存有客户的明文口令，所以服务器可以重复客户端进行的操作，并将结果与用户返回的口令进行对照。CHAP 为每一次验证任意生成一个挑战字串来防止再现攻击。在整个连接过程中，CHAP 将不定时地向客户端重复发送挑战口令，从而避免第 3 方冒充远程客户进行攻击。

在某些连接时，在允许网络层协议数据包交换之前希望对对等实体进行认证。在默认状态下，认证不是必要的。如果应用时希望对等实体使用某些认证协议进行认证，这种要求必须在建立连接阶段提出。

认证阶段应该紧接在建立连接阶段后。然而，可能有连接质量的决定并行出现。应用时绝对不允许连接质量决定数据包的交换使认证有不确定的延迟。认证阶段后的网络层协议阶段必须等到认证结束后才能开始。如果认证失败，将转而进入终止连接阶段。仅仅是连接控制协议、认证协议、连接质量监测的数据包才被允许在此阶段中出现，所有其他在此阶段接收到的数据包都将被静默丢弃。

如果对方拒绝认证，己方有权进入终止连接阶段。

如图 6-5 所示，CHAP 验证过程如下：

（1）验证方主动发起验证请求，验证方向被验证方发送一些随机产生的报文 Challenge，并同时将本端的用户名一起发送给被验证方；

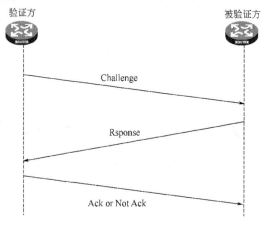

图 6-5　CHAP 验证过程示意

（2）被验证方接到验证方的验证请求后，检查本端接口上是否配置了默认的 CHAP 码，如果配置了，则被验证方利用报文 ID、该默认密码和 MD5 算法对该随机报文进行加密，将生成的密文和自己的用户名发回验证方；

（3）如果被验证方检查发现本端接口上没有配置默认的 CHAP 密码，则被验证方根据此报文中验证方的用户名在本端的用户表查找该用户对应的密码，如果在用户表找到了与验证方用户名相同的用户，便利用报文 ID、此用户的密钥和 MD5 算法对该随机报文进行加密，将生成的密文和被验证方自己的用户名发回验证方；

（4）验证方用自己保存的被验证方密码和 MD5 算法对原随机报文加密，比较二者的密文，根据比较结果返回不同的响应。

6.2.5　PPP 配置

6.2.5.1　配置命令

（1）配置接口封装的链路层协议：

`PPPlink-protocol ppp`

在默认情况下，接口封装的链路层协议为 PPP。此命令需要在接口视图下进行配置。

（2）配置本地验证对端的方式：

`ppp authentication-mode {pap|chap} [ [ call-in ] domain isp-name ]`

此命令在接口视图下使用。当不加 domain 时，默认使用的 domain 是系统默认的域 system，认证方式是本地验证，地址分配必须使用该域下配置的地址池。

（3）创建本地用户，并进入本地用户视图：

`local-user username`

（4）设置本地用户的密码：

`password { cipher | simple } password`

（5）设置本地用户的服务类型以及其他属性：

`service-type ppp`

（6）CHAP 验证方式中配置本地用户名称：

`ppp chap user username`

（7）配置本地被对端以 PAP 方式验证时本地发送的 PAP 用户名和密码：

`ppp pap local-user username password { cipher | simple } password`

在默认情况下，被对端以 PAP 方式验证时，本地设备发送的用户名和密码均为空。

（8）配置进行 CHAP 验证时采用的默认 CHAP 密码：

`ppp chap password { cipher |simple } password`

6.2.5.2　配置实例

如图 6-6 所示，Router A 分别以 PAP 和 CHAP 方式验证 Router B。

Router A　　　S2/0　　　　　　　S2/0　　　Router B
　　　　　　200.1.1.1/16　　200.1.1.2/16

图 6-6　PPP 配置实例

（1）PAP 验证配置步骤。

配置 Router A。

```
<RouterA> system-view
[RouterA] local-user user2
[RouterA-luser-user2] service-type ppp
[RouterA-luser-user2] password simple pass2
[RouterA-luser-user2] quit
[RouterA] interface serial 2/0
[RouterA-Serial2/0] link-protocol ppp
[RouterA-Serial2/0] ppp authentication-mode pap domain system
```

```
[RouterA-Serial2/0] ip address 200.1.1.1 16
[RouterA-Serial2/0] quit
[RouterA] domain system
[RouterA-isp-system] authentication ppp local
```

配置 Router B。

```
<RouterB>system-view
[RouterB] interface serial 2/0
[RouterB-Serial2/0] link-protocol ppp
[RouterB-Serial2/0] ppp pap local-user user2 password simple pass2
[RouterB-Serial2/0] ip address 200.1.1.2 16
```

（2）CHAP 验证配置步骤。

配置 Router A。

```
<RouterA>system-view
[RouterA] local-user user2
[RouterA-luser-user2] password simple hello
[RouterA-luser-user2] service-type ppp
[RouterA-luser-user2] quit
[RouterA] interface serial 2/0
[RouterA-Serial2/0] link-protocol ppp
[RouterA-Serial2/0] ppp chap user user1
[RouterA-Serial2/0] ppp authentication-mode chap domain system
[RouterA-Serial2/0] ip address 200.1.1.1 16
[RouterA-Serial2/0] quit
[RouterA] domain system
[RouterA-isp-system] authentication ppp local
```

配置 Router B。

```
<RouterB>system-view
[RouterB] local-user user1
[RouterB-luser-user1] service-type ppp
[RouterB-luser-user1] password simple hello
[RouterB-luser-user1] quit
[RouterB] interface serial 2/0
[RouterB-Serial2/0] link-protocol ppp
[RouterB-Serial2/0] ppp chap user user2
[RouterB-Serial2/0] ip address 200.1.1.2 16
```

6.3　帧中继

6.3.1　帧中继协议简介

帧中继协议是一种简化的 X.25 广域网协议。帧中继协议是一种统计复用的协议，它在单一物理传输线路上能够提供多条虚电路。每条虚电路用数据链路连接标识 DLCI 来标识，DLCI 只在本地接口和与之直接相连的对端接口有效，不具有全局有效性，即在帧中继网络中，不同的物理接口上相同的 DLCI 并不表示是同一个虚电路。

帧中继是一种局域网互联的 WAN 协议，它工作在 OSI 模型的物理层和数据链路层。它为跨越多个交换机和路由器的用户设备间的信息传输提供了快速和有效的方法，而且帧中继的灵活带宽分配模式非常适应数据通信量的突发特性。

帧中继是一种数据包交换技术，与 X.25 类似。它可以使终端站动态共享网络介质和可用带宽。帧中继采用可变长度数据包和统计多元两种数据包技术。它不能确保数据完整性，所以，当出现网络拥塞现象时就会丢弃数据包。但在实际应用中，它仍然具有可靠的数据传输性能。

帧中继网络既可以是公用网络或者某一企业的私有网络，也可以是数据设备之间直接连接构成的网络。

6.3.1.1　术语介绍

（1）DTE：帧中继网络提供了用户设备（如路由器和主机等）之间进行数据通信的能力，用户设备被称作数据终端设备 DTE。

（2）DCE：为用户设备提供接入的设备，属于网络设备，被称为数据电路终端设备 DCE。

（3）UNI：DTE 和 DCE 之间的接口被称为用户网络接口 UNI。

（4）NNI：网络与网络之间的接口被称为网间网接口 NNI。

（5）虚电路：两个 DTE 设备之间的逻辑链路称为虚电路 VC，帧中继用虚电路提供端点之间的连接。由服务提供商预先设置的虚电路称为永久虚电路 PVC，另外一种虚电路是交换虚电路 SVC，它是动态设置的虚电路。

（6）DLCI：数据链路标识符，是在源和目的设备之间标识逻辑电路的一个数值。帧中继交换机通过在一对路由器之间映射 DLCI 来创建虚电路。

非广播多访问 NBMAL 是指不支持广播包，但可以连接多于两个设备的网络。

（7）本地访问速率：连接到帧中继的时钟速率，是数据流入或流出网络的速率。

（8）本地管理接口 LMI：是用户设备和帧中继交换机之间的信令标准，它负责管理设备之间的连接，维护设备之间的连接状态。

（9）承诺信息速率 CIR：指服务提供商承诺提供的有保证的速率。

（10）帧中继映射：作为第二层的协议，帧中继协议必须有一个和第三层协议之间建立关联的手段，才能用它来实现网络层的通信，帧中继映射即实现这样的功能，它在网络层地址和 DLCI 之间进行映射。

（11）逆向 ARP：帧中继网中的路由器可以通过逆向 ARP 自动建立帧中继映射，从而实现 IP 协议和 DLCI 之间的映射。

（12）帧中继的子接口：所谓子接口，是在帧中继的物理接口中定义的逻辑接口。帧中继有两种子接口类型，即点到点子接口和多点子接口。点到点子接口适合于星形拓扑，多点子接口适合于部分网状或全网状拓扑环境。

（13）信息传递方式：指端到端的信息交换方式。

（14）信息传递速率：指端到端的通信速率。

（15）信息传递能力：表示端到端间被传送信息的类型。例如，不受限的数字信息是指将发信者送出的比特流不作任何改变传送给受信者，也称作比特透明。话音表示只能用于话音通信等。

（16）结构：表示用户-网络接口上被发送或接收的与数据结构有关的分类标准。

（17）通信的建立：表示从受理用户请求到建立通信的时间关系，用户根据需要进行通信的即时连接、预订连接和专线连接。

（18）对称性：指发信者与收信者间建立呼出、呼入通路有关的属性，在呼出和呼入方向上完全相同的业务称作双向对称。即便有一个属性不同的业务也被称作非双向对称。只建立单向通信的业务称作单向业务。

（19）通信配置：表示进行通信的地点是点到点、点到多点的，还是多点到点、多点到多点的。

（20）接入协议：表示为了实现业务在用户-网络接口上所用协议类型的属性。

帧中继是基于 LAPF Q.922 的，其帧结构如图 6-7 所示。

8	16	Variable	16	8
Flags	Address	Data	FCS	Flags

图 6-7　帧中继协议结构示意

图 6-7 中各字段的含义如下。

（1）Flags：划定帧的起始和结束。该字段值不变，并表示为十六进制数 7E 或二进制数 01111110。

（2）Address：包含如图 6-8 所示信息：

6bit	7bit	8bit	12bit	13bit	14bit	15bit	16bit
DLCI	C/R	EA	DLCI	FECN	BECN	DE	EA

图 6-8　Address 包含的信息

① DLCI：数据链路连接标识符字段，表示帧地址，并与 PVC 相对应。

② C/R：指明帧是命令还是响应。

③ EA：扩展地址字段，表示帧中继头中附加的两个字节。

④ FECN：前向显式拥塞通知（参见下面的 ECN）。

⑤ BECN：后向显式拥塞通知（参见下面的 ECN）。

⑥ DE：丢弃指示。

（3）Data：包括封装上层数据。可变长字段中的每帧包括一个用户数据，或者有效载荷字段长将变为 1600 Octets，该字段通过帧中继网络用于传输高层协议数据包（PDU）。

（4）FCS：Frame Check Sequence，确保传输数据的完整性。通过源设备计算该字段值，通过接收方校验该值以确保传输的完整性。

帧中继帧结构遵循 LMI 规范，它由如图 6-9 所示的各字段构成。

（1）Flags：划定帧的起始和结束。

（2）LMI DLCI：帧被识别为 LMI 帧，替代基本帧中继帧。LMI 协会规范中的特定 LMI DLCI 值为 DLCI = 1023。

1byte	2bytes	1byte	1byte	1byte	1byte
Flags	LMI DLCI	I-Indicator	Protocol Dis	Call Ref	M-Type
Information Elements(Variable)			FCS		Flags

图 6-9 帧中继帧结构

（3）Unnumbered Information Indicator：将 Poll/Final 位设置为 0。

（4）Protocol Discriminator：总包含一个代表 LMI 帧的值。

（5）Call Reference ：总包含 0。当前该字段不作任何使用。

（6）Message Type：将帧标签为以下其中一种信息类型：

① Status-Inquiry Message：允许用户设备查询网络状态。

② Status Message ： 响应 Status-Inquiry Messages 信息。Status Messages 包括 Keepalive 和 PVC Status Message 等信息。

（7）Information Elements：包括个人信息元素（IE）的可变量。IE 由以下字段构成：

① IE Identifier：唯一识别 IE。

② IE Length：表示 IE 长度。

③ Data：由一个或多个字节构成，其中包括封装上层数据。

（8）Frame Check Sequence（FCS）：确保传输数据的完整性。

6.3.1.2 帧终断的特点

帧中继技术的特点如下。

（1）帧中继技术主要用于传递数据信息，它将数据信息以满足帧中继协议的帧的形式有效地进行传送。

（2）帧中继传送数据信息所使用的传输链路是逻辑连接，而不是物理连接。在一个物理连接上可以复用多个逻辑连接，使用这种方式可实现带宽复用及动态分配带宽。

（3）帧中继协议简化了 X.25 的第三层功能，使网络功能的处理大大简化，提高了网络对信息处理的效率。只采用物理层和链路层的两级结构，在链路层中仅保留其核心的子集部分。

（4）在链路层完成统计复用、帧透明传输和错误检测，但不提供发现错误后的重传操作，省去了帧编号、流量控制、应答和监视等机制，大大节省了交换机的开销，提高了网络吞吐量，降低了通信时延。一般帧中继用户的接入速率在 64kb/s～2Mb/s 之间，可以达到 45Mb/s。

（5）交换单元——帧的信息长度远比分组长度长，预约的最大帧长度至少达到 1600 字节/帧，适合于封装局域网的数据单元。

（6）提供一套合理的带宽管理和防止阻塞的机制，用户有效地利用预先约定的带宽，即承诺的信息速率，并且允许用户的突发数据占用未预定的带宽，以提高整个网络资源的利用率。

（7）与分组交换一样，帧中继采用面向连接的交换技术，可以提供交换虚电路 SVC 业务和永久虚电路 PVC 业务，但在目前已应用的帧中继网络中，只采用 PVC 业务。

6.3.1.3 虚电路

根据虚电路建立方式的不同，虚电路分为永久虚电路 PVC 和交换虚电路 SVC 两种类型。手工设置产生的虚电路称为永久虚电路。通过协议协商产生的虚电路称为交换虚电路，这种虚电路由帧中继协议自动创建和删除。目前在帧中继中使用最多的方式是永久虚电路方式。在永久虚电路方式下，需要检测虚电路是否可用。本地管理接口 LMI 协议就是用来检测虚电路是否可用的。虚电路如图 6-10 所示。

LMI 协议用于维护帧中继协议的 PVC 表，包括通知 PVC 的增加、探测 PVC 的删除、监控 PVC 状态的变更、验证链路的完整性。系统支持三种本地管理接口协议 ITU-T 的 Q.933 附录 A、ANSI 的 T1.617 附录 D 以及非标准兼容协议。

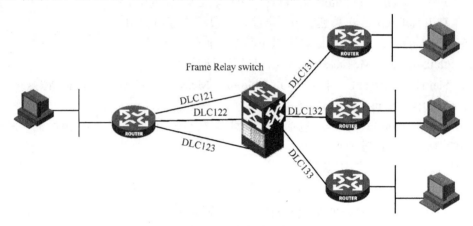

图 6-10　虚电路示意

LMI 协议中 DTE 设备每隔一定的时间间隔发送一个状态请求报文查询虚电路的状态，DCE 设备收到状态请求报文后，立即用状态报文通知 DTE 当前接口上所有虚电路的状态。对于 DTE 侧设备，永久虚电路的状态完全由 DCE 侧设备决定；对于 DCE 侧设备，永久虚电路的状态由网络决定。在两台网络设备直接连接的情况下，DCE 侧设备的虚电路状态是由设备管理员来设置的。

6.3.1.4　帧中继地址映射

帧中继地址映射是把对端设备的协议地址与对端设备的帧中继地址关联起来，使高层协议能通过对端设备的协议地址寻址到对端设备。

帧中继主要用来承载 IP 协议，在发送 IP 报文时，根据路由表只能知道报文的下一跳地址，发送前必须由该地址确定它对应的 DLCI。这个过程可以通过查找帧中继地址映射表来完成，因为地址映射表中存放的是下一跳 IP 地址和下一跳对应的 DLCI 的映射关系。

地址映射表可以由手工配置，也可以由逆向地址解析协议动态维护。

（1）帧中继 DLCI 的手工分配。帧中继 DLCI 的手工分配如图 6-11 所示。从帧中继网络服务商处得到分配的 DLCIs。每个 DLCI 只有本地意义，映射对端的网络地址到 DLCIs。

（2）Inverse ARP。如图 6-12 中 Inverse ARP 自动发现目的路由器的网络地址，从而简化了帧中继的配置。

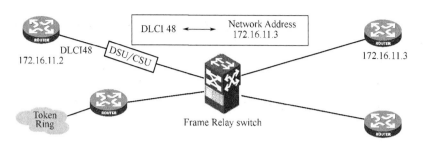

图 6-11 帧中继 DLCI 的手工分配示意

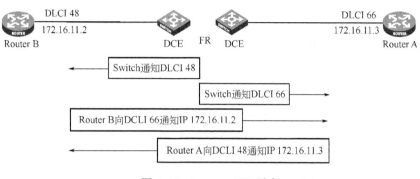

图 6-12 Inverse ARP 示意

6.3.2 帧中继配置

帧中继的配置需要在 DTE 和 DCE 两边进行配置。

6.3.2.1 配置帧中继封装链路协议

配置接口封装的链路层协议为帧中继。其命令为：

`link-protocol fr [ ietf |nonstandard ]`

在默认情况下，接口的链路层协议封装为 PPP，当封装帧中继协议时，默认的封装格式为 IETF。

6.3.2.2 配置帧中继接口类型

`fr interface-type {dte|dce|nni}`

在默认情况下，帧中继接口类型为 DTE。

6.3.2.3 配置帧中继 LMI 协议类型

`fr lmi type { ansi |nonstandard | q933a }[ bi-direction ]`

在默认情况下，接口的 LMI 协议类型为 q933a。

6.3.2.4 配置帧中继地址映射

帧中继地址映射可以静态配置或动态建立：

（1）静态配置是手工建立对端 IP 地址与本地 DLCI 的映射关系，一般用于对端主机较少或有默认路由的情况。

（2）动态建立是在运行了 Inverse ARP 后，动态建立对端 IP 地址与本地 DLCI 的映射关系，适用于对端设备也支持 Inverse ARP 且网络较复杂的情形。

增加一条静态地址映射。在默认情况下，系统没有静态地址映射：

fr map ip{ ip-address[ip-mask] | default }dlci-number [broadcast |[nonstandard | ietf] |compression { frf9 | iphc }]

使能帧中继 Inverse ARP 以建立动态地址映射：

fr inarp [ip [dlci-number]]

6.3.2.5 配置帧中继本地虚电路

当帧中继接口类型是 DCE 或 NNI 时，必须为接口手工配置虚电路。当帧中继接口类型是 DTE 时，如果是主接口，则系统会根据对端设备自动确定虚电路，也可以手工配置虚电路；如果是子接口，则必须手动为接口配置虚电路，虚电路号在一个物理接口上是唯一的。

在接口上配置虚电路用以下命令：

fr dlci dlci-number

6.3.3 帧中继配置实例

6.3.3.1 通过帧中继网络互联局域网

图 6-13 中通过公用帧中继网络互联局域网，在这种方式下，路由器只能作为用户设备工作在帧中继的 DTE 方式。

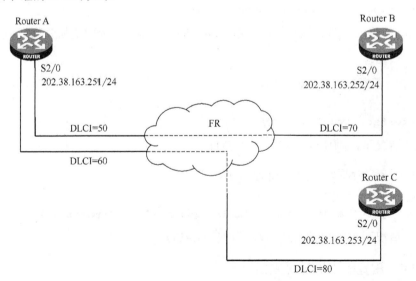

图 6-13 通过帧中继网络互联局域网

（1）配置 Router A。

配置接口 IP 地址：

```
<RouterA>system-view
[RouterA] interface serial 2/0
[RouterA-Serial2/0] ip address 202.38.163.251 256.256.256.0
```

配置接口封装为帧中继：

```
[RouterA-Serial2/0] link-protocol fr
[RouterA-Serial2/0] fr interface-type dte
```

如果对端路由器支持逆向地址解析功能，则配置动态地址映射：

```
[RouterA-Serial2/0] fr inarp
```

否则配置静态地址映射：

```
[RouterA-Serial2/0] fr map ip 202.38.163.252 50
[RouterA-Serial2/0] fr map ip 202.38.163.253 60
```

（2）配置 Router B。

配置接口 IP 地址：

```
<RouterB>system-view
[RouterB] interface serial 2/0
[RouterB-Serial2/0] ip address 202.38.163.252 256.256.256.0
```

配置接口封装为帧中继：

```
[RouterB-Serial2/0] link-protocol fr
[RouterB-Serial2/0] fr interface-type dte
```

如果对端路由器支持逆向地址解析功能，则配置动态地址映射：

```
[RouterB-Serial2/0] fr inarp
```

否则配置静态地址映射：

```
[RouterB-Serial2/0] fr map ip 202.38.163.251 70
```

（3）配置 Router C。

配置接口 IP 地址：

```
<RouterC>system-view
[RouterC] interface serial 2/0
[RouterC-Serial2/0] ip address 202.38.163.253 256.256.256.0
```

配置接口封装为帧中继：

```
[RouterC-Serial2/0] link-protocol fr
[RouterC-Serial2/0] fr interface-type dte
```

如果对端路由器支持逆向地址解析功能，则配置动态地址映射：

```
[RouterC-Serial2/0] fr inarp
```

否则配置静态地址映射：

```
[RouterC-Serial2/0] fr map ip 202.38.163.251 80
```

6.3.3.2 通过专线互联局域网

图 6-14 中两台路由器通过串口直连，Router A 工作在帧中继的 DCE 方式，Router B 工作在帧中继的 DTE 方式。

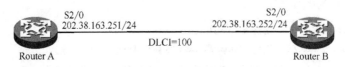

图 6-14 通过专线互联局域网

（1）配置 Router A。

配置接口 IP 地址：

```
<RouterA>system-view
[RouterA] interface serial 2/0
[RouterA-Serial2/0] ip address 202.38.163.251 256.256.256.0
```

配置接口的链路层协议为帧中继，工作在 DCE 方式：

```
[RouterA-Serial2/0] link-protocol fr
[RouterA-Serial2/0] fr interface-type dce
```

配置本地虚电路：

```
[RouterA-Serial2/0] fr dlci 100
```

（2）配置 Router B。

配置接口 IP 地址：

```
<RouterB>system-view
[RouterB] interface serial 2/0
[RouterB-Serial2/0] ip address 202.38.163.252 256.256.256.0
```

配置接口的链路层协议为帧中继：

```
[RouterB-Serial2/0] link-protocol fr
[RouterB-Serial2/0] fr interface-type dte
```

6.4 练习题

1．名词解释。

（1）LCP；（2）NCP；（3）PAP；（4）CHAP；（5）DTE；（6）DCE；（7）UNI；（8）NNI；（9）DLCI；（10）LMI。

2．选择题。

（1）两台路由器之间通过广域网接口 S1/0 互联，同时运行了 PPP 以及 RIP 协议。出于安全考虑，分别配置 PAP 验证和 RIP 明文验证。那么这两种验证方式的相同点是

（ ）。

    A．都是两次握手验证方式

    B．都是在网络上传递明文关键字

    C．用户名和密码都以明文的形式在网络上传播

    D．都采用 128bits 密钥长度

（2）路由器 S0/0 接入帧中继网络，在路由器的接口上有如下显示信息：

```
Serial1/1 current state :UP
Line protocol current state :DOWN
InternetAddress is 3.3.3.2/24
```

接口的协议状态为 DOWN，那么据此分析，（ ）。

    A．接口可能封装了 PPP 协议

    B．物理链路可能有故障

    C．封装的 LMI 类型可能与远端不一致

    D．如果接口封装了帧中继协议，此时 PVC 的状态应该是 DOWN

（3）在图 6-15 中方框处应使用的设备是（ ）。

    A．路由器   B．CSU/DSU

    C．广域网交换机   D．调制解调器

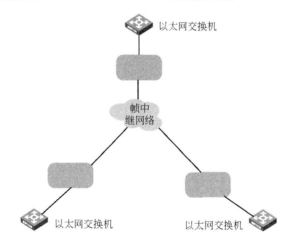

图 6-15 网络连接示意

（4）下面哪些是 OSPF 协议的特点？（ ）。

    A．支持区域划分   B．支持验证

    C．无路由自环   D．路由自动聚合

（5）想要设置帧中继 LMI 类型为 ANSI，应该（ ）。

    A．在系统模式下使用命令 fr lmi type ansi

    B．在接口模式下使用命令 fr lmi type ansi

    C．在系统模式下使用命令 fr lmi class ansi

    D．在接口模式下使用命令 fr lmi class ansi

（6）某公司的两个分公司处于不同地区，其间要搭建广域网连接。根据规划，广域网采用 PPP 协议，考虑到网络安全，要求密码类的报文信息不允许在网络上明文传送，那

么该采取如下哪种 PPP 验证协议？（　　）。

  A．PAP   B．CHAP   C．MD5   D．3DES

（7）在 MSR 路由器上将链路封装从 PPP 改为 HDLC 的命令是（　　）。

  A．line hdlc   B．link-protocol hdlc

  C．encapsulation hdlc   D．line-protocol hdlc

（8）下列关于 PPP 特点的说法正确的是（　　）。

  A．PPP 支持在同异步链路

  B．PPP 支持身份验证，包括 PAP 验证和 CHAP 验证

  C．PPP 可以对网络地址进行协商

  D．PPP 可以对 IP 地址进行动态分配

（9）在 PPP 会话建立的过程中，当物理层不可用时，PPP 链路处于（　　）阶段。

  A．Establish   B．Network

  C．Authentication   D．Dead

  E.Terminate

3．网络连接如图 6-16 所示。其中 RTA、RTB、RTC 的 IP 地址分别为 2.2.2.1/24、2.2.2.2/24、2.2.2.3/24，要实现 RTA 与 RTB、RTC 的互通，请给出各个设备相应的配置。

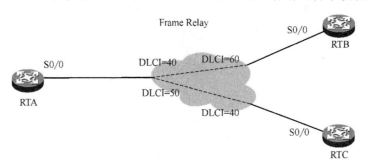

图 6-16　帧中继网络连接

第 7 章　防火墙与访问控制列表 ACL

本章学习目标

1. 了解防火墙的概念及其应用；
2. 了解 ASPF 的功能及工作原理；
3. 掌握 ACL 的概念及其应用。

7.1　防火墙

7.1.1　防火墙简介

防火墙一方面可以阻止来自因特网的、对受保护网络的未授权访问，另一方面允许内部网络用户对因特网进行 Web 访问或收发 E-mail 等。防火墙也可以作为一个访问因特网的权限控制关口，如允许组织内的特定主机访问因特网。现在，许多防火墙同时还具有一些其他特点，如进行身份鉴别、对信息进行安全处理等。

防火墙不仅用于控制因特网连接，也可以用来在组织网络内部保护大型机和重要的资源。对受保护数据的访问都必须经过防火墙的过滤，即使网络内部用户要访问受保护的数据，也要经过防火墙。

目前设备中的防火墙主要有包过滤防火墙、状态防火墙和地址转换 NAT 三种。过滤防火墙是基于访问控制列表 ACL 的包过滤，状态防火墙是基于应用层状态的包过滤 ASPF。

包过滤实现对 IP 数据包的过滤。对设备需要转发的数据包，先获取其包头信息，包括 IP 层所承载的上层协议的协议号、数据包的源地址、目的地址、源端口和目的端口等，然后与设定的 ACL 规则进行比较，根据比较结果对数据包进行相应的处理。

对于配置了精确匹配过滤方式的高级 ACL 规则，包过滤防火墙需要记录每一个首片分片三层以上的信息，当后续分片到达时，使用这些保存的信息对 ACL 规则的每一个匹配条件进行精确匹配。

应用精确匹配过滤后，包过滤防火墙的执行效率会略微降低，配置的匹配项目越多，效率降低越多，可以配置门限值来限制防火墙的最大处理数目。

7.1.2 ASPF 简介

基于状态的报文过滤 ASPF 是针对应用层的包过滤，和普通的静态防火墙协同工作，以便实施内部网络的安全策略。ASPF 能够检测试图通过防火墙的应用层协议会话信息，阻止不符合规则的数据报文穿过。为保护网络的安全，基于 ACL 规则的包过滤可以在网络层和传输层检测数据包，防止非法报文入侵。而 ASPF 能够检测应用层协议的信息，并对应用的流量进行监控。

7.1.2.1 ASPF 的功能

包过滤防火墙属于静态防火墙，目前存在的问题如下：

（1）对于多通道的应用层协议，如 FTP、H.323 等，部分安全策略配置无法预知；

（2）无法检测某些来自传输层和应用层的攻击行为，如 TCP SYN、Java Applets 等；

（3）无法识别来自网络中伪造的 ICMP 差错报文，从而无法避免 ICMP 的恶意攻击。

对于 TCP 连接，均要求其首报文为 SYN 报文，非 SYN 报文的 TCP 首包会被丢弃。在这种处理方式下，当设备首次加入网络时，网络中原有 TCP 连接的非首包在经过新加入的防火墙设备时均被丢弃，这会中断已有的连接。因此，提出了状态防火墙 ASPF 的概念。ASPF 比包过滤防火墙能够实现更多的检测：能够对应用层协议检测，包括 FTP、HTTP、SMTP、RTSP、H.323Q.931、H.245、RTP/RTCP 检测；也可以对传输层协议检测，包括 TCP 和 UDP 检测，即通用 TCP/UDP 检测。

ASPF 能够检查应用层协议信息，如报文的协议类型和端口号等信息，并且监控基于连接的应用层协议状态。对于所有连接，每一个连接状态信息都会被 ASPF 维护，并用于动态地决定数据包是否被允许通过防火墙进入内部网络，以阻止恶意的入侵。

能够对通用 TCP/UDP 传输层协议信息进行检测，能够根据源地址、目的地址及端口号决定 TCP 或 UDP 报文是否可以通过防火墙进入内部网络。

7.1.2.2 ASPF 的基本概念

（1）Java Blocking：是对通过 HTTP 协议传输的 Java Applets 程序进行阻断。当配置了 Java Blocking 后，防火墙会阻断用户为试图在 Web 页面中获取包含 Java Applets 程序而发送的请求指令。

（2）PAM：应用协议端口映射 PAM（Port to Application Map）允许用户自定义应用层协议，使用非通用端口。应用层协议使用通用的端口号进行通信，PAM 允许用户对不同的应用定义一组新的端口号，并提供了一些机制维护和使用用户定义的端口配置信息。

PAM 支持通用端口映射和主机端口映射两类映射机制。

① 通用端口映射是将用户自定义端口号与应用层协议建立映射关系。如将 8080 端口映射为 HTTP 协议，这样所有目的端口是 8080 的 TCP 报文将被认为是 HTTP 报文。

② 主机端口映射是对去往或来自某些特定主机的报文建立自定义端口号和应用协议的映射。如将目的地址为 10.110.0.0 网段的、使用 8080 端口的 TCP 报文映射为 HTTP 报文。主机的范围可由基本 ACL 指定。

（3）单通道协议和多通道协议：单通道协议是会话从建立到删除的全过程中，只有一个通道参与数据交互，如 SMTP、HTTP。

多通道协议是包含一个控制通道和若干其他控制或数据通道，即控制信息的交互和数据的传送是在不同的通道上完成的，如 FTP、RTSP。

（4）内部接口和外部接口：如果设备连接了内部网和互联网，并且设备要通过部署 ASPF 来保护内部网的服务器，则设备上与内部网连接的接口就是内部接口，与互联网相连的接口就是外部接口。

当 ASPF 应用于设备外部接口的出方向时，可以在防火墙上为内部网用户访问互联网的返回报文打开一个临时通道。

7.1.2.3　应用层协议检测基本原理

如图 7-1 所示，为了保护内部网络，一般情况下需要在路由器上配置访问控制列表，以允许内部网的主机访问外部网络，同时拒绝外部网络的主机访问内部网络。但访问控制列表会将用户发起连接后返回的报文过滤掉，导致连接无法正常建立。当在设备上配置了应用层协议检测后，ASPF 可以检测每一个应用层的会话，并创建一个状态表和一个临时访问控制列表 TACL。

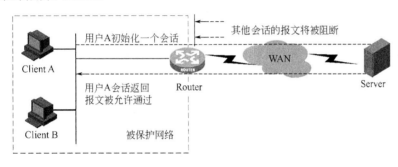

图 7-1　应用层协议检测原理

状态表在 ASPF 检测到第一个向外发送的报文时创建，用于维护一次会话中某一时刻会话所处的状态，并检测会话状态的转换是否正确。

临时访问控制列表 TACL 的表项在创建状态表项的同时创建，会话结束后删除，它相当于一个扩展 ACL 的 permit 项。主要用于匹配一个会话中所有返回的报文，可以为某一应用返回的报文在防火墙的外部接口上建立一个临时返回通道。

下面以 FTP 检测为例说明多通道应用层协议检测的过程。

图 7-2 所示为 FTP 连接的建立过程，假设 FTP client 以 1333 端口向 FTP server 的 21 端口发起 FTP 控制通道的连接，通过协商决定由 FTP server 的 20 端口向 FTP client 的 1600 端口发起数据通道的连接，数据传输超时或结束后连接删除。

FTP 检测在 FTP 连接建立到拆除过程中的处理如下。

（1）检查从出接口向外发送的 IP 报文，确认为基于 TCP 的 FTP 报文。

（2）检查端口号，确认连接为控制连接，建立返回报文的 TACL 和状态表。

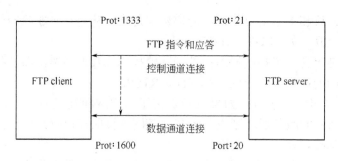

图 7-2　FTP 连接的建立过程

（3）检查 FTP 控制连接报文，解析 FTP 指令，根据指令更新状态表。如果包含数据通道建立指令，则创建数据连接的 TACL；对于数据连接，不进行状态检测。

（4）对于返回报文，根据协议类型做相应匹配检查，检查将根据相应协议的状态表和 TACL 决定报文是否允许通过。

（5）FTP 连接删除时，状态表及 TACL 随之删除。

单通道应用层协议，如 SMTP、HTTP 的检测过程比较简单，当发起连接时建立 TACL，连接删除时随之删除 TACL 即可。

7.1.2.4　传输层协议检测基本原理

传输层协议检测在本书中主要是指通用 TCP/UDP 检测。通用 TCP/UDP 检测与应用层协议检测不同，是对报文的传输层信息进行的检测，如源地址、目的地址及端口号等。通用 TCP/UDP 检测要求返回到 ASPF 外部接口的报文要与前面从 ASPF 外部接口发出去的报文完全匹配，即源地址、目的地址及端口号恰好对应，否则返回的报文将被阻塞。因此，对于 FTP、H.323 这样的多通道应用层协议，在不配置应用层检测而直接配置 TCP 检测的情况下，会导致数据连接无法建立。

7.1.2.5　防火墙命令

（1）启动防火墙。对于集中式设备，其命令格式为：

firewall enable

对于分布式设备，其命令格式为：

firewall enable { all | slot 是 slot-number }

在默认情况下，防火墙功能处于关闭状态。

（2）创建 ASPF 策略，并进入 ASPF 策略视图：

aspf-policyaspf-policy-number

（3）配置接口的过滤功能：

**firewall packet-filter{ acl-number | nameacl-name } { inbound |outbound }
[match-fragments{ normally | exactly }]**

7.2 访问控制列表 ACL

7.2.1 ACL 介绍

7.2.1.1 ACL 的定义

ACL（Access Control List，访问控制列表）是用来实现流识别功能的。网络设备为了过滤报文，需要配置一系列匹配条件对报文进行分类，这些条件可以是报文的源地址、目的地址、端口号等。

当设备的端口接收到报文后，即根据当前端口上应用的 ACL 规则对报文的字段进行分析，在识别出特定的报文之后，根据预先设定的策略允许或禁止该报文通过。

由 ACL 定义的报文匹配规则，可以被其他需要对流量进行区分的场合引用，如包过滤、QoS 中流分类规则的定义等。

ACL 根据序号范围来区分，可以分为四种类型，如表 7-1 所示。

表 7-1　ACL 类型

ACL 类型	ACL 序号范围	区分报文的依据
基本 ACL	2000～2999	只根据报文的源 IP 地址信息制定匹配规则
高级 ACL	3000～3999	根据报文的源 IP 地址信息、目的 IP 地址信息、IP 承载的协议类型、协议的特性等三、四层信息制定匹配规则
二层 ACL	4000～4999	根据报文的源 MAC 地址、目的 MAC 地址、802.1p 优先级、二层协议类型等二层信息制定匹配规则
用户自定义 ACL	5000～5999	可以以报文的报文头、IP 头等为基准，指定从第几个字节开始与掩码进行"与"操作，将从报文提取出来的字符串和用户定义的字符串进行比较，找到匹配的报文

用户在创建 ACL 时，可以为 ACL 指定一个名称。每个 ACL 最多只能有一个名称。命名的 ACL 使用户可以通过名称唯一确定一个 ACL，并对其进行相应的操作。

在创建 ACL 时，用户可以选择是否配置名称。ACL 创建后，不允许用户修改或者删除 ACL 名称，也不允许为未命名的 ACL 添加名称。

7.2.1.2 ACL 的使用

防火墙的配置通常分为三个步骤。首先启用防火墙，然后定义访问控制列表，最后将相应的访问控制列表应用到相应的接口上。

7.2.1.3 ACL 的作用

配置好的访问控制列表可以用于防火墙。首先可以用于 Qos，对数据流量进行控制；在 DCC 中，访问控制列表还可用来规定触发拨号的条件；访问控制列表还可以用于地址转换；也可以在配置路由策略时，利用访问控制列表过滤路由信息。

7.2.2　ACL 匹配顺序

一个 ACL 中可以包含多个规则，而每个规则都指定不同的报文匹配选项，这些规则可能存在重复或矛盾的地方，在将一个报文和 ACL 的规则进行匹配时，采用什么样的匹配规则，就需要确定规则的匹配顺序。

ACL 支持配置顺序 config 和自动排序 auto 两种匹配顺序,配置顺序是按照用户配置规则的先后进行规则匹配,自动排序是按照深度优先的顺序进行规则匹配。

7.2.2.1　基本 ACL 的"深度优先"顺序判断原则

（1）先看规则中是否带 VPN 实例，带 VPN 实例的规则优先；

（2）再比较源 IP 地址范围，源 IP 地址范围小（反掩码中"0"位的数量多）的规则优先；

（3）如果源 IP 地址范围相同，则先配置的规则优先。

7.2.2.2　高级 ACL 的深度优先顺序判断原则

（1）先看规则中是否带 VPN 实例，带 VPN 实例的规则优先；

（2）再比较协议范围，指定了 IP 协议承载的协议类型的规则优先；

（3）如果协议范围相同，则比较源 IP 地址范围，源 IP 地址范围小，即反掩码中"0"位数量多的规则优先；

（4）如果协议范围、源 IP 地址范围相同，则比较目的 IP 地址范围，目的 IP 地址范围小，即反掩码中"0"位数量多的规则优先；

（5）如果协议范围、源 IP 地址范围、目的 IP 地址范围相同，则比较传输层端口号范围，传输层端口号范围小的规则优先；

（6）如果上述范围都相同，则先配置的规则优先。

7.2.2.3　二层 ACL 的深度优先顺序判断原则

（1）先比较源 MAC 地址范围，源 MAC 地址范围小，即掩码中"1"位数量多的规则优先；

（2）如果源 MAC 地址范围相同，则比较目的 MAC 地址范围，目的 MAC 地址范围小，即掩码中"1"位数量多的规则优先；

（3）如果源 MAC 地址范围、目的 MAC 地址范围相同，则先配置的规则优先。

在报文匹配规则时，会按照匹配顺序去匹配定义的规则，一旦有一条规则被匹配，报文就不再继续匹配其他规则了，设备将对该报文执行第一次匹配的规则指定的动作。

7.2.3　相关概念

（1）步长的含义：步长是设备自动为 ACL 规则分配编号的时候，每个相邻规则编号之间的差值。例如，如果将步长设定为 5，规则编号分配是按照 0、5、10、15……这样的规律分配的。在默认情况下，步长为 5。当步长改变后，ACL 中的规则编号会自动从 0 开始重新排列。例如，原来规则编号为 5、10、15、20，当通过命令把步长改为 2 后，则规则编号变成 0、2、4、6。当使用命令将步长恢复为默认值后，设备将立刻按照默认步长调整 ACL 规则的编号。如 ACL 3001，步长为 2，下面有 4 个规则，编号为 0、2、4、6。如果此时使用命令将步长恢复为默认值，则 ACL 规则编号变成 0、5、10、15，步长为 5。

（2）步长的作用：使用步长设定的好处是用户可以方便地在规则之间插入新的规则。如配置好了 4 个规则，规则编号为 0、5、10、15。此时如果用户希望在第一条规则之后插入一条规则，则可以使用命令在 0 和 5 之间插入一条编号为 1 的规则。

另外，在定义一条 ACL 规则的时候，用户可以不指定规则编号，这时，系统会从 0 开始，按照步长，自动为规则分配一个大于现有最大编号的最小编号。假设现有规则的最大编号是 28，步长是 5，那么系统分配给新定义的规则的编号是 30。

（3）ACL 生效时间段：时间段用于描述一个特殊的时间范围。用户可能有这样的需求：一些 ACL 规则需要在某个或某些特定时间内生效，而在其他时间段则不利用它们进行报文过滤，即通常所说的按时间段过滤。这时，用户就可以先配置一个或多个时间段，然后在相应的规则下通过时间段名称引用该时间段，这条规则只在该指定的时间段内生效，从而实现基于时间段的 ACL 过滤。如果规则引用的时间段未配置，则系统给出提示信息，并允许这样的规则创建成功，但是规则不能立即生效，直到用户配置了引用的时间段，并且系统时间在指定时间段范围内 ACL 规则才能生效。

（4）ACL 对分片报文的处理：传统的报文过滤并不处理所有 IP 报文分片，而是只对首片分片报文进行匹配处理，对后续分片不进行匹配处理。这样，网络攻击者可能构造后续的分片报文进行流量攻击，就带来了安全隐患。

7.2.4 ACL 配置

7.2.4.1 配置命令

（1）创建一个时间段。

time-range time-name { start-time to end-time days [from time1 date1] [to time2 date2] | from
time1 date1 [to time2 date2] | to time2 date2 }

（2）显示时间段的配置和状态。

display time-range { time-name | all }

需要注意的是：

① 如果用户通过命令：

time-range time-name start-time to end-time days

定义了一个周期时间段，则只有系统时钟在该周期时间段内，该时间段才进入激活状态。

② 如果用户通过命令：

time-range time-name { from time1 date1 [to time2date2] | to time2 date2 }

定义了一个绝对时间段，则只有系统时钟在该绝对时间段内，该时间段才进入激活状态。

③ 如果用户通过命令：

time-range time-name start-time to end-time days { fromtime1 date1 [to time2 date2] | to time2 date2 }

同时定义了绝对时间段和周期时间段，则只有系统时钟同时满足绝对时间段和周期时间段的定义时，该时间段才进入激活状态。例如，一个时间段定义了绝对时间段从 2018 年 1 月 1 日 0 点 0 分到 2018 年 12 月 31 日 24 点 0 分，同时定义了周期时间段为每周三的 12：00 到 14：00。该时间段只有在 2018 年每周三的 12：00 到 14：00 才进入激活状态。

④ 在同一个名字下可以配置多个时间段来共同描述一个特殊时间，通过名字来引用该时间。在同一个名字下配置的多个周期时间段之间是"或"的关系，多个绝对时间段之间是"或"的关系，而周期时间段和绝对时间段之间是"与"的关系。

⑤ 如果不配置开始日期，时间段就是从系统可表示的最早时间，即从 1970 年 1 月 1 日 0 点 0 分起到结束日期为止。如果不配置结束日期，时间段就是从配置生效之日起到系统可以表示的最晚时间，即 2100 年 12 月 31 日 24 点 0 分为止。

⑥ 最多可以定义 256 时间段。

（3）定义步长。

step step-value

在默认情况下，步长为 5。

（4）基本 ACL 配置：基本 IPv4 ACL 只根据源 IP 地址信息制定匹配规则，对报文进行相应的分析处理。基本 ACL 的序号取值范围为 2000～2999。

创建基本 ACL 并进入基本 ACL 视图：

acl number acl-number[name acl-name][match-order { auto |config }]

定义规则：

rule [rule-id] { deny | permit }[fragment | logging | source{ sour-addr sour-wildcard |any } | time-range time-name| vpn-instancevpn-instance-name]

（5）高级 ACL 配置：高级 IPv4 ACL 可以使用报文的源 IP 地址信息、目的 IP 地址信息、IP 承载的协议类型、协议的特性，如 TCP 或 UDP 的源端口、目的端口，TCP 标记，ICMP 协议的消息类型、消息码等信息来制定匹配规则。

高级 IPv4 ACL 的序号取值范围为 3000～3999。

创建高级 ACL 并进入高级 ACL 视图：

acl number acl-number [name acl-name][match-order { auto | config }]

定义规则：

rule [rule-id] { deny | permit } protocol[destination { dest-addr dest-wildcard |any } | destination-port operator port1[port2] | dscp dscp | established |fragment | icmp-type { icmp-typeicmp-code | icmp-message } | logging |precedence precedence | reflective |source { sour-addr sour-

```
wildcard | any } |source-port operator port1 [ port2 ] |time-range time-
name | tos tos |vpn-instance vpn-instance-name ]
```

7.2.4.2 配置实例

（1）基本 ACL 配置：配置 IPv4 ACL 2000，禁止源 IP 地址为 1.1.1.1 的报文通过。

```
<Sysname>system-view
[Sysname] acl number 2000
[Sysname-acl-basic-2000] rule deny source 1.1.1.1 0
[Sysname-acl-basic-2000] display acl 2000
Basic ACL 2000, named -none-, 1 rule,
ACL's step is 5
rule 0 deny source 1.1.1.1 0 (5 times matched)
```

（2）高级 ACL 配置：配置 IPv4 ACL 3000，允许 129.9.0.0 网段的主机向 202.38.160.0 网段的主机发送端口号为 80 的 TCP 报文。

```
<Sysname> system-view
[Sysname] acl number 3000
[Sysname-acl-adv-3000] rule permit tcp source 129.9.0.0 0.0.255.255
destination 202.38.160.0 0.0.0.255 destination-port eq 80
[Sysname-acl-adv-3000] display acl 3000
Advanced ACL 3000, named -none-, 1 rule,
ACL's step is 5
rule 0 permit tcp source 129.9.0.0 0.0.255.255 destination 202.38.160.0
0.0.0.255 destination-port eq www (5 times matched)
```

7.3 练习题

1. 名词解释。

（1）防火墙；（2）ACL；（3）ASPF；（4）步长。

2. 选择题。

（1）在路由器上配置了如下 ACL：

```
acl number 3999
rule permit tcp source 10.10.10.1 255.255.255.255 destination
20.20.20.1 0.0.0.0
time-range lucky
```

那么对于该 ACL 的理解正确的是（　　　）。

    A. 该 rule 只在 lucky 时间段内生效

    B. 该 rule 只匹配来源于 10.10.10.1 的数据包

    C. 该 rule 只匹配去往 20.20.20.1 的数据包

    D. 该 rule 可以匹配来自任意源网段的 TCP 数据包

    E. 该 rule 可以匹配去往任意目的网段的 TCP 数据包

（2）在一台路由器上看到如下信息：

```
[MSR-1]display arp all
Type: S-Static D-Dynamic
IPAddress MACAddress VLAN ID Interface Aging Type
192.168.0.2 0123-4321-1234 N/A GE0/0 20 D
```

经查，该主机有大量病毒，要禁止该主机发出的报文通过该路由器，那么（　　）。

    A．可以在路由器上配置基本 ACL 并应用在 GE0/0 的入方向来实现

    B．可以在路由器上配置基本 ACL 并应用在 GE0/0 的出方向来实现

    C．可以在路由器上配置高级 ACL 并应用在 GE0/0 的入方向来实现

    D．可以在路由器上配置高级 ACL 并应用在 GE0/0 的出方向来实现

（3）路由器的 GE0/0 接口地址为 192.168.100.1/24，该接口连接了一台三层交换机，而此三层交换机为客户办公网络多个网段默认网关所在。路由器通过串口 S1/0 连接到 Internet。全网已经正常互通，办公网用户可以访问 Internet。出于安全性考虑，需要禁止客户主机 Ping 通路由器的 GE0/0 接口，于是在该路由器上配置了如下 ACL：

```
acl number 3008
rule 0 deny icmp source 192.168.1.0 0.0.0.255
```

同时该 ACL 被应用在 GE0/0 的 inbound 方向。发现局域网内 192.168.0.0/24 网段的用户依然可以 Ping 通 GE0/0 接口地址。根据如上信息可以推测（　　）。

    A．该 ACL 没有生效

    B．该 ACL 应用的方向错误

    C．防火墙的默认规则是允许

    D．对接口 GE0/0 执行 shutdown 和 undoshutdown 命令后，才会实现 192.168.0.0/24
       网段 Ping 不通 MSR-1 以太网接口地址

（4）在路由器 MSR-1 上看到如下提示信息：

```
[MSR-1]display firewall-statistics all
Firewall is enable, default filtering method is 'permit'.
Interface: GigabitEthernet0/0
In-bound Policy: acl 3000
Fragments matched normally
From 2008-11-08 2:25:13 to 2008-11-08 2:25:46
0 packets, 0 bytes, 0% permitted,
4 packets, 240 bytes, 37% denied,
7 packets, 847 bytes, 63% permitted default,
0 packets, 0 bytes, 0% denied default,
Totally 7 packets, 847 bytes, 63% permitted,
Totally 4 packets, 240 bytes, 37% denied.
```

据此可以推测（　　）。

    A．由上述信息中的 37%denied 可以看出，已经有数据匹配 ACL3000 中的规则

    B．有一部分数据包没有匹配 ACL3000 中的规则，而是匹配了默认的 permit 规则

    C．ACL3000 被应用在 GigabitEthernet0/0 的 inbound 方向

    D．上述信息中的 0% denied default 意味着该 ACL 的默认匹配规则是 deny

（5）一台路由器通过 S1/0 接口连接 Internet，GE0/0 接口连接局域网主机，局域网主机所在网段为 10.0.0.0/8，在 Internet 上有一台 IP 地址为 202.102.2.1 的 FTP 服务器。通过在路由器上配置 IP 地址和路由，局域网内的主机可以正常访问 Internet(包括公网 FTP 服务器)，如今在路由器上增加如下配置：

```
firewall enable
acl number 3000
rule 0 deny tcp source 10.1.1.1 0 source-port eq ftp destination
202.102.2.1 0
```

然后将此 ACL 应用在 GE0/0 接口的 inbound 和 outbound 方向，那么这条 ACL 能实现下列哪些功能？（　　　）。

  A．禁止源地址为 10.1.1.1 的主机向目的主机 202.102.2.1 发起 FTP 连接

  B．只禁止源地址为 10.1.1.1 的主机到目的主机 202.102.2.1 的端口为 TCP 21 的 FTP 控制连接

  C．只禁止源地址为 10.1.1.1 的主机到目的主机 202.102.2.1 的端口为 TCP 20 的 FTP 数据连接

  D．对从 10.1.1.1 向 202.102.2.1 发起的 FTP 连接没有任何限制作用

3．网络结构如图 7-3 所示。要实现如下需求：Host C 与 Host B 互访；Host B 和 Host A 不能互访；Host A 和 Host C 不能互访。按要求给出最合适的配置。

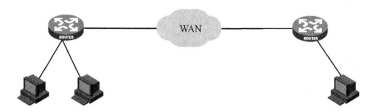

图 7-3　ACL 应用一

4．两台路由器通过如图 7-4 所示方式连接。在两台路由器之间运行了 OSPF。想要在 RTA 上配置 ACL 阻止 RTA 与 RTB 之间建立 OSPF 邻居关系，那么请给出相应的配置。

图 7-4　ACL 应用二

第 8 章　网络地址转换

本章学习目标

1. 理解 NAT 技术的基本原理；
2. 理解 NAT 实现功能；
3. 掌握 NAT 配置。

8.1　NAT 技术的基本原理

8.1.1　NAT 概述

NAT（Network Address Translation，网络地址转换）是将 IP 数据报报头中的 IP 地址转换为另一个 IP 地址的过程。在实际应用中，NAT 主要用于实现私有网络访问公共网络的功能。这种通过使用少量的公有 IP 地址代表较多的私有 IP 地址的方式，有助于减缓可用 IPv4 地址空间的枯竭。

IPv4 地址耗尽促成了 CIDR 的开发，但 CIDR 开发的主要目的是有效地使用现有的 Internet 地址。而同时根据 RFC 1631 开发的 NAT 却可以在多重的 Internet 子网中使用相同的 IP，用来减少注册 IPv4 地址的使用。

NAT 技术使得一个私有网络可以通过 Internet 注册 IP 连接到外部世界，位于内部网络和外部网络中的 NAT 路由器在发送数据报之前，负责把内部 IP 翻译成外部合法地址。内部网络的主机不可能同时与外部网络通信，所以只有一部分内部地址需要翻译。

NAT 使用的几种情况：

（1）连接到 Internet，但却没有足够的合法地址分配给内部主机；

（2）更改到一个需要重新分配地址的 ISP；

（3）有相同的 IP 地址的两个 Internet 合并；

（4）想支持负载均衡。

图 8-1 描述了一个基本的 NAT 应用，其工作过程如下。

（1）NAT 网关处于私有网络和公有网络的连接处。

（2）当内部 PC（192.168.1.3）向外部服务器（10.1.1.2）发送一个数据报 1 时，数据报将通过 NAT 网关。

（3）NAT 网关查看报头内容，发现该数据报是发往外网的，那么它将数据报 1 的源地址字段的私有地址 192.168.1.3 换成一个可在 Internet 上转发的公有地址 20.1.1.1，并将该数据报发送到外部服务器，同时在 NAT 网关的网络地址转换表中记录这一映射。

（4）外部服务器给内部 PC 发送的初始目的地址为 20.1.1.1 的应答报文 2 到达 NAT 网关后，NAT 网关再次查看报头内容，然后查找当前网络地址转换表的记录，用内部 PC 的私有地址 192.168.1.3 替换初始的目的地址。

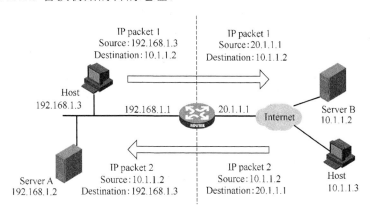

图 8-1 基本的 NAT 应用

上述 NAT 应用过程（图 8-1）对终端的 Host 和 Server 来说是透明的。对外部服务器而言，它认为内部 PC 的 IP 地址就是 20.1.1.1，并不知道有 192.168.1.3 这个地址。因此，NAT 隐藏了企业的私有网络。

地址转换的优点在于，在为内部主机提供了隐私保护的前提下，实现了内部网络的主机通过该功能访问外部网络的资源。但它也有以下一些缺点。

（1）由于需要对数据报文进行 IP 地址的转换，涉及 IP 地址的数据报的报头不能被加密。在应用协议中，如果报文中有地址或端口需要转换，则报文不能被加密。例如，不能使用加密的 FTP 连接，否则 FTP 的 port 命令不能被正确转换。

（2）网络调试变得更加困难。比如，某一台内部网络的主机试图攻击其他网络，则很难指出究竟哪一台机器是恶意的，因为主机的 IP 地址被屏蔽了。

（3）在链路的带宽低于 1.5Gb/s 速率时，地址转换对网络性能影响很小，此时，网络传输的瓶颈在传输线路上；当速率高于 1.5Gb/s 时，地址转换将对网络性能产生一些影响。

8.1.2 NAT 的工作原理

NAT 技术能帮助解决令人头痛的 IPv4 地址紧缺的问题，而且使得内、外网络隔离，提供一定的网络安全保障。在内部网络中使用内部地址，通过 NAT 把内部地址翻译成合法的 IP 地址在 Internet 上使用，其具体的做法是把 IP 包内的地址域用合法的 IP 地址替换。NAT 功能通常被集成到路由器、防火墙、ISDN 路由器或者单独的 NAT 设备中。NAT 设备维护一个状态表，用来把非法的 IP 地址映射到合法的 IP 地址上去。每个包在NAT 设备中都被翻译成正确的 IP 地址，发往下一级，这意味着给处理器带来了一定的负担。但对于一般的网络来说，这种负担是微不足道的。

8.1.3　NAT 技术的类型

NAT 有静态 NAT、动态地址 NAT 和网络地址端口转换 NAPT 三种类型。其中，静态 NAT 设置起来是最简单和最轻易实现的一种，内部网络中的每个主机都被永久映射成外部网络中的某个合法的地址。而动态地址 NAT 则是在外部网络中定义了一系列合法地址，采用动态分配的方法映射到内部网络。网络地址端口转换 NAPT 则是把内部地址映射到外部网络的一个 IP 地址的不同端口上。根据不同需要，三种 NAT 方案各有利弊。

动态地址 NAT 只是转换 IP 地址，它为每一个内部 IP 地址分配一个临时的外部 IP 地址，主要应用于拨号，对于频繁的远程连接也可以采用动态 NAT。当远程用户连接上之后，动态地址 NAT 就会分配给他一个 IP 地址，用户断开时，这个 IP 地址就会被释放而留待以后使用。

网络地址端口转换 NAPT 是人们比较熟悉的一种转换方式。NAPT 普遍应用于接入设备中，它可以将中小型的网络隐藏在一个合法的 IP 地址后面。NAPT 与动态地址 NAT 不同，它将内部连接映射到外部网络中的一个单独的 IP 地址上，同时在该地址上加上一个由 NAT 设备选定的 TCP 端口号。

在 Internet 中使用 NAPT 时，所有不同的 TCP 和 UDP 信息流似乎来源于同一个 IP 地址。这个优点在小型办公室内非常实用，通过从 ISP 处申请的一个 IP 地址，将多个连接通过 NAPT 接入 Internet。实际上，许多 SOHO 远程访问设备支持基于 PPP 的动态 IP 地址。这样，ISP 甚至不需要支持 NAPT，就可以做到多个内部 IP 地址共用一个外部 IP 地址上 Internet，虽然这样会导致信道的一定拥塞，但考虑到节省的 ISP 上网费用和易治理的特点，用 NAPT 还是很值得的。

8.1.4　NAT 实现流程

8.1.4.1　NAT 内网-外网实现流程

NAT 内网-外网实现流程如图 8-2 所示。

其工作过程如下：

（1）假设内网中地址为 10.0.1.1 的主机要访问公网的服务资源，它首先产生目的地址为 6.1.128.1 的 IP 报文发送给默认网关 10.0.0.1，此时，报文的源地址为 10.0.1.1，源端口号为 1001；目的地址为 6.1.128.1，目的端口号为 21。

（2）路由器收到 IP 报文后，在地址转换表中增加相应的地址转换表项，并将 IP 报文转发到出接口。

（3）路由器从地址池中查找第一个可用的公网地址 202.0.0.1 替换 IP 报文中的源地址，同时查找公网地址的一个可用端口 1044 替换源端口，转换后的报文源地址/端口号为 202.0.0.1：1044，目的地址/端口号不变。然后路由器将转换后的 IP 报文转发给目的服务器 6.1.128.1。

（4）公网服务器收到 IP 报文并做处理后，发送回应报文，这时报文的源地址为 6.1.128.1，源端口号为 21；目的地址为 202.0.0.1，目的端口号为 1044。

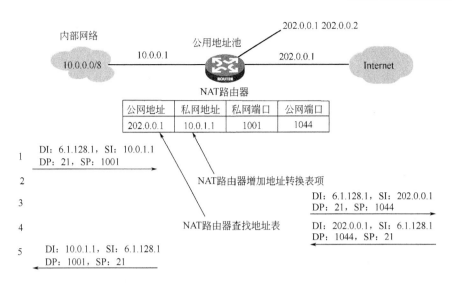

图 8-2　NAT（内网-外网）实现流程

（5）路由器收到 IP 报文后，查找 NAT 转换表，找到相应的表项后，用私网地址 10.0.1.1 替换公网地址 202.0.0.1，用端口号 1001 替换端口号 1044，然后将转换后的报文发送给私网主机。

8.1.4.2　NAT 外网-内网实现流程

NAT 外网-内网实现流程如图 8-3 所示。

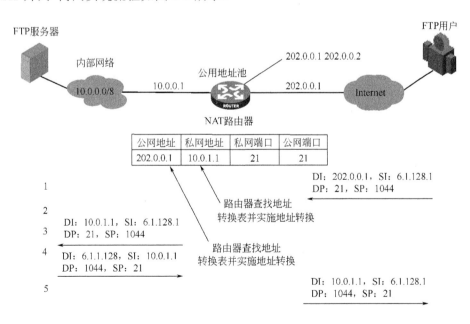

图 8-3　NAT 外网-内网实现流程

外网访问内网的过程与内网访问外网的过程正好相反，公网中的客户端首先发起请求。如果公网中的 FTP 客户要访问私网 FTP 服务，它利用的公网 IP 地址作为源地址，私网的 FTP 服务器地址作为目的地址发送 IP 报文，通过地址转换 FTP 客户可以访问到 FTP 服务器。

8.2 NAT 实现的功能

8.2.1 地址转换及其控制

从图 8-1 的网络地址转换过程可以发现，当内部网络访问外部网络时，NAT 将会选择一个合适的公有地址替换内部网络数据包的源地址。在图 8-1 中选择的是 NAT 服务器出接口上定义的 IP 地址。所有的内部网络主机访问外部网络时，只拥有这一个公有 IP 地址。在这种情况下，某一时刻只允许一台内部主机访问外部网络，这种情况称为"一对一网络地址转换"。当内部网络的多台主机并发地请求访问外部网络时，一对一网络地址转换仅能够实现其中一台主机的访问请求。

NAT 也可实现对并发请求的响应。允许 NAT 服务器拥有多个公有 IP 地址，当第一台内部主机访问外部网络时，NAT 进程选择一个公有地址，并在网络地址转换表中添加记录；当另一台内部主机访问网络时，NAT 进程选择另一个公有地址。以此类推，从而满足了多台内部主机并发访问外部网络的请求。这称为"多对多网络地址转换"。

这两种地址转换方式的特点如下：

（1）一对一网络地址转换。NAT 服务器只拥有一个公有 IP 地址，某一时刻只允许一台内部主机访问外部网络。

（2）多对多网络地址转换。NAT 服务器拥有多个公有 IP 地址，可以满足多台内部主机并发访问外部网络的请求。

在实际应用中，我们可能希望某些内部的主机可以访问外部网络，而某些主机不允许访问，即当 NAT 网关查看数据报报头内容时，如果发现源 IP 地址属于禁止访问外部网络的内部主机，它将不进行 NAT 转换，这就需要对地址转换进行控制。设备可以通过定义地址池来实现多对多地址转换，同时利用访问控制列表对地址转换进行控制。

利用访问控制列表限制地址转换，可以有效地控制地址转换的使用范围，只有满足访问控制列表条件的数据报文才可以进行地址转换。

地址池用于地址转换的一些连续的公有 IP 地址的集合。用户应根据自己拥有的合法 IP 地址数目、内部网络主机数目以及实际应用情况，配置恰当的地址池。在地址转换的过程中，NAT 网关将会从地址池中挑选一个地址作为转换后的源地址。

8.2.2 网络地址端口转换（NAPT）

按照普通的 NAT 方式，把一个内部主机的地址和一个外部地址一一映射后，在这条映射表项被清除之前，其他内部主机就不能映射到这个外部地址上。

网络地址端口转换 NAPT 是 NAT 的一种变形，它允许将多个内部地址映射到同一个公有地址上，达到多台内部主机同时访问外部网络的目的，可以显著提高公有 IP 地址的利用率。

NAPT 在映射 IP 地址的同时还对传输层协议端口进行映射，不同的内部地址可以映射到同一个公有地址上，而它们的端口号被映射为该公有地址的不同端口号，也就是说，NAPT 完成了<私有地址+端口>与<公有地址+端口>之间的转换。NAPT 有时也被称为端口地址转换 PAT（Port Address Translation）或地址覆盖（Address Overloading）。

图 8-4 描述了 NAPT 的工作原理。

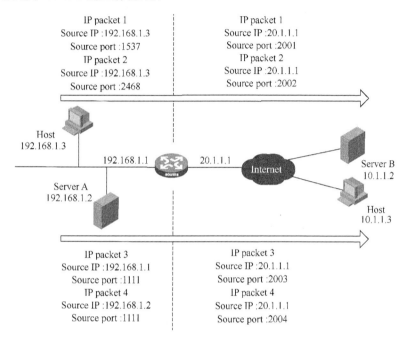

图 8-4　NAPT 工作原理

8.2.3　内部服务器

NAT 隐藏了内部网络的结构，具有屏蔽内部主机的作用，但是在实际应用中，可能需要给外部网络提供一个访问内部主机的机会，如给外部网络提供一台 WWW 服务器或 FTP 服务器。图 8-5 完整地描述了公网客户端访问私网内部服务器的完整过程。

8.2.4　Easy IP

Easy IP 是指进行地址转换时，直接使用接口的公有 IP 地址作为转换后的源地址。它也可以利用访问控制列表控制哪些内部地址可以进行地址转换。Easy IP 主要应用于将路由器 WAN 接口 IP 地址作为要被映射的公网 IP 地址的情形，特别适合小型局域网接入 Internet 的情况。一般内部主机较少、出接口通过拨号方式获得临时公网 IP 地址以供内部主机访问 Internet。具体过程如图 8-6 所示。

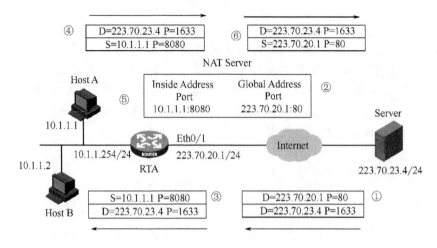

图 8-5 内部服务器工作原理

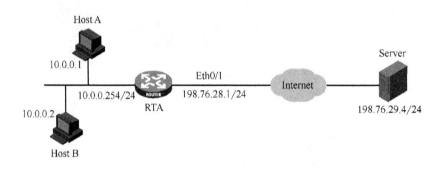

图 8-6 Easy IP 工作原理

（1）假设私网中的 Host A 主机要访问公网的 Server，首先要向路由器发送一个访问外网请求报文，此时报文中的源地址是 10.0.0.1。

（2）路由器在收到请求报文后，自动利用公网侧 WAN 接口临时公网 IP 地址 198.76.28.1，建立与内网侧报文源 IP 地址间的 Easy IP 转换表项也包括正、反两个方向，并依据正向 Easy IP 表项的查找结果将报文转换后向公网侧发送。此时，转换后的报文源地址由原来的 10.0.0.1 转换成为 198.76.28.1。

（3）Server 在收到请求报文后，需要向路由器发送对内部网络响应报文，此时只需将收到的请求报文中的源 IP 地址和目的 IP 地址对调即可，即此时的响应报文中的目的 IP 地址为 198.76.28.1。

（4）路由器在收到公网侧 Server 的回应报文后，根据其目的 IP 地址查找反向 Easy IP 表项，并依据查找结果将报文转换后向内网侧发送，即转换后的报文中的目的 IP 地址为 10.0.0.1，与 Host A 发送请求报文中的源 IP 地址完全一样。

如果私网中的 Host B 也要访问公网，则它所利用的公网 IP 址与 Host A 一样，都是路由器 WAN 口的公网 IP 地址，但转换时所用的端口号一定要与 Host A 转换时所用的端口不一样。

8.3 NAT 配置

8.3.1 NAT 配置命令

8.3.1.1 配置静态地址转换

配置从内部 IP 地址到外部 IP 地址的静态转换。

```
nat static { [ vpn-instancevpn-instance-name ] inside-ip global-ip |net-
to-net start-ip end-ip globalglobal-net-address { mask | mask-length } }
```

进入接口视图。

```
interface interface-type interface-number
```

使已经配置的 NAT 静态转换在接口上生效。

```
nat outbound static
```

8.3.1.2 配置 Easy IP

进入接口视图。

```
interface interface-type interface-number
```

配置访问控制列表和接口地址关联，实现 Easy IP 特性。

```
nat outbound acl-number
```

8.3.1.3 配置多对多地址转换

进入接口视图。

```
interface interface-type interface-number
```

配置访问控制列表和地址池关联，且不使用端口信息，实现多对多地址转换。

```
nat outbound acl-number address-groupgroup-number no-pat
```

8.3.1.4 配置 NAPT

进入接口视图。

```
interface interface-type interface-number
```

配置访问控制列表和地址池关联，并且同时使用 IP 地址和端口信息。

```
nat outbound acl-number address-groupgroup-number
```

8.3.1.5 配置内部服务器

配置一个内部服务器。

```
nat server [ vpn-instance vpn-instance-name ] protocol pro-type global
{ global-address |interface { interface-type interface-number } |current-
interface } [ global-port ] insidehost-address [ host-port ]
```

或

```
nat server [ vpn-instance vpn-instance-name ] protocol pro-type global
{ global-address |interface { interface-type interface-number } |current-
interface } global-port1 global-port2inside host-address1 host-address2
host-port
```

8.3.2 NAT 典型配置举例

如图 8-7 所示，一个公司利用设备的 NAT 功能连接到 Internet。该公司能够通过设备的 VLAN 10 访问 Internet，公司内部对外提供 WWW、FTP 和 SMTP 服务，而且提供两台 WWW 服务器。公司内部网址为 10.110.0.0/16。其中，内部 FTP 服务器地址为 10.110.10.1，内部 WWW 服务器 1 的 IP 地址为 10.110.10.2，内部 WWW 服务器 2 的 IP 地址为 10.110.10.3，内部 SMTP 服务器 IP 地址为 10.110.10.4，并且希望可以对外提供统一的服务器的 IP 地址。通过配置 NAT 特性，满足如下要求：

（1）内部网络中 IP 地址为 10.110.10.0/24 的用户可以访问 Internet，其他网段的用户则不能访问 Internet。

（2）外部的 PC 可以访问内部的服务器。

（3）公司具有 202.38.160.100/24 至 202.38.160.105/24 六个合法的 IP 地址。选用 202.38.160.100 作为公司对外的 IP 地址，WWW 服务器 2 对外采用 8080 端口。

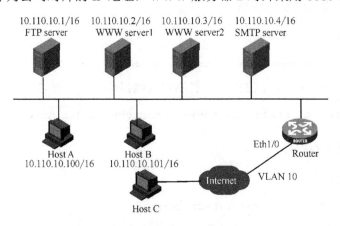

图 8-7　NAT 典型配置

（4）配置连接限制策略并绑定在 NAT 模块上，按源地址方式统计，限制用户连接数的上、下限值分别为 1000 和 800。如果内网有 10.110.10.100 和 10.110.10.101 两个用户访问公网服务器，按源地址进行统计，即要求与服务器建立的连接数不超过 1000。

配置步骤：

① 配置地址池和访问控制列表。

```
<Router>system-view
[Router] nat address-group 1 202.38.160.100 202.38.160.105
[Router] acl number 2001
[Router-acl-basic-2001] rule permit source 10.110.10.0 0.0.0.255
[Router-acl-basic-2001] rule deny source 10.110.0.0 0.0.255.255
[Router-acl-basic-2001] quit
```

② 允许 10.110.10.0/24 网段的 IP 地址进行 NAT 转换，其他网段的 IP 地址不能进行 NAT 转换。

```
[Router] interface ethernet 1/0
[Router-Ethernet1/0] nat outbound 2001 address-group 1
```

③ 设置内部 FTP 服务器。

```
[Router-Ethernet1/0]  nat  server  protocol  tcp  global  202.38.160.100
inside10.110.10.1 ftp
```

④ 设置内部 WWW 服务器 1。

```
[Router-Ethernet1/0]  nat  server  protocol  tcp  global  202.38.160.100
inside10.110.10.2 www
```

⑤ 设置内部 WWW 服务器 2。

```
[Router-Ethernet1/0] nat server protocol tcp global 202.38.160.100 8080
inside10.110.10.3 www
```

⑥ 设置内部 SMTP 服务器。

```
[Router-Ethernet1/0]  nat  server  protocol  tcp  global  202.38.160.100
inside10.110.10.4 smtp
[Router-Ethernet1/0] quit
```

⑦ 配置 NAT 模块打开连接限制功能。

```
[Router] connection-limit enable
```

⑧ 配置连接限制策略及规则。

```
[Router] connection-limit policy 1
[Router-connection-limit-policy-1] limit mode amount
[Router-connection-limit-policy-1]  limit  0  acl  2001  per-source  amount
1000 800
[Router-connection-limit-policy-1] quit
```

⑨ 将连接限制策略与 NAT 模块绑定在一起。

```
[Router] nat connection-limit-policy 1
```

8.4 练习题

1．名词解释。

（1）NAT；（2）NAPT；（3）Easy IP；（4）地址池。

2．选择题。

（1）NAPT 主要对数据包的（　　）信息进行转换。

    A．数据链路层　　　　　　　　B．网络层

    C．传输层　　　　　　　　　　D．应用层

（2）下面关于 Easy IP 的说法中，错误的是（　　）。

    A．Easy IP 是 NAPT 的一种特例

    B．配置 Easy IP 时不需要配置 ACL 来匹配需要被 NAT 转换的报文

    C．配置 Easy IP 时不需要配置 NAT 地址池

    D．Easy IP 适合用于 NAT 设备拨号或动态获得公网 IP 地址的场合

（3）若 NAT 设备的公网地址是通过 ADSL 由运营商动态分配的，在此情况下，可以使用（　　）。

    A．静态 NAT　　　　　　　　B．地址池的 NAPT

    C．Basic NAT　　　　　　　　D．Easy IP

（4）私网设备 A 的 IP 地址是 192.168.1.1/24，其对应的公网 IP 是 2.2.2.1；公网设备 B 的 IP 地址是 2.2.2.5。现需要设备 A 对公网提供 Telnet 服务，可以在 NAT 设备上使用下列哪项配置？（　　）。

    A．acl number 2000

        rule 0 permit source 192.168.1.1 0.0.0.255

        nat address-group 1 2.2.2.1

        interface Ethernet 0/1

        nat outbound 2000 address-group 1

    B．acl number 2000

        rule 0 permit source 192.168.1.1 0.0.0.255

        nat address-group 1 2.2.2.1

        interface Ethernet 0/1

        nat outbound 2000 address-group 1 no-pat

    C．nat server protocol tcp global 2.2.2.1 telnet inside 192.168.1.1

    D．nat server protocol tcp global 2.2.2.1 23 inside 192.168.1.1 23

（5）使用（　　）命令查看 NAT 表项。

    A．display nat table　　　　　　B．display nat entry

    C．display nat　　　　　　　　D．display nat session

（6）使用 display nat session 命令查看 NAT 信息，显示如下：

```
There are currently 4 NATsessions
Protocol   GlobalAddr  Port   InsideAddr  Port   DestAddr  Port
```

```
-               198.80.28.11 --     10.0.0.2     ---       ---       ---
VPN:0,          status: NOPAT,      TTL:00:04:00,         Left:00:04:00
-               198.80.28.12 --     10.0.0.1     ---       ---       ---
VPN:0,          status: NOPAT,      TTL:00:04:00,         Left:00:03:59
1               198.80.28.12 1024   10.0.0.1  1024    198.80.29.4  1024
VPN:0,          status: NOPAT,      TTL:00:01:00,         Left:00:00:59
1               198.80.28.11 512    10.0.0.2   512    198.80.29.4  512
VPN:0,          status: NOPAT,      TTL:00:01:00,         Left:00:01:00
```

由此信息可知私网地址是（　　　）。

A．192.80.28.12　　　　　　　　B．10.0.0.1

C．192.80.29.4　　　　　　　　　D．10.0.0.2

E．192.80.28.11

3．网络环境如图 8-8 所示，请给出路由器 RTA 的正确 NAPT 配置，使 Client_A 能访问 Server 上的资源。

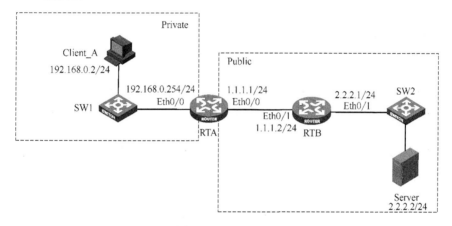

图 8-8　NAPT 配置

第 9 章　网络可靠性

本章学习目标

1. 理解可靠性的含义；
2. 掌握能增强可靠性的主要技术；
3. 掌握可靠性技术及配置。

9.1　网络可靠性概述

在数据通信过程中，各种软件或硬件错误都可能导致网络连接异常中断，造成数据传输失败。为了避免网络设备或线路出现故障时引起数据通信中断，Comware 系统提供备份中心、虚拟路由冗余协议 VRRP 和热备份技术，从而保障数据通信的畅通，有效增强了网络的强壮性和可靠性。

备份中心为路由器之间的通信线路提供了完善的备份功能，通过指定主接口和对应的备份接口，调节各备份接口的备份优先级、切换时间等参数，实现备份接口在主接口出现故障时及时接替其工作，确保承载的业务不受影响，极大地提高了通信线路的可靠性。Comware 上任意一个物理接口、子接口、任意接口上的某条逻辑通道，如 X.25 虚电路，都可以作为主接口；任意物理接口、dialer route 逻辑通道都可以作为其他接口或逻辑通道的备份接口。

VRRP 提高网络与外界连接的可靠性，适用于支持组播或广播的局域网，如以太网等。将多台路由器组成一个备份组作为本地网络统一的出口网关，而备份组内的路由器对本地网络透明。在备份组内有一台路由器处于活动状态，承担报文转发任务，一台路由器处于备份状态并随时接替任务，其余路由器处于监听状态。当处于活动状态的路由器出现故障时，将会由处于备份状态的路由器接替其工作，而其余处于监听状态的路由器将再确定另一台路由器担任备份工作。这样本地主机就可以不作任何修改地继续工作，极大地提高了通信的可靠性。

Comware 为高端设备提供热备份机制，对于高端设备，一般都配备两块主控板，一块主用，另一块备用。当主用板发生故障时，系统自动进行主备倒换，由备用板接替主用板的工作，热备份还可以实现不中断业务的软件升级，保证业务的正常运行。

9.2 备份中心

9.2.1 备份中心简介

备份中心（Backup Center）是指同一台设备上的各接口之间形成备份关系，通常由主接口承担业务传输，备份接口处于备份状态。当主接口本身或其所在线路发生故障而导致业务传输无法正常进行时，备份中心可以启用备份接口进行通信，从而提高了网络的可靠性。

如图 9-1 所示，Router A 的三个接口 Serial2/0、Serial2/1 和 Serial2/2 形成备份关系，Serial2/0 承担业务传输，Serial2/1 和 Serial2/2 处于备份状态，并拥有不同的备份优先级。

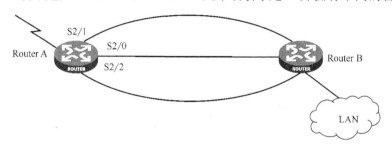

图 9-1　备份中心示意

当 Serial2/0 接口本身或其所在线路出现故障而导致业务传输无法正常进行时，启动优先级最高的备份接口继续进行业务传输，从而确保平滑、通畅地传输。

9.2.1.1 备份中心的基本概念

在备份中心中，接口分为主接口和备份接口两种。

（1）主接口：承担业务传输，是被备份的接口，如图 9-1 中的 Serial2/0。主接口可以是任意一个物理接口或子接口，如 Ethernet、POS、ATM 接口等。

（2）备份接口：不承担该业务传输，通常处于空闲状态，为主接口提供备份的接口，如图 9-1 中的 Serial2/1 和 Serial2/2。备份接口可以是任意一个物理接口。

9.2.1.2 备份中心工作方式

备份中心提供接口备份和负载分担两种工作方式。

（1）接口备份：如图 9-2 所示，Router A 的接口 Serial2/0 作为主接口，接口 Serial2/1 和 Serial2/2 作为备份接口。

在接口备份方式下，在任意时间只有一个接口进行业务传输，当主接口正常工作时，即使流量超负荷，备份接口仍然处于备份状态，所有流量都通过主接口进行业务传输。只有当主接口因故障无法进行业务传输时，优先级最高的备份接口才接替工作，并承担所有流量的传输，当原先故障的主接口恢复正常时，业务传输会重新切换回主接口。

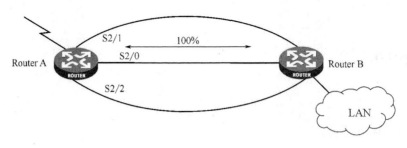

图 9-2　接口备份示意

（2）负载分担：如图 9-3 所示，Router A 的接口 Serial2/0 作为主接口，接口 Serial2/1 和 Serial2/2 作为备份接口。

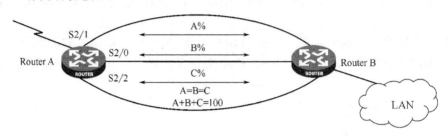

图 9-3　负载分担示意

在负载分担方式下，可以设定主接口流量的上下限阈值，流量在多个接口间实现负载均衡。当主接口的数据流量达到负载分担门限的上限阈值时，优先级最高的可用备份接口将被启用，同主接口一起进行负载分担。如果负载分担后流量还是超过上限，再从剩余的可用备份接口中启动优先级最高的一个，以此类推，直至启动了所有备份接口。当主接口的数据流量低于负载分担门限的下限阈值时，优先级最低的在用备份接口将被关闭，停止与主接口一起进行负载分担。如果关闭了一个备份接口后流量仍然低于下限，则从剩余的在用备份接口中关闭优先级最低的一个，以此类推，直至关闭了所有备份接口。

9.2.2　备份中心配置

9.2.2.1　配置命令

（1）配置主备备份：用户可以为一个主接口配置多个备份接口，这些备份接口根据优先级的高低决定备份时的启用顺序，优先级高的将先启用。

为防止由于接口状态不稳定而引起的主、备接口之间的频繁倒换，可以配置主、备接口倒换的延时。当主接口的状态由 up 转为 down 之后，系统将在该延时超时后才转换到备份接口；若在超时前主接口状态恢复正常，则不进行转换。

配置主接口的备份接口：

standby interface interface-type interface-number [priority]

配置主备接口切换的延时：

standby timer delay enable-delay disable-delay

在默认情况下，主接口与备份接口相互切换的延时均为 0s，即立即切换。

（2）配置负载分担：备份中心定时检测流经主接口的数据流量，从而决定是否启用或关闭备份接口，参与负载分担。

配置用来计算负载分担门限的主接口带宽。

```
standby bandwidth size
```

在默认情况下，用来计算负载分担门限的主接口带宽为 0kb/s。

配置负载分担门限。

```
standby threshold enable-threshold disable-threshold
```

在默认情况下，没有配置负载分担门限。

配置检测主接口流量的时间间隔。

```
standby timer flow-checkinterval
```

在默认情况下，检测主接口流量的时间间隔为 30s。

9.2.2.2　配置实例

在图 9-4 中，把 Router A 的接口 Serial2/1 和 Serial2/2 配置为主接口 Serial2/0 的备份接口，并优先使用备份接口 Serial2/1。配置主接口与备份接口相互切换的延时。

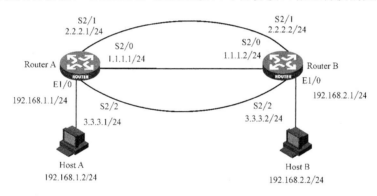

图 9-4　备份中心配置实例

（1）配置 IP 地址：按照图 9-4 配置各接口的 IP 地址和子网掩码，具体配置过程略。

（2）配置静态路由：在 Router A 上配置到 Host B 所在网段 192.169.2.0/24 的静态路由。

```
<RouterA>system-view
[RouterA] ip route-static 192.169.2.0 24 serial 2/0
[RouterA] ip route-static 192.169.2.0 24 serial 2/1
[RouterA] ip route-static 192.169.2.0 24 serial 2/2
```

在 Router B 上配置到 Host A 所在网段 192.169.1.0/24 的静态路由。

```
<RouterB>system-view
[RouterB] ip route-static 192.169.1.0 24 serial 2/0
[RouterB] ip route-static 192.169.1.0 24 serial 2/1
[RouterB] ip route-static 192.169.1.0 24 serial 2/2
```

（3）在 Router A 上配置备份接口及主、备接口切换的延时：把 Serial2/1 和 Serial2/2 分别配置为 Serial2/0 的备份接口，其优先级分别为 30 和 20。

```
[RouterA] interface serial 2/0
[RouterA-Serial2/0] standby interface serial 2/1 30
[RouterA-Serial2/0] standby interface serial 2/2 20
```

配置主、备接口相互切换的延时均为 10s。

```
[RouterA-Serial2/0] standby timer delay 10 10
```

（4）在 Router A 上检验配置效果：查看主接口与备份接口的状态。

```
[RouterA-Serial2/0] display standby state
Interface Interfacestate Standbystate Standbyflag Pri Loadstate
serial2/0          UP          MUP          MU
serial2/1          STANDBY     STANDBY      BU     30
serial2/2          STANDBY     STANDBY      BU     20za[RouterB]    ip
route-static 192.169.1.0 24 serial 2/0
[RouterB] ip route-static 192.169.1.0 24 serial 2/1
[RouterB] ip route-static 192.169.1.0 24 serial 2/2
```

（5）在 Router A 上配置备份接口及主、备接口切换的延时：把 Serial2/1 和 Serial2/2 分别配置为 Serial2/0 的备份接口，其优先级分别为 30 和 20。

```
[RouterA] interface serial 2/0
[RouterA-Serial2/0] standby interface serial 2/1 30
[RouterA-Serial2/0] standby interface serial 2/2 20
```

配置主备接口相互切换的延时均为 10s。

```
[RouterA-Serial2/0] standby timer delay 10 10
```

（6）在 Router A 上检验配置效果：查看主接口与备份接口的状态。

```
[RouterA-Serial2/0] display standby state
Interface Interfacestate Standbystate Standbyflag Pri Loadstate
serial2/0 UP MUP MU
serial2/1 STANDBY STANDBY BU 30
serial2/2 STANDBY STANDBY BU 20
Backup-flag meaning:
M——MAIN B——BACKUP V——MOVED U——USED
D——LOAD P——PULLED
```

手工关闭主接口 Serial2/0。

```
[RouterA-Serial2/0] shutdown
```

关闭主接口 10s 后，备份中心启用优先级较高的备份接口 Serial2/1，此时查看主接口与备份接口的状态。

```
[RouterA-Serial2/0] display standby state
Interface Interfacestate Standbystate Standbyflag Pri Loadstate
serial2/0 DOWN MUP MU
serial2/1 UP STANDBY BU 30
```

```
serial2/2 STANDBY STANDBY BU 20
Backup-flag meaning:
M——MAIN  B——BACKUP  V——MOVED  U——USED
D——LOAD  P——PULLED
Backup-flag meaning:
M——MAIN  B——BACKUP  V——MOVED  U——USED
D——LOAD  P——PULLED
```

手工关闭主接口 Serial2/0。

```
[RouterA-Serial2/0] shutdown
```

关闭主接口 10s 后，备份中心启用优先级较高的备份接口 Serial2/1，此时查看主接口与备份接口的状态。

```
[RouterA-Serial2/0] display standby state
Interface Interfacestate Standbystate Standbyflag Pri Loadstate
serial2/0    DOWN         MUP          MU
serial2/1    UP           STANDBY      BU       30
serial2/2    STANDBY      STANDBY      BU       20
Backup-flag meaning:
M——MAIN       B——BACKUP    V——MOVED      U——USED
D——LOAD       P——PULLED
```

9.3 设备备份技术

设备备份技术用于避免由于单设备故障导致网络通信的中断。当主设备中断后，备用板卡或备用设备会成为新的主设备。对于设备故障的缓解，最简单的方式是冗余设计。可以通过对设备自身、设备间提供备份，从而将故障对用户业务的影响降到最低。

9.3.1 设备自身的备份技术

主备备份指备用主控板作为主用主控板的一个完全映像，除了不处理业务、不控制系统外，其他与主用主控板保持完全同步。当主用主控板发生故障或者被拔出时，备用主控板将迅速自动取代主用主控板成为新的主用主控板，以保证设备的继续运行。主备备份应用于分布式网络产品的主控板，提高网络设备的可靠性。设备自身的备份技术，主要指设备自身的冗余设计。

9.3.2 设备间的备份技术 VRRP

通常，同一网段内的所有主机都设置一条相同的以网关为下一跳的默认路由。主机发往其他网段的报文将通过默认路由发往网关，再由网关进行转发，从而实现主机与外部网络的通信。当网关发生故障时，本网段内所有以网关为默认路由的主机将无法与外部网络通信。

　　默认路由为用户的配置操作提供了方便，但是对默认网关设备提出了很高的稳定性要求。增加出口网关是提高系统可靠性的常见方法，但此时需要解决如何在多个出口之间进行选路的问题。

　　虚拟路由器冗余协议 VRRP 将可以承担网关功能的路由器加入备份组中，形成一台虚拟路由器，由 VRRP 的选举机制决定哪台路由器承担转发任务，局域网内的主机只需将虚拟路由器配置为默认网关即可。

　　VRRP 也是一种容错协议，在提高可靠性的同时，简化了主机的配置。在具有多播或广播能力的局域网中，借助 VRRP 能在某台设备出现故障时仍然提供高可靠的默认链路，有效避免单一链路发生故障后网络中断的问题，而无须修改动态路由协议、路由发现协议等配置信息。

　　VRRP 协议的实现有 VRRP v2 和 VRRP v3 两个版本。其中，VRRP v2 基于 IPv4，VRRP v3 基于 IPv6。两个版本的 VRRP 在功能实现上并没有区别，只是在 IPv4 设备上和 IPv6 设备上使用的命令不同。

9.3.3　VRRP 备份组简介

　　VRRP 将局域网内的一组路由器划分在一起，称为一个备份组。备份组由一个主路由器和多个备份路由器组成，功能上相当于一台虚拟路由器。

　　VRRP 备份组具有以下 3 个特点。

　　（1）虚拟路由器具有 IP 地址。局域网内的主机仅需知道这个虚拟路由器的 IP 地址，并将其设置为默认路由的下一跳地址。

　　（2）网络内的主机通过这个虚拟路由器与外部网络进行通信。

　　（3）备份组内的路由器根据优先级，选举出主路由器，承担网关功能。当备份组内承担网关功能的主路由器发生故障时，其余的路由器将取代它继续履行网关职责，从而保证网络内的主机不间断地与外部网络进行通信。

　　如图 9-5 所示，Router A、Router B 和 Router C 组成一个虚拟路由器。此虚拟路由器有自己的 IP 地址。局域网内的主机将虚拟路由器设置为默认网关。Router A、Router B 和 Router C 中优先级最高的路由器作为主路由器，承担网关的功能。其余两台路由器作为备份路由器。

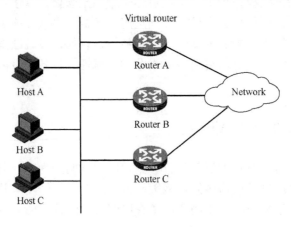

图 9-5　VRRP 示意

9.3.3.1 备份组中路由器的优先级

VRRP 根据优先级来确定备份组中每台路由器的角色是主路由器还是备份路由器。优先级越高，则越有可能成为主路由器。

VRRP 优先级的取值范围为 0～255，数值越大，表明优先级越高，可配置的范围是 1～254，优先级 0 为系统保留给特殊用途来使用，255 则是系统保留给 IP 地址拥有者。当路由器为 IP 地址拥有者时，其优先级始终为 255。因此，当备份组内存在 IP 地址拥有者时，只要其工作正常，则为主路由器。

9.3.3.2 备份组中路由器的工作方式

备份组中的路由器具有以下两种工作方式。

（1）非抢占方式：如果备份组中的路由器工作在非抢占方式下，则只要主路由器没有出现故障，备份路由器即使随后被配置了更高的优先级，也不会成为主路由器。

（2）抢占方式：如果备份组中的路由器工作在抢占方式下，它一旦发现自己的优先级比当前的主路由器的优先级高，就会对外发送 VRRP 通告报文。导致备份组内路由器重新选择主路由器，并最终取代原有的主路由器。相应地，原来的主路由器将会变成备份路由器。

9.3.3.3 备份组中路由器的认证方式

VRRP 提供了 simple 和 MD5 两种认证方式。

（1）simple 认证方式，即简单字符认证。在一个有可能受到安全威胁的网络中，可以将认证方式设置为 simple。发送 VRRP 报文的路由器将认证字填入 VRRP 报文中，而收到 VRRP 报文的路由器会将收到的 VRRP 报文中的认证字和本地配置的认证字进行比较。如果认证字相同，则认为接收到的是真实、合法的 VRRP 报文；否则认为接收到的是一个非法报文。

（2）MD5 认证方式。在一个非常不安全的网络中，可以将认证方式设置为 MD5。发送 VRRP 报文的路由器利用认证字和 MD5 算法对 VRRP 报文进行加密，加密后的报文保存在认证头中。收到 VRRP 报文的路由器会利用认证字解密报文，检查该报文的合法性。

在一个安全的网络中，用户也可以不设置认证方式。

9.3.4 VRRP 定时器

VRRP 定时器分为 VRRP 通告报文间隔时间定时器和 VRRP 抢占延迟时间定时器两种。

9.3.4.1 VRRP 通告报文时间间隔定时器

VRRP 备份组中的主路由器会定时发送 VRRP 通告报文，通知备份组内的路由器自己工作正常。

用户可以通过设置 VRRP 定时器来调整主路由器发送 VRRP 通告报文的时间间隔。

如果备份路由器在等待了 3 个间隔时间后，依然没有收到 VRRP 通告报文，则认为自己是主路由器，并对外发送 VRRP 通告报文，重新进行主路由器的选举。

9.3.4.2 VRRP 抢占延迟时间定时器

在性能不够稳定的网络中，备份路由器可能因为网络堵塞而无法正常收到主路由器的报文，导致备份组内的成员频繁地进行主、备状态转换。用户可以通过设置 VRRP 抢占延迟时间的方法来解决这个问题。

设置了 VRRP 抢占延迟时间后，备份路由器会在等待 3 倍的通告报文时间间隔后，再等待 VRRP 抢占延迟时间。如在此期间还是没有收到 VRRP 通告报文，则此备份路由器将认为自己是主路由器，对外发送 VRRP 通告报文，触发备份组内路由器进行主路由器的选举。

9.3.5 VRRP 工作过程

VRRP 的工作过程如下。

（1）路由器使能 VRRP 功能后，根据优先级确定自己在备份组中的角色。优先级高的成为主路由器，优先级低的成为备份路由器。主路由器定期发送 VRRP 通告报文，通知备份组内的其他设备自己工作正常；备份路由器则启动定时器等待通告报文的到来。

（2）在抢占方式下，当备份路由器收到 VRRP 通告报文后，会将自己的优先级与通告报文中的优先级进行比较。如果大于通告报文中的优先级，则成为主路由器；否则将保持备份状态。

（3）在非抢占方式下，只要主路由器没有出现故障，备份组中的路由器始终保持主路由器或备份路由器状态，备份路由器即使随后被配置了更高的优先级也不会成为主路由器。

（4）如果备份路由器的定时器超时后仍未收到由主路由器发送的 VRRP 通告报文，则认为主路由器已经无法正常工作，此时备份路由器会认为自己是主路由器，并对外发送 VRRP 通告报文。备份组内的路由器根据优先级选举出主路由器，承担报文的转发功能。

9.3.6 配置 VRRP

9.3.6.1 配置命令

（1）配置备份组的虚拟 IP 地址可以被 Ping 通：通过本配置任务，可以指定当主路由器收到对备份组虚拟 IP 地址的 ICMP echorequest 报文时，进行应答，即备份组的虚拟 IP 地址能够被 Ping 通，配置命令如下：

```
vrrp Ping-enable
```

（2）配置虚拟 IP 地址和 MAC 地址的对应关系：配置备份组虚拟 IP 地址和 MAC 地址的对应关系后，主路由器将配置的 MAC 地址作为发送报文的源 MAC 地址，以便内部网络的主机学习 IP 地址和 MAC 地址的对应关系，将发往其他网段的报文正确转发给主路由器。

虚拟 IP 地址和 MAC 地址的对应关系有以下两种。

① 虚拟 IP 地址和虚拟路由器的 MAC 地址对应。在默认情况下，创建备份组后，会自动生成与之对应的虚拟 MAC 地址，虚拟 IP 地址与此虚拟 MAC 地址对应。如果采用这种对应关系，当主路由器改变时，内部网络的主机不需要更新 IP 地址与 MAC 地址的绑定。

② 虚拟 IP 地址和接口的实际 MAC 地址相对应。当备份组中存在 IP 地址拥有者时，如果配置虚拟 IP 地址和虚拟 MAC 地址对应，会造成一个 IP 地址对应两个 MAC 地址。因此用户可以配置备份组虚拟 IP 地址和实际 MAC 地址对应，主机发送的报文将按照实际 MAC 地址转发给 IP 地址拥有者。

使用的命令是：

vrrp method { real-mac | virtual-mac }

（3）创建备份组并配置虚拟 IP 地址：在创建 VRRP 备份组的同时，需要配置备份组的虚拟 IP 地址。如果接口连接多个子网，则可以为一个备份组配置多个虚拟 IP 地址，以便实现不同子网中路由器的备份。

为备份组指定第一个虚拟 IP 地址时，VRRP 备份组就会自动生成。以后用户再给这个备份组指定虚拟 IP 地址时，VRRP 备份组仅将这个 IP 地址添加到它的备份组虚拟 IP 地址列表中。

在接口上创建备份组并配置虚拟 IP 地址之前，需要配置接口的 IP 地址，并且保证随后配置的虚拟 IP 地址与接口的 IP 地址在同一网段。

vrrp vrid virtual-router-idvirtual-ip virtual-address

（4）配置备份组优先级、抢占方式及监视功能：在配置备份组优先级、抢占方式及监视功能之前，需要先在接口上创建备份组，并配置虚拟 IP 地址。

通过优先级、抢占方式和监视指定接口或 Track 项的配置，可以决定备份组中哪个路由器作为主路由器。VRRP 中提供了一些可选的配置，可以根据实际需要进行配置。

配置路由器在备份组中的优先级。

vrrp vrid virtual-router-id priority priority-value

在默认情况下，路由器在备份组中的优先级为 100。

配置备份组中的路由器工作在抢占方式下，并配置抢占延迟时间。

vrrp vrid virtual-router-id preempt-mode [timer delay delay-value]

在默认情况下，备份组中的路由器工作在抢占方式下，抢占延迟时间为 0s。

配置监视指定接口。

vrrp vrid virtual-router-id trackinterface interface-type interface-number [reduced priority-reduced]

配置监视指定的 Track 项。

vrrp vrid virtual-router-id track track-entry-number [reduced priority-reduced | switchover]

9.3.6.2 VRRP 典型配置举例

如图 9-6 所示，Host A 需要访问 Internet 上的 Host B，Host A 的默认网关为 202.38.160.111/24；Router A 和 Router B 属于虚拟 IP 地址为 202.38.160.111/24 的备份组 1；当 Router A 正常工作时，Host A 发送给 Host B 的报文通过 Router A 转发；当 Router A 出现故障时，Host A 发送给 Host B 的报文通过 Router B 转发。

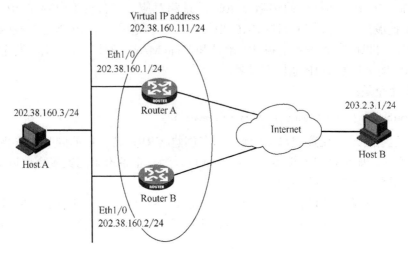

图 9-6　VRRP 典型配置

（1）配置 Router A。

```
<RouterA>system-view
[RouterA] interface ethernet 1/0
[RouterA-Ethernet1/0] ip address 202.39.160.1 255.255.255.0
```

创建备份组 1，并配置备份组 1 的虚拟 IP 地址为 202.39.160.111。

```
[RouterA-Ethernet1/0] vrrp vrid 1 virtual-ip 202.39.160.111
```

配置 Router A 在备份组 1 中的优先级为 110。

```
[RouterA-Ethernet1/0] vrrp vrid 1 priority 110
```

配置 Router A 工作在抢占方式下，抢占延迟时间为 5s。

```
[RouterA-Ethernet1/0] vrrp vrid 1 preempt-mode timer delay 5
```

（2）配置 Router B。

```
<RouterB>system-view
[RouterB] interface ethernet 1/0
[RouterB-Ethernet1/0] ip address 202.39.160.2 255.255.255.0
```

创建备份组 1，并配置备份组 1 的虚拟 IP 地址为 202.39.160.111。

```
[RouterB-Ethernet1/0] vrrp vrid 1 virtual-ip 202.39.160.111
```

配置 Router B 工作在抢占方式，抢占延迟时间为 5s。

```
[RouterB-Ethernet1/0] vrrp vrid 1 preempt-mode timer delay 5
```

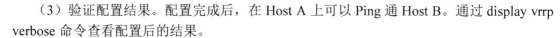

（3）验证配置结果。配置完成后，在 Host A 上可以 Ping 通 Host B。通过 display vrrp verbose 命令查看配置后的结果。

显示 Router A 上备份组 1 的详细信息。

```
[RouterA-Ethernet1/0] display vrrp verbose
IPv4 Standby Information:
Run Method: VIRTUAL-MAC
Virtual IP Ping: Enable
Total number of virtual routers: 1
Interface: Ethernet1/0
VRID: 1Adver. Timer: 1
Admin Status: UP State: Master
Config Pri: 110 Run Pri: 110
Preempt Mode: YES Delay Time: 5
Auth Type: NONE
Virtual IP: 202.39.160.111
Virtual MAC: 0000-5e00-0101
Master IP: 202.39.160.1
```

显示 Router B 上备份组 1 的详细信息。

```
[RouterB-Ethernet1/0] display vrrp verbose
IPv4 Standby Information:
Run Method: VIRTUAL-MAC
Virtual IP Ping: Enable
Total number of virtual routers: 1
Interface: Ethernet1/0
VRID: 1 Adver. Timer: 1
Admin Status: UP State: Backup
Config Pri: 100 Run Pri: 100
Preempt Mode: YES Delay Time: 5
Auth Type: NONE
Virtual IP: 202.39.160.111
Master IP: 202.39.160.1
```

以上显示信息表示在备份组 1 中 Router A 为主路由器，Router B 为备份路由器，Host A 发送给 Host B 的报文通过 Router A 转发。

Router A 出现故障后，在 Host A 上仍然可以 Ping 通 Host B。通过 display vrrp verbose 命令查看 Router B 上备份组的详细信息。

Router A 出现故障后，显示 Router B 上备份组 1 的详细信息。

```
[RouterB-Ethernet1/0] display vrrp verbose
IPv4 Standby Information:
Run Method: VIRTUAL-MAC
Virtual IP Ping: Enable
Total number of virtual routers: 1
Interface: Ethernet1/0
VRID: 1 Adver. Timer: 1
Admin Status: UPState: Master
```

```
Config Pri: 100 Run Pri: 100
Preempt Mode: YES Delay Time: 5
Auth Type: NONE
Virtual IP: 202.39.160.111
Virtual MAC: 0000-5e00-0101
Master IP: 202.39.160.2
```

以上显示信息表示 Router A 出现故障后，Router B 成为 Master 路由器，Host A 发送给 Host B 的报文通过 Router B 转发。

9.4 练习题

1. 名词解释。

（1）备份中心；（2）主接口；（3）备份接口；（4）负载分担；（5）VRRP。

2. 选择题。

（1）下面哪些接口可以用作备份接口？（　　）。

    A．快速以太网口　　　　　　　　B．运行 PPP 的串口

    C．运行 HDLC 的串口　　　　　　D．子接口

（2）要在一个有 100 台交换机和 30 台路由器的网络中实现路由备份，应使用（　　）。

    A．路由协议　　　　　　　　　　B．备份中心

    C．生成树协议　　　　　　　　　D．VRRP

（3）某公司的分公司路由器的 Serial 0/0 和 Serial 0/1 接口通过两条广域网线路分别连接两个不同的 ISP，通过这两个 ISP 都可以访问北京总公司的网站 202.102.100.2，在此公司的路由器上配置了如下静态路由：

```
ip route-static 202.102.100.2 24 Serial 0/0 preference 10
ip route-static 202.102.100.2 24 Serial 0/1 preference 100
```

那么关于这两条路由的描述哪些是正确的？（　　）。

    A．两条路由的优先级不一样，路由器会把优先级高的第一条路由写入路由表

    B．两条路由的优先级不一样，路由器会把优先级高的第二条路由写入路由表

    C．两条路由的 Cost 值是一样的

    D．两条路由目的地址一样，可以实现主备，其中第一条路由为主

（4）管理员要在路由器上配置两条去往同一目的地址的静态路由，实现互为备份的目的。关于这两条路由的配置说法正确的是（　　）。

    A．需要为两条路由配置不同的 Preference

    B．需要为两条路由配置不同的 Priority

    C．需要为两条路由配置不同的 Cost

    D．需要为两条路由配置不同的 MED

（5）某网络工程师想自己独立设计一个比较完美的 IGP 路由协议，希望该路由协议在 Cost 上有较大改进，那么设计该路由协议的 Cost 时要考虑如下哪些因素？（　　）。

A．链路带宽　　　　　　　　B．链路 MTU

C．链路可信度　　　　　　　D．链路延迟

3．某网络结构如图 9-7 所示，有两台路由器分别是 RTA、RTB；两台终端分别是 Host A 和 Host B。已知 HostA 的 IP 地址为 210.28.1.2/24；Host B 的 IP 地址为 210.28.2.2/24。路由器 RTA 的 E1/0 端口地址为 210.28.1.1/24，S1/1 端口的地址为 10.10.10.1/24；S1/0 端口的地址为 20.20.20.1/24；S1/2 端口的地址为 30.30.30.1/24；RTB 的 S2/1 端口的地址为 10.10.10.2/24；S2/0 端口的地址为 20.20.20.2/24；S2/2 端口的地址为 30.30.30.2/24；　按要求给出配置多接口备份配置。

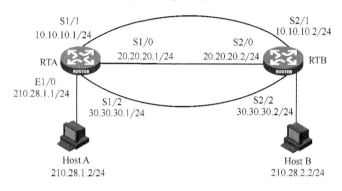

图 9-7　多接口备份配置

4．某网络结构如图 9-8 所示，要求备份组号为 1，虚拟地址为 210.110.32.1，SWA 为 Master，SWB 为 Backup,请写出相关的 VRRP 的配置。

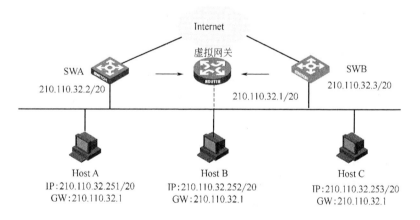

图 9-8　VRRP 典型配置

第 10 章 边界网关协议 BGP

本章学习目标

1. 了解 BGP 的基本概念；
2. 了解 BGP 的工作原理；
3. 掌握 BGP 的配置方法。

10.1 BGP 简介

BGP（Border Gateway Protocol，边界网关协议）是一种用于自治系统 AS 之间的动态路由协议。AS 是拥有同一选路策略，在同一技术管理部门下运行的一组路由器。

早期发布的三个版本分别是 BGP-1（RFC 1105）、BGP-2（RFC 1163）和 BGP-3（RFC 1267），当前使用的版本是 BGP-4（RFC 1771）。BGP-4 作为事实上的 Internet 外部路由协议标准，被广泛应用于因特网服务提供商 ISP 之间。

BGP 特性描述如下：

（1）BGP 是一种外部网关协议 EGP，与 OSPF、RIP 等内部网关协议 IGP 不同，其着眼点不在于发现和计算路由，而在于控制路由的传播和选择最佳路由；

（2）BGP 使用 TCP 作为其传输层协议，其端口号为 179，提高了协议的可靠性；

（3）BGP 支持无类别域间路由 CIDR；

（4）路由更新时，BGP 只发送更新的路由，大大减少了 BGP 传播路由所占用的带宽，适用于在 Internet 上传播大量的路由信息；

（5）BGP 路由通过携带 AS 路径信息彻底解决路由环路问题；

（6）BGP 提供了丰富的路由策略，能够对路由实现灵活的过滤和选择；

（7）BGP 易于扩展，能够适应网络新的发展。

发送 BGP 消息的路由器称为 BGP 发言者，它接收或产生新的路由信息，并发布给其他 BGP 发言者。当 BGP 发言者收到来自其他自治系统的新路由时，如果该路由比当前已知路由更优或者当前还没有该路由，它就把这条路由发布给自治系统内所有其他 BGP 发言者。

相互交换消息的 BGP 发言者之间互称对等体，若干相关的对等体可以构成对等体组。

BGP 在路由器上以 IBGP 和 EBGP 两种方式运行。当 BGP 运行于同一自治系统内部时，被称为 IBGP（Internal BGP）；当 BGP 运行于不同自治系统之间时，被称为 EBGP

（External BGP）。

10.1.1 BGP 的消息类型

10.1.1.1 消息头格式

BGP 有 Open、Update、Notification、Keepalive 和 Route-refresh 这 5 种消息类型，这些消息有相同的报文头，其格式如图 10-1 所示。

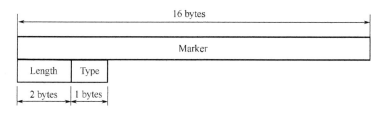

图 10-1　BGP 消息头格式

主要字段的解释如下：

Marker：16 字节，用于 BGP 验证的计算，不使用验证时所有比特均为 1。

Length：2 字节，BGP 消息总长度包括报文头在内，以字节为单位。

Type：1 字节，BGP 消息的类型。其取值从 1 到 5，分别表示 Open、Update、Notification、Keepalive 和 Route-refresh 消息。其中，前 4 种消息是在 RFC1771 中定义的，而 Type 为 5 的消息则是在 RFC 2918 中定义的。

10.1.1.2 Open

Open 消息是 TCP 连接建立后发送的第一个消息，用于建立 BGP 对等体之间的连接关系。其消息格式如图 10-2 所示。

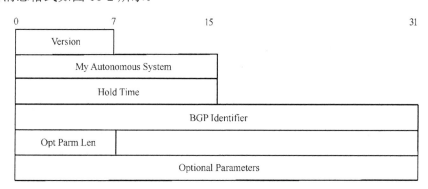

图 10-2　Open 消息格式

主要字段的解释如下。

Version：BGP 的版本号。对于 BGP-4 来说，其值为 4。

My Autonomous System：本地 AS 号。通过比较两端的 AS 号，可以确定是 EBGP 连接还是 IBGP 连接。

Hold Time：保持时间。在建立对等体关系时，两端要协商 Hold Time，并保持一致。如果在这个时间内未收到对端发来的 Keepalive 消息或 Update 消息，则认为 BGP 连接中断。

BGP Identifier：BGP 标识符。以 IP 地址的形式表示，用来识别 BGP 路由器。

Opt Parm Len：可选参数的长度。如果为 0，则没有可选参数。

Optional Parameters：可选参数。用于 BGP 验证或多协议扩展等功能。

10.1.1.3　Update

Update 消息用于在对等体之间交换路由信息。它既可以发布可达路由信息，也可以撤销不可达路由信息。其消息格式如图 10-3 所示。

Unfeasible Routes Length	2 Octets
Withdrawn Routes(Variable)	N Octets
Total Path Attribute Length	2 Octets
Path Attributes(Variable)	N Octets
NLRI(Variable)	N Octets

图 10-3　Update 消息格式

一条 Update 报文可以通告一类具有相同路径属性的可达路由，这些路由放在网络层可达信息 NLRI 字段中，Path Attributes 字段携带了这些路由的属性，BGP 根据这些属性进行路由的选择；同时 Update 报文还可以携带多条不可达路由，被撤销的路由放在 Withdrawn Routes 字段中。

主要字段的解释如下。

Unfeasible Routes Length：不可达路由字段的长度，以字节为单位。如果为 0，则说明没有 Withdrawn Routes 字段。

Withdrawn Routes：不可达路由的列表。

Total Path Attribute Length：路径属性字段的长度，以字节为单位。如果为 0，则说明没有 Path Attributes 字段。

Path Attributes：与 NLRI 相关的所有路径属性列表，每个路径属性由一个 TLV（Type-Length-Value）三元组构成。BGP 正是根据这些属性值来避免环路，进行选路，协议扩展等。

NLRI（Network Layer Reachability Information）：可达路由的前缀和前缀长度二元组。

10.1.1.4　Notification

当 BGP 检测到错误状态时，就向对等体发出 Notification 消息，之后，BGP 连接会立即中断。其消息格式如图 10-4 所示。

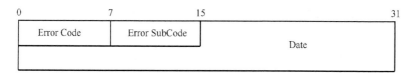

图 10-4　Notification 消息格式

主要字段的解释如下。

Error Code：差错码，指定错误类型。

Error Subcode：差错子码，错误类型的详细信息。

Data：用于辅助发现错误的原因，它的内容依赖于具体的差错码和差错子码，记录的是出错部分的数据，长度不固定。

10.1.1.5　Keepalive

BGP 会周期性地向对等体发出 Keepalive 消息，用来保持连接的有效性。其消息格式中只包含报文头，没有附加其他任何字段。

10.1.1.6　Route-refresh

Route-refresh 消息用来要求对等体重新发送指定地址族的路由信息。其消息格式如图 10-5 所示。

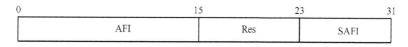

图 10-5　Route-refresh 消息格式

主要的字段解释如下。

AFI：地址族标识。

Res：保留，必须置 0。

SAFI：子地址族标识。

10.1.2　BGP 的路由属性

10.1.2.1　路由属性的分类

BGP 路由属性是一组参数，它对特定的路由进行了进一步描述，使得 BGP 能够对路由进行过滤和选择。事实上，所有的 BGP 路由属性都可以分为以下四类。

公认必须遵循：所有 BGP 路由器都必须能够识别这种属性，且必须存在于 Update 消息中。如果缺少这种属性，路由信息就会出错。

公认可选：所有 BGP 路由器都可以识别，但不要求必须存在于 Update 消息中，可以根据具体情况来选择。

可选过渡：在 AS 之间具有可传递性的属性。BGP 路由器可以不支持此属性，但它仍然会接收带有此属性的路由，并通告给其他对等体。

可选非过渡：如果 BGP 路由器不支持此属性，该属性被忽略，且不会通告给其他对等体。

BGP 路由几种基本属性和对应的类别如表 10-1 所示。

表 10-1　BGP 路由几种基本属性和对应的类别表

属性名称	类　别
ORIGIN	公认必须遵循
AS_PATH	公认必须遵循
NEXT_HOP	公认必须遵循
LOCAL_PREF	公认可选
ATOMIC_AGGREGATE	公认可选
AGGREGATOR	可选过渡
COMMUNITY	可选过渡
MULTI_EXIT_DISC (MED)	可选非过渡
ORIGINATOR_ID	可选非过渡
CLUSTER_LIST	可选非过渡

10.1.2.2　几种主要的路由属性

（1）源属性（ORIGIN）：ORIGIN 属性定义路由信息的来源，标记一条路由是怎么成为 BGP 路由的。它有以下三种类型。

IGP：优先级最高，说明路由产生于 AS 内。

EGP：优先级次之，说明路由通过 EGP 学到。

incomplete：优先级最低，它并不是说明路由不可达，而是表示路由的来源无法确定。例如，引入的其他路由协议的路由信息。

（2）AS 路径属性（AS_PATH）：AS_PATH 属性按一定顺序记录了某条路由从本地到目的地址所要经过的所有 AS 号。当 BGP 将一条路由通告到其他 AS 时，便会把本地 AS 号添加在 AS_PATH 列表的最前面。收到此路由的 BGP 路由器根据 AS_PATH 属性就可以知道去目的地址所要经过的 AS。离本地 AS 最近的相邻 AS 号排在前面，其他 AS 号按顺序依次排列，如图 10-6 所示。

在通常情况下，BGP 不会接受 AS_PATH 中已包含本地 AS 号的路由，从而避免了形成路由环路的可能。

AS_PATH 属性也可用于路由的选择和过滤。在其他因素相同的情况下，BGP 会优先选择路径较短的路由。比如在图 10-6 中，AS 50 中的 BGP 路由器会选择经过 AS 40 的路径作为到目的地址 8.0.0.0 的最优路由。

在某些应用中，可以使用路由策略来人为地增加 AS 路径的长度，以便更为灵活地控制 BGP 路径的选择。通过配置 AS 路径过滤列表，还可以针对 AS_PATH 属性中所包含的 AS 号来对路由进行过滤。

（3）下一跳属性（NEXT_HOP）：BGP 的下一跳属性和 IGP 的有所不同，不一定就是邻居路由器的 IP 地址。下一跳属性取值情况分为三种，如图 10-7 所示。

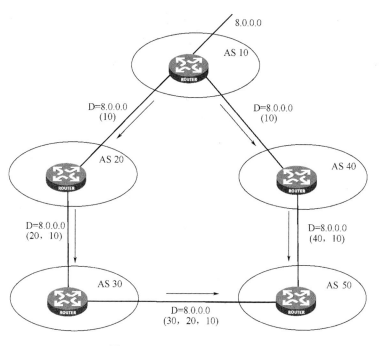

图 10-6 BGP 的 AS 路径属性

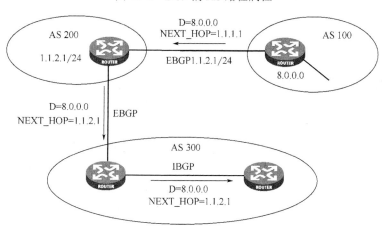

图 10-7 BGP 的下一跳属性

　　第一种情况是 BGP 发言者把自己产生的路由发给所有邻居时，将把该路由信息的下一跳属性设置为自己与对端连接的接口地址；第二种情况是 BGP 发言者把接收到的路由发送给 EBGP 对等体时，把该路由信息的下一跳属性设置为本地与对端连接的接口地址；第三种情况是 BGP 发言者把从 EBGP 邻居得到的路由发给 IBGP 邻居时，并不改变该路由信息的下一跳属性。如果配置了负载分担，路由被发给 IBGP 邻居时会修改下一跳属性。

　　（4）MED 属性（MULTI_EXIT_DISC）：MED 属性仅在相邻两个 AS 之间交换，收到此属性的 AS 一方不会再将其通告给任何其他第三方 AS。

　　MED 属性相当于 IGP 使用的度量值，它用于判断流量进入 AS 时的最佳路由。当一个运行 BGP 的路由器通过不同的 EBGP 对等体得到目的地址相同但下一跳不同的多条路由时，在其他条件相同的情况下，将优先选择 MED 值较小者作为最佳路由。如图 10-8 所示，从 AS 10 到 AS 20 的流量将选择 Router B 作为入口。

在通常情况下，BGP 只比较来自同一个 AS 的路由的 MED 属性值。

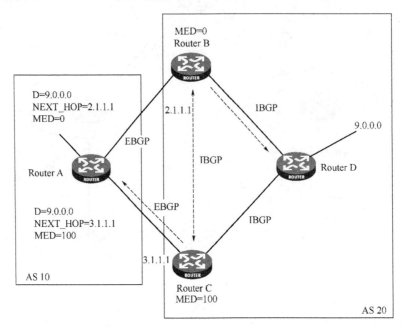

图 10-8　BGP 的 MED 属性

（5）本地优先属性（LOCAL_PREF）：LOCAL_PREF 属性仅在 IBGP 对等体之间交换，不通告给其他 AS。它表明 BGP 路由器的优先级。

LOCAL_PREF 属性用于判断流量离开 AS 时的最佳路由。当 BGP 的路由器通过不同的 IBGP 对等体得到目的地址相同但下一跳不同的多条路由时，将优先选择 LOCAL_PREF 属性值较高的路由。如图 10-9 所示，从 AS 20 到 AS 10 的流量将选择 Router C 作为出口。

（6）团体属性（COMMUNITY）：团体属性用来简化路由策略的应用和降低维护管理的难度，它是一组有相同特征的目的地址的集合，没有物理上的边界，与其所在的 AS 无关。公认的团体属性有以下 4 种。

INTERNET：在默认情况下，所有的路由都属于 INTERNET 团体。具有此属性的路由可以被通告给所有的 BGP 对等体。

NO_EXPORT：具有此属性的路由在收到后，不能被发布到本地 AS 之外。如果使用了联盟，则不能被发布到联盟之外，但可以发布给联盟中的其他子 AS。

NO_ADVERTISE：具有此属性的路由被接收后，不能被通告给任何其他的 BGP 对等体。

NO_EXPORT_SUBCONFED：具有此属性的路由被接收后，不能被发布到本地 AS 之外，也不能发布到联盟中的其他子 AS。

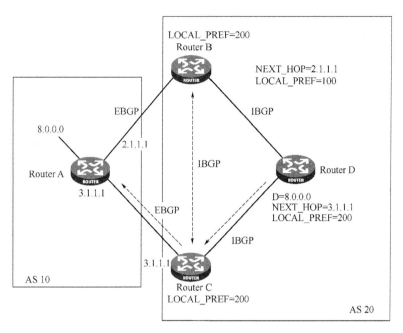

图 10-9　BGP 的本地优先属性

10.2　BGP 配置

10.2.1　配置命令

（1）启动 BGP，进入 BGP 视图。

[Router] **bgp as-number**

在默认情况下，系统没有运行 BGP。

（2）指定路由器的 Router ID。

[Router] **router-id router-id**

（3）指定对等体/对等体组的 AS 号。

[Router] **peer { group-name |ip-address } as-number as-number**

在默认情况下，对等体/对等体组无 AS 号。

（4）配置对等体/对等体组的描述信息。

[Router] **peer { group-name |ip-address } description description-text**

在默认情况下，对等体/对等体组无描述信息。

（5）使能所有邻居的 IPv4 单播地址族。

[Router] **default ipv4-unicast**

在默认情况下，使能 IPv4 单播地址族。

（6）激活指定对等体。

[Router] **peer ip-address enable**

在默认情况下，BGP 对等体是激活的。

（7）禁止与对等体/对等体组建立会话。

[Router] **peer { group-name |ip-address } ignore**

在默认情况下，允许与 BGP 对等体/对等体组建立会话。

（8）配置 BGP 引入其他路由。

BGP 可以向邻居 AS 发送本地 AS 内部网络的路由信息，但 BGP 不是自己去发现 AS 内部的路由信息，而是引入 IGP 的路由信息到 BGP 路由表中，并发布给对等体。在引入 IGP 路由时，还可以针对不同的路由协议来对路由信息进行过滤。

允许将默认路由引入 BGP 路由表中。

[Router] **default-route imported**

引入其他协议路由信息并通告。

[Router] **import-route protocol[process-id | all-processes][med med-value |route-policyroute-policy-name]**

将网段路由发布到 BGP 路由表中。

[Router] **network ip-address [mask |mask-length] [short-cut |route-policy route-policy-name]**

（9）配置 BGP 的路由属性。

配置 BGP 路由的管理优先级。

[Router]**Preference{ external-preference internal-preference local-preference |route-policy route-policy-name }**

在默认情况下，EBGP 路由的管理优先级为 255，IBGP 路由的管理优先级为 255，本地产生的 BGP 路由的管理优先级为 130。

配置本地优先级的默认值。

[Router] **Default local-preference value**

在默认情况下，本地优先级的默认值为 100。

配置向对等体/对等体组发布团体属性。

[Router] **peer { group-name |ip-address } advertise-community**

配置向对等体/对等体组发布扩展团体属性。

[Router] **peer { group-name |ip-address } advertise-ext-community**

配置联盟 ID。

[Router] **confederation id as-number**

指定一个联盟体中包含了哪些子自治系统。

[Router] **Confederation peer-as as-number-list**

10.2.2 BGP 典型配置举例

如图 10-10 所示,所有路由器均运行 BGP 协议，Router A 和 Router B 之间建立 EBGP 连接，Router B、Router C 和 Router D 之间建立 IBGP 全连接。

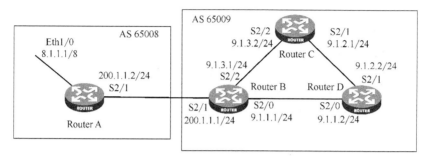

图 10-10　BGP 配置示例

（1）配置各接口的 IP 地址（略）。

（2）配置 IBGP 连接。

配置 Router B。

```
<RouterB> system-view
[RouterB] bgp 65009
[RouterB-bgp] router-id 2.2.2.2
[RouterB-bgp] peer 10.1.1.2 as-number 65009
[RouterB-bgp] peer 10.1.3.2 as-number 65009
[RouterB-bgp] quit
```

配置 Router C。

```
<RouterC>system-view
[RouterC] bgp 65009
[RouterC-bgp] router-id 3.3.3.3
[RouterC-bgp] peer 10.1.3.1 as-number 65009
[RouterC-bgp] peer 10.1.2.2 as-number 65009
[RouterC-bgp] quit
```

配置 Router D。

```
<RouterD> system-view
[RouterD] bgp 65009
[RouterD-bgp] router-id 4.4.4.4
[RouterD-bgp] peer 10.1.1.1 as-number 65009
[RouterD-bgp] peer 10.1.2.1 as-number 65009
[RouterD-bgp] quit
```

（3）配置 EBGP 连接。

配置 Router A。

```
<RouterA>system-view
```

```
[RouterA] bgp 65008
[RouterA-bgp] router-id 1.1.1.1
[RouterA-bgp] peer 200.1.1.1 as-number 65009
```

将 8.0.0.0/8 网段路由通告到 BGP 路由表中。

```
[RouterA-bgp] network 8.0.0.0
[RouterA-bgp] quit
```

配置 Router B。

```
[RouterB] bgp 65009
[RouterB-bgp] peer 200.1.1.2 as-number 65008
[RouterB-bgp] quit
```

查看 Router B 的 BGP 对等体的连接状态。

```
[RouterB] display bgp peer
BGP local router ID: 2.2.2.2
Local AS number: 65009
Total number of peers: 3   Peers in established state: 3
Peer V AS MsgRcvd  MsgSent    OutQ   PrefRcv Up/Down    State
10.1.1.2  4  65009 56  56  0   0   00:40:54 Established
10.1.3.2  4  65009 49  62  0   0   00:44:58 Established
200.1.1.2 4  65008 49  65  0   1   00:44:03 Established
```

可以看出，Router B 到其他路由器的 BGP 连接均已建立。

查看 Router A 路由表信息。

```
[RouterA] display bgp routing-table
Total Number of Routes: 1
BGP Local router ID is 1.1.1.1
Status codes: * - valid, > - best, d - damped,
h - history, i - internal, s - suppressed, S - Stale
Origin: i - IGP, e - EGP, ? - incomplete
Network    NextHop    MED    LocPrf     PrefVal    Path/Ogn
*> 8.0.0.0 0.0.0.0    0      0          i
```

显示 Router B 的路由表。

```
[RouterB] display bgp routing-table
Total Number of Routes: 1
BGP Local router ID is 2.2.2.2
Status codes: * - valid, > - best, d - damped,
h - history, i - internal, s - suppressed, S - Stale
Origin : i - IGP, e - EGP, ? - incomplete
Network    NextHop    MED    LocPrf    PrefVal Path/Ogn
*> 8.0.0.0 200.1.1.2  0      0         65008i
```

显示 Router C 的路由表。

```
[RouterC] display bgp routing-table
Total Number of Routes: 1
BGP Local router ID is 3.3.3.3
```

```
Status codes: * - valid, > - best, d - damped,
h - history, i - internal, s - suppressed, S - Stale
Origin : i - IGP, e - EGP, ? - incomplete
Network          NextHop          MED          LocPrf          PrefVal Path/Ogn
i 8.0.0.0        200.1.1.2        0            100 0           65008i
```

说明：

从路由表可以看出，Router A 没有收到 AS 65009 内部的任何路由，Router C 虽然收到了 AS 65008 中的 8.0.0.0 的路由，但因为下一跳 200.1.1.2 不可达，所以也不是有效路由。

（4）配置 BGP 引入直连路由。

配置 Router B。

```
[RouterB] bgp 65009
[RouterB-bgp] import-route direct
```

显示 Router A 的 BGP 路由表。

```
[RouterA] display bgp routing-table
Total Number of Routes: 4
BGP Local router ID is 1.1.1.1
Status codes: * - valid, > - best, d - damped,
h - history, i - internal, s - suppressed, S - Stale
Origin : i - IGP, e - EGP, ? - incomplete
Network          NextHop          MED          LocPrf          PrefVal     Path/Ogn
*> 8.0.0.0       0.0.0.0          0            0               i
*> 10.1.1.0/24 200.1.1.1 0 0 65009?
*> 10.1.3.0/24 200.1.1.1 0 0 65009?
*  200.1.1.0 200.1.1.1 0 0 65009?
```

显示 Router C 的路由表。

```
[RouterC] display bgp routing-table
Total Number of Routes: 4
BGP Local router ID is 3.3.3.3
Status codes: * - valid, > - best, d - damped,h - history, i - internal,
s - suppressed, S - Stale
Origin: i - IGP, e - EGP, ? - incomplete
Network     NextHop     MED          LocPrf          PrefVal     Path/Ogn
*>i 8.0.0.0 200.1.1.2   0            100             0           65008i
*>i 10.1.1.0/24 10.1.3.1 0 100 0 ?
*  i 10.1.3.0/24 10.1.3.1 0 100 0 ?
*>i 200.1.1.0 10.1.3.1 0 100 0 ?
```

可以看出，到 8.0.0.0 的路由变为有效路由，下一跳为 Router A 的地址。

使用 Ping 进行验证。

```
[RouterC] Ping 8.1.1.1
PING 8.1.1.1: 56 data bytes, press CTRL_C to break
Reply from 8.1.1.1: bytes=56 Sequence=1 ttl=254 time=31 ms
Reply from 8.1.1.1: bytes=56 Sequence=2 ttl=254 time=47 ms
```

```
Reply from 8.1.1.1: bytes=56 Sequence=3 ttl=254 time=31 ms
Reply from 8.1.1.1: bytes=56 Sequence=4 ttl=254 time=16 ms
Reply from 8.1.1.1: bytes=56 Sequence=5 ttl=254 time=31 ms
--- 8.1.1.1 Ping statistics ---
5 packet(s) transmitted
5 packet(s) received
0.00% packet loss
```

10.3 练习题

1.按照图 10-11 中的 BGP 路由协议实验拓扑结构，5 台路由器 R1、R2、R3、R4 和 R5 将整个网络划分成两个自治系统：AS10 和 AS20，其中，R1、R2、R3 位于 AS10 中，在 AS10 内部用 OSPF 协议实现内部路由，在 AS10 和 AS20 之间用 BGP 协议实现路由，相关参数参见表 10-2。

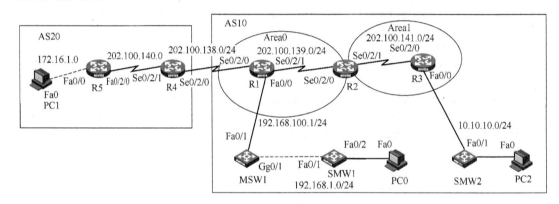

图 10-11 BGP 路由协议实验拓扑结构

表 10-2 网络设备 IP 地址规划

设备名称	端口号	IP 地址	子网掩码	网络地址
R1	Fa0/0	192.168.100.1	255.255.255.0	192.168.100.0
R1	Se0/2/0	202.100.138.2	255.255.255.0	202.100.138.0
R1	Se0/2/1	202.100.139.1	255.255.255.0	202.100.139.0
R2	Se0/2/0	202.100.139.2	255.255.255.0	202.100.139.0
R2	Se0/2/1	202.100.141.1	255.255.255.0	202.100.141.0
R3	Se0/2/0	202.100.141.2	255.255.255.0	202.100.141.0
R3	Fa0/0	10.10.10.1	255.255.255.0	10.10.10.0
R4	Se0/2/0	202.100.138.1	255.255.255.0	202.100.138.0
R4	Se0/2/1	202.100.140.2	255.255.255.0	202.100.140.0
R5	Se0/2/0	200.100.140.1	255.255.255.0	202.100.140.0
R5	Fa0/0	172.16.1.1	255.255.255.0	172.16.1.0
MSW1	Fa0/0	192.168.100.2	255.255.255.0	192.168.100.0

设备名称	端口号	IP 地址	子网掩码	网络地址
MSW1	Gg0/1	192.168.1.1	255.255.255.0	192.168.1.0
PC0	PC0	192.168.1.2	255.255.255.0	192.168.1.0
PC1	PC1	172.16.1.2	255.255.255.0	172.16.1.0
PC2	PC2	10.10.10.2	255.255.255.0	10.10.10.0

（1）根据要求写出各路由器的相关配置。

（2）查看各路由器的路由表。

（3）写出测试结果。

参 考 文 献

［1］杭州华三通信技术有限公司. 构建中小企业网络 H3CNE V6. 0 培训教材.

［2］杭州华三通信技术有限公司. 构建 H3C 高性能园区网络学习指导书：上册.

［3］杭州华三通信技术有限公司. 构建 H3C 高性能园区网络学习指导书：下册.

［4］杭州华三通信技术有限公司. 构建 H3C 高性能园区网络实验指导书.

［5］杭州华三通信技术有限公司. H3C 大规模网络路由技术学习指导书.

［6］杭州华三通信技术有限公司. H3C 大规模网络路由技术实验指导书.

［7］杭州华三通信技术有限公司. 构建安全优化的广域网学习指导书：上册.

［8］杭州华三通信技术有限公司. 构建安全优化的广域网学习指导书：下册.

［9］杭州华三通信技术有限公司. 构建安全优化的广域网实验指导书.

［10］杭州华三通信技术有限公司. 路由交换技术第 1 卷：上册［M］. 北京：清华大学出版社，2011.

［11］杭州华三通信技术有限公司. 路由交换技术第 1 卷：下册［M］. 北京：清华大学出版社，2011.

［12］杭州华三通信技术有限公司. 路由交换技术：第 2 卷［M］. 北京：清华大学出版社，2011.

［13］杭州华三通信技术有限公司. 路由交换技术：第 3 卷［M］. 北京：清华大学出版社，2011.

［14］杭州华三通信技术有限公司. 路由交换技术：第 4 卷［M］. 北京：清华大学出版社，2011.

［15］特南鲍姆. 计算机网络：第 5 版［M］. 严伟，潘爱民，译. 北京：清华大学出版社，2012.

［16］雷震甲. 网络工程师教程：第 4 版［M］. 北京：清华大学出版社，2014.

［17］张纯容，施晓秋，刘军. 网络互联技术［M］. 北京：电子工业出版社，2015.

［18］Stevens W R. TCP/IP 详解 卷 1：协议［M］. 范建华，译. 北京：机械工业出版社，2011.

［19］Stevens W R. TCP/IP 详解 卷 2：实现［M］. 范建华，译. 北京：机械工业出版社，2011.